山东木本植物精要

臧德奎 编著

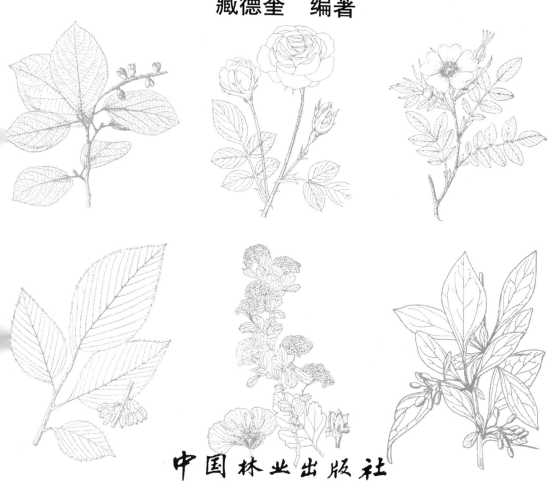

中国林业出版社

图书在版编目（CIP）数据

山东木本植物精要／臧德奎主编. -- 北京：中国林业出版社，
2015.8

ISBN 978-7-5038-8112-1

Ⅰ.①山… Ⅱ.①臧… Ⅲ.①木本植物－地区分布－山东省
Ⅳ.①S717.252

中国版本图书馆CIP数据核字(2015)第193353号

中国林业出版社

责任编辑：李　顺　段植林

出版咨询：（010）83143569

出　版：中国林业出版社（100009 北京西城区德内大街刘海胡同7号）

网　站：http://lycb.forestry.gov.cn/

印　刷：北京卡乐富印刷有限公司

发　行：中国林业出版社

电　话：（010）83143500

版　次：2015年10月第1版

印　次：2015年10月第1次

开　本：787mm×1092mm　1／16

印　张：20

字　数：380千字

定　价：48.00元

前　言

树木是森林的主要组成成分，在林业生产中占有重要地位，也是园林绿化的主要材料。山东省木本植物的调查研究开展很早。早在 1869 年，A. Williamson 就曾在山东采集标本，并编写了"A List of Plants from Shantung, Collected by the Rev. A. Williamson"，此后较重要的调查采集及研究有 F. N. Meyer（1907）、Y. Yabe（1919）、T. Loesener（1919）、A. Rehder.（1923～1926）、T. Yamamoto（1942）等人的工作。新中国成立后，我省林业及植物学工作者对山东树种资源进行了多次调查，调查成果主要反映在《山东树木志》、《山东植物志》等大型志书的出版中。这些志书的出版，对推动山东省林业和园林事业起到了巨大作用。

然而，《山东树木志》出版于 1984 年，至今已 30 多年，《山东植物志》（上、下卷分别出版于 1992 年和 1997 年）也已出版 20 年左右。近年来，山东木本植物的组成发生了较大变化，主要表现在：（1）近年来随着调查的深入，发现了多个山东省分布新记录树种；（2）各地从国外和其他省市引入了大量树种；（3）随着研究的不断深入，不少树种的分类地位发生了改变。

《山东木本植物精要》基于近年来对山东省木本植物的调查和系统研究编写而成。书中各科的排列顺序，裸子植物按郑万钧（1978）系统、被子植物按克朗奎斯特（1980）系统，科内的属、种按照学名顺序排列；共收录山东省露地栽培的木本植物 97 科 271 属 802 种 13 亚种 135 变种 47 变型，其中裸子植物 9 科 29 属 77 种 9 变种 1 变型，被子植物有 87 科 242 属 725 种 13 亚种 126 变种 46 变型；配有插图 792 幅。此外，还收录了常见栽培品种 106 个。本书主要以检索表的形式展现，裸子植物和被子植物有分科检索表，各科有分属检索表，各属有分种检索表，每个树种都提供了在省内自然分布或栽培的区域。树种的学名主要参考了"Flora of China"、密苏里植物园"the plant list"以及国内外学者研究的最新处理，但未列异名。本书的插图主要引自《中国树木志》、《中国植物志》和《中国高等植物图鉴》等，限于篇幅，图中未标出处，在此谨向原作者致谢。

本书的主要目的在于对山东树种的快速识别，具有种类全面和识别快捷的特点，希望能成为本省林业和园林工作者认识树种的便捷工具书。本书适合广大林业和园林工作者、高等学校林学、园林、森保、生态及相关专业的师生使用，也适合植物爱好者阅读。

本书在编写过程中参考了大量文献，力求内容的科学性和准确性。由于编者水平有限，书中难免存在疏漏之处，敬请读者批评指正。

臧德奎
2015 年 5 月

目 录

裸子植物

　　乔木，稀灌木或藤本。次生木质部具管胞，稀具导管，韧皮部仅有筛管。叶多为针形、条形、披针形，稀椭圆形或扇形。球花（孢子叶球）单性，胚珠裸生于大孢子叶上，大孢子叶从不形成密闭的子房，胚珠发育成种子。

　　裸子植物在地球上分布广泛，共 15 科 74 属 900 余种，我国连引种栽培约 12 科 44 属 250 余种。山东省 9 科 29 属 77 种 9 变种 1 变型。

裸子植物分科检索表

1. 花无假花被；胚珠无细长的珠被管；次生木质部无导管。

  2. 茎通常不分枝，叶为大型羽状，集生于树干顶端或块茎之上 ······ **苏铁科Cycadaceae**

2. 茎通有分枝，叶为单叶、小型，但有各种形状。

    3. 叶片扇形，具叉状分枝的细脉；落叶乔木，雌雄异株，种子有长梗，成熟后呈核果状 ·············· **银杏科Ginkgoaceae**

    3. 叶片各种形状，不为扇形，也无叉状分枝的细脉。

      4. 胚珠1至多枚生于雌球花的珠鳞腹面，珠鳞多数生于苞鳞腋间；球果成熟后木质化，由种鳞和苞鳞组成（稀珠鳞退化而球果仅由苞鳞组成），成熟后开裂，稀愈合而整个球果呈浆果状。

        5. 球果的种鳞与苞鳞分离或仅基部合生，每个种鳞有种子2枚，种鳞和苞鳞螺旋状着生；叶条形或针形、四棱形，螺旋状着生，或针形者以2、3、5针为一束生于螺旋状着生的鳞片状初生叶腋部不发育短枝上 ············ **松科Pinaceae**

        5. 球果的种鳞和苞鳞合生，或仅先端部分分离，稀珠鳞退化而不发育，每个种鳞具1至多枚种子；叶鳞状、锥形、条形或披针形。

          6. 叶与种鳞均为螺旋状互生（稀对生，但为落叶性）；每种鳞有2～9粒种子，种子两侧有窄翅，稀无翅而有锐棱脊；叶条形、条状披针形、钻形或鳞形 ······························ **杉科Taxodiaceae**

          6. 叶与种鳞均为对生或轮生，常绿性；叶鳞形或刺形，交互对生或轮生 ······························ **柏科Cupressaceae**

      4. 胚珠1～2枚（稀多枚）生于苞腋间，但每个球果上通常只有1枚胚珠发育；种子呈核果状或坚果状。

        7. 雄蕊各具3～9个花药；花粉粒无气囊；胚珠通常直立。

          8. 雌球花显著有柄；具多数交互对生的苞片，每苞片有2枚胚珠；小孢子叶球聚生呈头状或穗状；种子常数枚，完全为肉质假种皮所包被而呈核果状··· ······························ **三尖杉科Cephalotaxaceae**

          8. 雌球花无柄或近无柄，稀有柄；仅具1枚胚珠；小孢子叶球单生叶腋；种子1枚，肉质假种皮杯状、瓶状或全包种子·············· **红豆杉科Taxaceae**

        7. 雄蕊各具2个花药；花粉粒常有气囊；胚珠倒生或半倒生 ······ ······························ **罗汉松科Podocarpaceae**

1. 花有假花被；胚珠的珠被向上延伸成为细长的珠被管；次生木质部有导管；小灌木，叶退化为膜质鳞片状，在茎上对生或轮生，基部合生呈鞘状，外形如木贼 ······ ······························ **麻黄科Ephedraceae**

一、苏铁科 Cycadaceae

1 属 60 余种。我国 1 属约 16 种；山东 1 属 1 种。

（一）苏铁属 *Cycas* Linn.

约 60 种。我国约 16 种；山东引入栽培 1 种。

1. 苏铁 *Cycas revoluta* Thunb. (全省各地栽培，多系盆栽。) (图 1)

二、银杏科 Ginkgoaceae

1 属 1 种，为我国特产；山东 1 属 1 种。

（一）银杏属 *Ginkgo* Linn.

1 种，为我国特产，山东有栽培。

1. 银杏 (白果树) *Ginkgo biloba* Linn. (全省各地普遍栽培) (图 2)

图1 苏铁
1. 叶片的一段；2. 羽状裂片的横切面；3-4. 小孢子叶的背腹面；5. 聚生的花药；6. 大孢子叶及种子

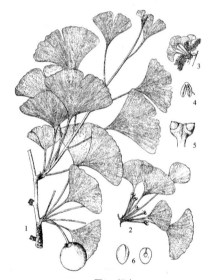

图2 银杏
1. 长短枝及种子；2. 雌球花枝；3. 雄球花枝；4. 雄蕊；5. 雌球花上端；6. 去外种皮的种子及纵切

三、松科 Pinaceae

10属约235种。我国10属84种，另引入24种；山东8属39种3变种。

分属检索表

1. 叶条形扁平或具四棱，或为针形，在长枝上螺旋状着生，在短枝上成簇生状，均不成束。
　2. 叶条形扁平或具四棱，质硬；枝仅1种类型，无短枝；球果当年成熟。
　　3. 球果成熟后或干后种鳞宿存。

4. 球果通常下垂；种子连同种翅较种鳞为短；叶扁平，上面中脉凹下或微凹，稀平或微隆起，间或四棱状条形或扁菱状条形；雄球花单生叶腋。

 5. 小枝无叶枕或叶枕不明显；叶扁平，有短柄，上面中脉凹下；苞鳞伸出于种鳞之外，先端3裂 ·············· **黄杉属** *Pseudotsuga*

 5. 小枝有显著隆起的叶枕；叶四棱状，或扁棱状至扁平条形，无柄 ···**云杉属** *Picea*

4. 球果直立，形大；种子连同种翅几与种鳞等长；叶扁平，上面中脉隆起；雄球花簇生枝顶 ·············· **油杉属** *Keteleeria*

3. 球果成熟后或干后种鳞自宿存的中轴上脱落，生叶腋，直立；叶扁平，上面中脉凹下；枝上无隆起的叶枕，具圆形、微凹的叶痕 ·············· **冷杉属** *Abies*

2. 叶条形扁平、柔软，或针状、坚硬；枝分长枝与短枝，叶在长枝上螺旋状散生，在短枝上端成簇生状；球果当年或第二年成熟。

6. 叶扁平，柔软，倒披针状条形或条形，落叶性；球果当年成熟。

 7. 雄球花单生于短枝顶端；种鳞革质，成熟后或干后不脱落；芽鳞先端钝；叶较窄，宽约1.8mm ·············· **落叶松属** *Larix*

 7. 雄球花数个簇生于短枝顶端；种鳞木质，成熟后或干后种鳞脱落；芽鳞先端尖；叶较宽，通常宽达2～4mm ·············· **金钱松属** *Pseudolarix*

6. 叶针状、坚硬，常具三棱，或背腹明显而呈四棱状针形，常绿性；球果第二年成熟，熟后种鳞自宿存的中轴上脱落 ·············· **雪松属** *Cedrus*

1. 叶针形，2、3、5针一束生于苞片状鳞叶的腋部，着生于极度退化的短枝顶端，基部包有叶鞘（脱落或宿存），常绿性；球果第2年成熟，种鳞宿存，背面上方具鳞盾与鳞脐 ···**松属** *Pinus*

（一）冷杉属 *Abies* Mill.
约50种。我国22种；山东引入栽培2种。

分种检索表

1. 球果的苞鳞外露，通常较种鳞为长，先端有骤凸的尖头；叶宽3～4mm，幼树之叶先端二叉状，壮龄树及果枝叶先端钝或微凹. ·············· **日本冷杉** *Abies firma*

1. 球果的苞鳞短，长不及种鳞的一半，不露出；叶宽1.5～2.5mm，先端尖，决不凹入 ················ **辽东冷杉** *Abies holophylla*

 1. 日本冷杉 *Abies firma* Sieb. & Zucc.（青岛、临沂、泰安、济南、烟台、潍坊等地栽培）（图3）

 2. 辽东冷杉（杉松）*Abies holophylla* Maxim.（青岛、威海、泰安、济南、临沂等地栽培）（图4）

（二）雪松属 *Cedrus* Trew
4种。我国1种，另引入栽培1种；山东引入栽培1种。

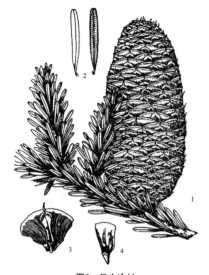

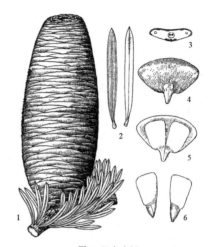

图3 日本冷杉
1. 球果枝；2. 叶的上下面；3. 种鳞背面及苞鳞；4. 种子

图4 辽东冷杉
1. 球果枝；2. 叶的上下面；3. 叶的横切面；4. 种鳞背面及苞鳞；5. 种鳞腹面；6. 种子

1. 雪松 *Cedrus deodara* (Roxb.) G. Don (全省各地普遍栽培) (图 5)

（三）油杉属 *Keteleeria* Carr.
5 种，我国均产；山东引入栽培 1 种。

1. 油杉 *Keteleeria fortunei* (Murr.) Carr. (济南泉城公园栽培) (图 6)

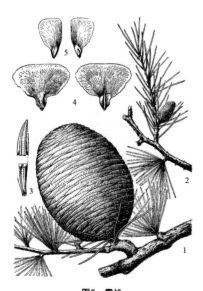

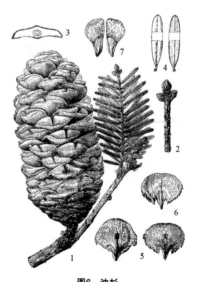

图5 雪松
1. 球果枝；2. 雄球花枝；3. 叶的横切面；4. 种鳞背、腹面；5. 种子

图6 油杉
1. 球果枝；2. 芽与枝；3. 叶的横切面；4. 叶的上下面；5. 种鳞背面及苞鳞；6. 种鳞腹面；7. 种子

（四）落叶松属 *Larix* Mill.

约 16 种。我国 10 种，另引进 2 种；山东引入栽培 4 种 1 变种。

分种检索表

1. 球果种鳞的上部边缘不向外反曲或微反曲；一年生长枝无白粉。
  2. 球果中部种鳞长大于宽，呈三角状卵形、五角状卵形或卵形。
    3. 一年生长枝较细，径约 1mm；短枝径粗 2～3mm；球果成熟时上端的种鳞张开，中部的种鳞五角状卵形；短枝顶端的叶枕之间有黄白色长柔毛 ········· 落叶松 *Larix gmelinii*
    3. 一年生长枝较粗，径 1.4～2.5mm；短枝径粗 3～4mm；球果成熟时上端的种鳞微张开或不张开，种鳞近五角状卵形 ········· 华北落叶松 *Larix gmelinii* var. *principis-rupprechtii*
  2. 球果中部种鳞长宽近相等，近圆形、方圆形或四方状广卵形。
    4. 一年生枝淡黄色或淡灰黄色，无毛；球果常具种鳞 40～50 枚，中部种鳞近圆形，苞鳞先端的尖头微露出 ···············欧洲落叶松 *Larix decidua*
    4. 一年生长枝淡红褐色或淡褐色，有毛；球果具种鳞 16～40 枚，中部种鳞四方状广卵形或方圆形，苞鳞先端的尖头不露出 ·········黄花落叶松 *Larix olgensis*
1. 球果种鳞的上部边缘显著地向外反曲，种鳞卵状矩圆形或卵方形，背面有褐色细小疣状突起和短粗毛；一年生长枝淡黄色或淡红褐色，有白粉 ·········日本落叶松 *Larix kaempferi*

1. 欧洲落叶松 *Larix decidua* Mill. (青岛崂山太清宫栽培) (图 7)

2. 落叶松 *Larix gmelinii* (Rupr.) Rupr. (泰安、青岛崂山、烟台昆嵛山、济南等地栽培) (图 8)

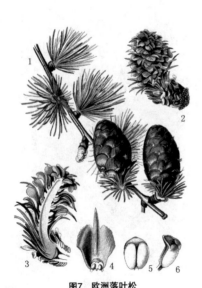

图7 欧洲落叶松
1. 球果枝；2. 雌球花；3. 雌球花纵切面；4. 珠鳞腹面；
5-6. 雄蕊

图8 落叶松
1. 球果；2-3. 球果；4. 种鳞腹面；5. 种鳞背面及苞鳞；
6. 种子

2a. 华北落叶松 *Larix gmelinii* (Rupr.) Rupr. var. *principis-rupprechtii* (Mayr.) Pilger (泰安、青岛、临沂、烟台、济南等地山区栽培) (图 9)

3. 日本落叶松 *Larix kaempferi* (Lamb.) Carr. (全省主要山区栽培，塔山及崂山栽培历史悠久) (图 10)

4. 黄花落叶松 (黄花松、长白落叶松) *Larix olgensis* Hengry (泰安、青岛崂山、临沂塔山、烟台昆嵛山等地栽培) (图 11)

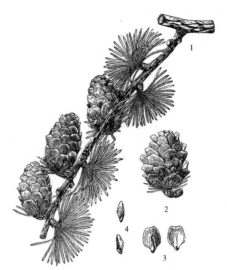

图9 华北落叶松
1. 球果枝；2. 球果；3. 种鳞背面及苞鳞（左）、种鳞腹面（右）；4. 种子

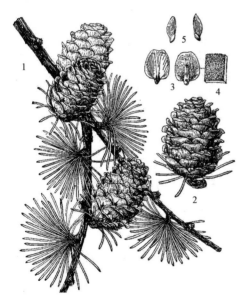

图10 日本落叶松
1. 球果枝；2. 球果；3. 种鳞腹面（左）、种鳞背面及苞鳞（右）；4. 种鳞背面放大；5. 种子

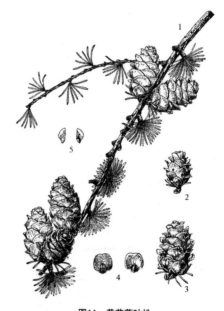

图11 黄花落叶松
1. 球果枝；2-3. 球果；4. 种鳞背面及苞鳞（左）、种鳞腹面（右）；5. 种子

（五）云杉属 *Picea* Dietr.

约 35 种。我国 16 种，另引入栽培 2 种；山东引入栽培 7 种。

分种检索表

1. 一年生枝有或多或少的毛，稀无毛，颜色通常较深，常呈褐色、褐黄色、粉红色或红褐色，常被白粉；冬芽圆锥形或圆锥状卵圆形；小枝基部宿存芽鳞或多或少向外反曲。
  2. 叶先端尖或锐尖，或有急尖的尖头。
    3. 芽鳞的先端向外反曲；小枝不下垂。
      4. 小枝细，一年生枝黄褐色或淡橘红褐色；叶绿色，较细，长1.2～2.2cm，宽约1.5mm ·················· 红皮云杉 Picea koraiensis
      4. 小枝粗壮，苍白色，后渐变橘棕色；叶显著粉绿色，粗壮，长0.9～3.2cm ········
      ········· 蓝粉云杉 Picea pungens
    3. 冬芽的芽鳞显著反卷；一年生枝红褐色或橘红色，小枝常下垂 ··· 欧洲云杉 Picea abies
  2. 叶先端微钝或钝。
    5. 球果成熟前绿色；二年生枝黄褐色或褐色，无白粉 ·················· 白杆 Picea meyeri
    5. 球果成熟前种鳞上部边缘红色，背部绿色；二年生枝淡粉红色，被明显或微明显的白粉，稀呈黄色、不被白粉 ················· 青海云杉 Picea crassifolia
1. 一年生枝无毛（仅青杆一年生枝偶尔疏生短毛），颜色较浅，常呈淡灰色至淡褐黄色，无白粉；冬芽卵圆形、卵状圆锥；小枝基部宿存的芽鳞排列紧密，不反曲。
  6. 冬芽较小，长不到5mm，径2～3mm，无光泽；小枝细，一年生枝径粗2～3mm；叶长0.8～1.8cm，宽约1mm，横切面四方形或扁菱形；球果长5～8cm，径2.5～4cm；种鳞倒卵形 ················· 青杆 Picea wilsonii
  6. 冬芽大，长5～10mm，径3～6mm，有光泽；小枝粗壮，一年生枝径粗3～5mm；叶粗硬，长1.5～2cm，棱脊明显；球果长8～10cm，径宽3～4cm；种鳞近圆形 ·················
  ················· 日本云杉 Picea torano

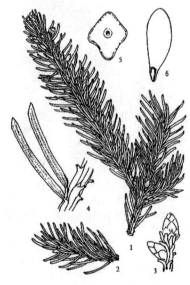

图12 欧洲云杉
1. 枝叶；2. 小枝一段；3. 芽；4. 小枝及叶放大；5. 叶横切面；6. 种子

1. 欧洲云杉（挪威云杉）*Picea abies* (Linn.) Karst.（青岛崂山、烟台昆嵛山、威海等地栽培）（图12）

2. 青海云杉 *Picea crassifolia* Komarov（青岛世园会园区有栽培）（图13）

3. 红皮云杉 *Picea koraiensis* Nakai（泰安、济南、青岛等地栽培）（图14）

4. 白杆 *Picea meyeri* Rehd. & Wils.（泰安、青岛、济南、潍坊等地栽培）（图15）

5. 蓝粉云杉（蓝杉）*Picea pungens* Englm.（青岛等地栽培）

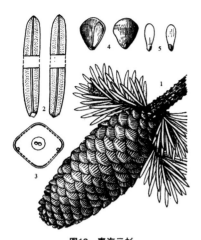

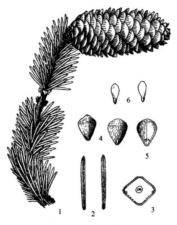

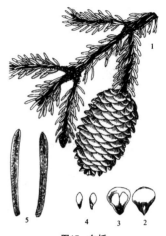

图13　青海云杉
1. 球果枝；2. 叶；3. 叶横切面；4. 种鳞腹面（左）及背面（右）；5. 种子

图14　红皮云杉
1. 球果枝；2. 叶；3. 叶横切面；4. 种鳞背面及苞鳞；5. 种鳞腹面；6. 种子

图15　白杆
1. 球果枝；2. 种鳞背面及苞鳞；3. 种鳞腹面；4. 种子；5. 叶

6. 日本云杉 *Picea torano* (Sieb. ex K. Koch) Koehne（青岛栽培）（图 16）

7. 青杆（细叶云杉）*Picea wilsonii* Mast.（泰安、济南、青岛、临沂、潍坊、德州等地栽培）（图 17）

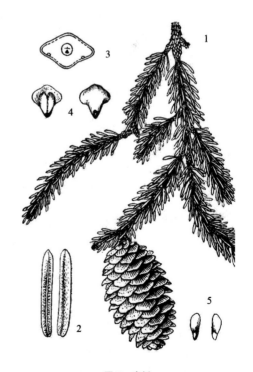

图16　日本云杉
1. 球果枝；2. 种鳞腹面(上)及背面(下)；3. 种子；4. 叶及横切面；5. 芽

图17　青杆
1. 球果枝；2. 叶；3. 叶横切面；4. 种鳞背面(右)及腹面（左）；5. 种子

（六）松属 *Pinus* Linn.

约110种。我国23种，另从国外引入栽培16种；山东2种，引入栽培22种2变种。

分种检索表

1. 叶鞘早落，针叶基部的鳞叶不下延，叶内具1条维管束。
　　2. 种鳞的鳞脐顶生，无刺状尖头；针叶常5针一束。
　　　　3. 种子无翅或具极短之翅。
　　　　　　4. 球果成熟时种鳞不张开或张开，种子不脱落；小枝被黄褐色或红褐色毛 ………… 红松*Pinus koraiensis*
　　　　　　4. 球果成熟时种鳞张开，种子脱落；小枝无毛 ……………… 华山松*Pinus armandii*
　　　　3. 种子具结合而生的长翅。
　　　　　　5. 针叶长10～20cm，细长下垂；球果圆柱形或窄圆柱形，长8～25cm；小枝无毛 … 乔松*Pinus wallichiana*
　　　　　　5. 针叶长3.5～5.5cm；球果较小，通常长不及10cm；小枝有密毛 ……………… 日本五针松*Pinus parviflora*
　　2. 种鳞的鳞脐背生，有刺；针叶3针一束；树皮白色、平滑，裂成不规则的薄片剥落…… 白皮松*Pinus bungeana*
1. 叶鞘宿存，稀脱落，针叶基部的鳞叶下延，叶内具2条维管束。
　　6. 枝条每年生长一轮，一年生小球果生于近枝顶。
　　　　7. 针叶2针一束，稀3针一束。
　　　　　　8. 叶内树脂道边生。
　　　　　　　　9. 一年生枝无白粉（马尾松*Pinus massoniana*偶有白粉，但针叶细柔、鳞脐无刺）。
　　　　　　　　　　10. 种鳞的鳞盾显著隆起，有锐脊，斜方形或多角形，上部凸尖；针叶短，长3～9cm。
　　　　　　　　　　　　11. 种鳞的鳞盾暗黄褐色 …………………… 欧洲赤松*Pinus sylvestris*
　　　　　　　　　　　　11. 种鳞的鳞盾淡绿褐色或淡褐灰色。
　　　　　　　　　　　　　　12. 针叶粗硬，径1.5～2mm；树干上部树皮黄色至褐黄色，内侧金黄色；鳞盾淡绿褐色 ………… 樟子松*Pinus sylvestris* var. *mongolica*
　　　　　　　　　　　　　　12. 针叶径1～1.5mm；树干上部树皮棕黄色至金黄色；鳞盾淡褐灰色 …………… 美人松*Pinus sylvestris* var. *sylvestriformis*
　　　　　　　　　　10. 种鳞的鳞盾肥厚隆起或微隆起，横脊较钝，扁菱形或菱状多角形。
　　　　　　　　　　　　13. 针叶粗硬，径1～1.5mm；鳞盾肥厚隆起，鳞脐有短刺；老树树冠常平顶 ……………… 油松*Pinus tabuliformis*
　　　　　　　　　　　　13. 针叶细柔，径多不及1mm；鳞盾平或微隆起，鳞脐无刺 ……………… 马尾松*Pinus massoniana*
　　　　　　　　9. 一年生枝有白粉；球果的种鳞较薄，鳞盾平坦，稀横脊微隆起 ……………… 赤松*Pinus densiflora*
　　　　　　8. 针叶内树脂道中生。
　　　　　　　　14. 球果较小，长10cm以内，成熟后种鳞张开。
　　　　　　　　　　15. 冬芽褐色、红褐色或栗褐色。

  16. 针叶长7～10 (13) cm；球果长3～5cm，鳞盾微隆起 ················
    ·· **黄山松***Pinus taiwanensis*

  16. 针叶长9～16cm，刚硬；球果长5～8cm，鳞盾沿横脊强隆起 ·············
    ·· **欧洲黑松***Pinus nigra*

 15. 冬芽银白色；针叶粗硬；球果长4～6cm ··· **黑松***Pinus thunbergii*

 14. 球果较大，长9～18cm，卵状圆锥形，成熟后种鳞迟张开，鳞盾强隆起，鳞脐具
  凸起之刺；针叶长10～25cm，刚硬 ··············· 海岸松*Pinus pinaster*

7. 针叶3针一束，稀3、2针并存。

 17. 球果较小，长8cm以内，最长不超过11cm，鳞盾隆起或微隆起，鳞脐具短刺或无刺。

  18. 鳞脐无刺，鳞盾平或微隆起；针叶长12～20cm，径约1mm ···········
    ·· **马尾松***Pinus massoniana*

  18. 鳞脐具短刺，鳞盾肥厚隆起；针叶长10～30cm，径约1.2mm ···········
    ··· **云南松***Pinus yunnanensis*

 17. 球果较大，长8～20cm；种鳞强隆起成锥状三角形，先端具尖刺。

  19. 芽银白色，圆柱形或窄矩圆形，无树脂；叶鞘长达2.5cm；针叶长20～45cm，树
   脂道3～7，多内生；球果长15～20cm ·············· **长叶松***Pinus palustris*

  19. 芽褐色，卵圆形或矩圆形，有树脂；叶鞘长约1cm；针叶长12～36mm，树脂道
   5，中生；球果长8～15cm ····················· **西黄松***Pinus ponderosa*

6. 枝条每年生长2至数轮，一年生小球果生于小枝侧面。

 20. 针叶3针一束，或3、2针并存。

  21. 针叶较长而粗，长12～30cm；球果较大，长6～13cm；主干上无不定芽。

   22. 针叶3、2针并存，长18～30cm；球果有梗，熟时种鳞张开 ··· 湿地松*Pinus elliottii*

   22. 针叶3针一束，稀2针一束；球果无梗，熟后种鳞张开迟缓 ···**火炬松***Pinus taeda*

  21. 针叶较短，长5～16cm，稀长至20～25cm（晚松*P. serotina*）；球果小，长3～
   7(9)cm；主干上常有不定芽。

   23. 新枝红褐色或淡黄褐色，无白粉；针叶3针一束，较粗。

    24. 针叶坚硬，长7～16cm，径2mm，球果成熟时种鳞迟张开，鳞盾强隆起，横
     脊显著，鳞脐隆起有长尖刺·············· **刚松***Pinus rigida*

    24. 针叶长15～25cm；球果成熟后种鳞不张开；种鳞的鳞盾隆起或微隆起，鳞脐
     微凸起，先端有短刺尖·············· **晚松***Pinus serotina*

   23. 新枝深红褐色，被白粉；针叶2或3针一束，细短，长5～12cm，径仅及1mm；球
    果成熟后种鳞张开，鳞盾平或微隆起，鳞脐有极短之刺 ··· **萌芽松***Pinus echinata*

 20. 针叶2针一束。

  25. 针叶长10～25cm。

   26. 针叶刚硬，径约2mm，明显扭曲，树脂道中生或内生；球果大，长9～18cm，鳞
    盾强隆起，鳞脐有刺·············· **海岸松***Pinus pinaster*

   26. 针叶细，径约1mm，微扭或不扭曲，树脂道边生；球果较小，长4～7cm，鳞盾
    平或微隆起，沿横脊微隆起，鳞脐无刺 ··········· **马尾松***Pinus massoniana*

  25. 针叶长2～4cm，径约2mm，常扭曲；球果宿存树上多年，窄长卵圆形，向内侧弯
   曲，长3～5cm，径2～3cm，熟时种鳞不张开，鳞盾平，鳞脐无刺 ··········
    ·· **北美短叶松***Pinus banksiana*

1. 华山松 *Pinus armandii* Franch.（全省各地及各大山区常见栽培）（图 18）

2. 北美短叶松 *Pinus banksiana* Lamb.（泰安、青岛、烟台、济南、潍坊等地栽培）（图 19）

 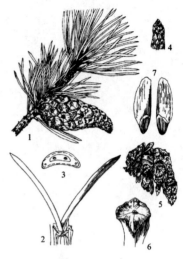

图18 华山松

1.雌球花枝；2.球果；3.种鳞背腹面；4.叶横切面；5.种子

图19 北美短叶松

1.球果枝；2.针叶与叶鞘；3.针叶横切面；4.冬芽；5.球果；6.种鳞(示鳞盾)；7.种子

3. 白皮松 *Pinus bungeana* Zucc. ex Endl.（全省各地普遍栽培）（图 20）

4. 赤松（日本赤松）*Pinus densiflora* Sieb. & Zucc.（分布于山东半岛；全省各地普遍栽培）（图 21）

图20 白皮松

1.球果枝；2.雄球花枝；3.针叶；4.针叶横切面；5.种鳞腹面(左)及背面(右,示鳞盾)；6.种子；7.雌球花

图21 赤松

1.球果枝；2.种鳞背面(左)及腹面(右)；3.种子；4.针叶横切面

5. 萌芽松 *Pinus echinata* Miller (日照、青岛等地栽培)

6. 湿地松 *Pinus elliottii* Engelm. (临沂、泰安、青岛、日照等地栽培)(图 22)

7. 红松 (海松) *Pinus koraiensis* Sieb. & Zucc. (泰安、青岛、烟台、临沂、济南、潍坊等地栽培)(图 23)

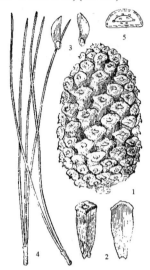

图22 湿地松
1.球果；2.种鳞背面(左)及腹面(右)；3.种子；4.针叶及叶鞘；5.针叶横切面

图23 红松
1.枝叶；2.小枝一段，示毛；3.针叶束；4.叶横切面；5.球果；6.种鳞腹面；7.种子

8. 马尾松 *Pinus massoniana* Lamb. (临沂、泰安、青岛、烟台、济南栽培)(图 24)

9. 欧洲黑松 *Pinus nigra* J. F. Arnold (青岛崂山太清宫有引种)(图 25)

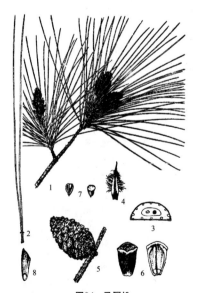

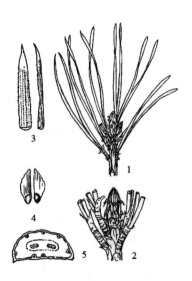

图24 马尾松
1.雄球花枝；2.针叶及叶鞘；3.针叶横切面；4.芽鳞；5.球果；6.种鳞背面(左,示鳞盾)及腹面(右,示种子)；7.雄蕊

图25 欧洲黑松
1.枝叶；2.小枝一段放大,示叶鞘；3.针叶先端放大；4.种子；5.叶横切面

10. 长叶松 *Pinus palustris* Miller（据 Flora of China，山东青岛有栽培）(图 26)

11. 日本五针松 *Pinus parviflora* Sieb. & Zucc.（泰安、青岛、临沂、枣庄、济南、潍坊、日照等地栽培）(图 27)

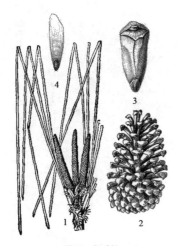

图26　长叶松
1.雄球花枝；2.球果；3.种鳞背面；4.种子

图27　日本五针松
1.球果枝；2.针叶束；3.种鳞腹面及种子；4.种子

12. 海岸松 *Pinus pinaster* Aiton（烟台蓬莱、青岛崂山引种栽培）(图 28)

13. 西黄松（美国黄松）*Pinus ponderosa* Dougl. ex Laws.（威海乳山引种栽培）(图 29)

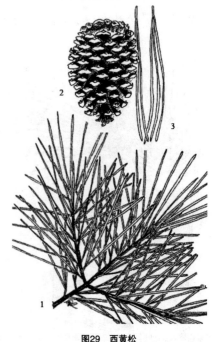

图28　海岸松
1.枝叶；2.球果

图29　西黄松
1.枝叶；2.球果；3.针叶束

14. 刚松 *Pinus rigida* Mill. (青岛植物园及崂山、昆嵛山引种栽培)(图 30)

15. 晚松 *Pinus serotina* Michaux (烟台海阳、蓬莱等地栽培，崂山曾有引种)

16. 欧洲赤松 *Pinus sylvestris* Linn. (青岛崂山太清宫栽培)(图 31)

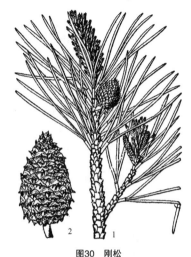

图30　刚松
1.雌球花及雄球花枝；2.球果

图31　欧洲赤松
1.球果枝；2.针叶及叶鞘；3.雌球花枝；4.球果；5.种鳞背腹面；6.种子

16a. 樟子松 *Pinus sylvestris* Linn. var. *mongolica* Litv. (泰安、青岛、烟台、临沂、济南、潍坊等地栽培)(图 32)

16b. 美人松 *Pinus sylvestris* Linn. var. *sylvestriformis* (Tak.) W. C. Cheng & C. D. Chu (威海有引种)

17. 油松 *Pinus tabuliformis* Carr. (分布于鲁中南山地，主产泰山、蒙山、沂山、祖徕山等地；全省各地常见栽培)(图 33)

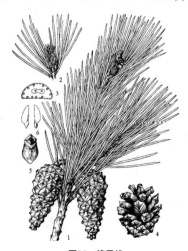

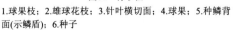

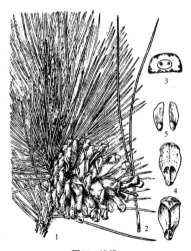

图32　樟子松
1.球果枝；2.雄球花枝；3.针叶横切面；4.球果；5.种鳞背面(示鳞盾)；6.种子

图33　油松
1.球果枝；2.针叶及叶鞘；3.针叶横切面；4.种鳞背面(下)及腹面(上)；5.种子

18. 火炬松 *Pinus taeda* Linn. (临沂蒙山、塔山，青岛崂山、小珠山、莱西，烟台昆嵛山，日照等地栽培)(图 34)

19. 黄山松 (台湾松) *Pinus taiwanensis* Hayata (泰山、蒙山、青岛、烟台等地有少量栽培)(图 35)

 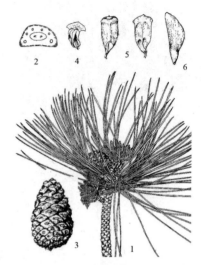

图34　火炬松
1.针叶及叶鞘；2.针叶横切面；3.球果；4.种鳞背面(右)及腹面(左)；5.种子

图35　黄山松
1.雌球花及雄球花枝；2.针叶横切面；3.球果；4.雄蕊；5.种鳞背(左)、腹面(右)；6.种子

20. 黑松 (日本黑松) *Pinus thunbergii* Parl. (全省各地普遍栽培)(图 36)

21. 乔松 *Pinus wallichiana* A. B. Jackson (泰安、青岛、潍坊等地栽培)(图 37)

22. 云南松 *Pinus yunnanensis* Franch. (青岛崂山太清宫西坡有少量引种)(图 38)

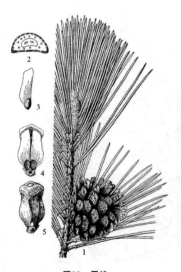  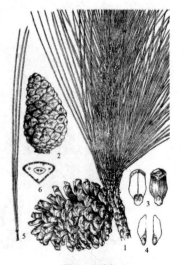

图36　黑松
1.球果枝；2.针叶横切面；3.种子；4.种鳞腹面；5.种鳞背面(示鳞盾)

图37　乔松
1-2.球果；3.种鳞背(左)、腹面(右)；4.种子；5.枝叶；6.针叶先端放大；7.针叶横切面

图38　云南松
1.球果枝；2.球果；3.种鳞腹面(左)及背面(右)；4.种子；5.针叶及叶鞘；6.针叶横切面

（七）金钱松属 *Pseudolarix* Gord.

仅 1 种，我国特产，孑遗植物；山东有栽培。

1. 金钱松 *Pseudolarix amabilis* (Nelson.) Rehd. (泰安、临沂、青岛、烟台、济南、日照等地栽培)(图 39)

（八）黄杉属 *Pseudotsuga* Carr.

约 6 种。我国 3 种，另引入栽培 2 种；山东引入栽培 1 种。

1. 花旗松 (北美黄杉) *Pseudotsuga menziesii* (Mirbel) Franco (烟台昆嵛山三分场栽培)(图 40)

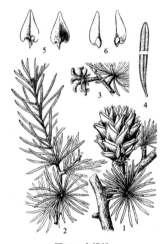

图39　金钱松

1.球果枝；2.长短枝，示叶着生；3.雄球花枝；4.叶；5.种鳞腹面(左)及背面(示苞鳞)；6.种子

图40　花旗松

四、杉科Taxodiaceae

10属13种。我国5属5种，另引入栽培4属5种；山东7属8种2变种。

分属检索表

1. 叶为单生，在枝上螺旋状散生，稀对生。

　2. 叶和种鳞均为螺旋状着生。

　　3. 球果的种鳞（或苞鳞）扁平。

　　　4. 常绿；叶条状披针形，有锯齿；球果的苞鳞大，有锯齿，种鳞小，生于苞鳞腹面下部，能育种鳞有3粒种子 ·················· 杉木属*Cunninghamia*

　　　4. 半常绿，有条形叶的侧生小枝冬季脱落，有鳞形叶的小枝不脱落；叶鳞形、条形或条状钻形；种鳞木质，先端有6～10裂齿，能育种鳞有2粒种子 ··· 水松属*Glyptostrobus*

　　3. 球果的种鳞盾形，木质。

　　　5. 常绿；雄球花单生或集生枝顶；能育种鳞有2～9粒种子；种子扁平，周围或两侧有翅。

6. 叶鳞状钻形；球果有柄，下垂；种鳞无裂齿；冬芽裸露 ⋯ **巨杉属**_Sequoiadendron_

6. 叶钻形；球果近于无柄，直立，种鳞上部有3～7裂齿 ⋯⋯⋯ **柳杉属** _Cryptomeria_

5. 落叶或半常绿，侧生小枝冬季脱落；叶条形或钻形；雄球花排列成圆锥花序状；能育种鳞有2粒种子，种子三棱形，棱脊上有厚翅 ⋯⋯⋯⋯⋯⋯ **落羽杉属**_Taxodium_

2. 叶和种鳞均对生；叶条形，排列成两列，侧生小枝连叶于冬季脱落；球果的种鳞盾形，木质，能育种鳞有5～9粒种子；种子扁平，周围有翅 ⋯⋯⋯⋯ **水杉属** _Metasequoia_

1. 叶由二叶合生而成，两面中央有一条纵槽，长5～15cm，生于鳞状叶的腋部，着生于不发育的短枝顶端，辐射开展，在枝端呈伞形；球果的种鳞木质，种子5～9粒 ⋯⋯⋯⋯⋯⋯⋯⋯⋯⋯⋯⋯⋯⋯⋯⋯⋯⋯⋯⋯⋯ **日本金松属**_Sciadopitys_

（一）柳杉属 _Cryptomeria_ D. Don

仅1种1变种，产中国和日本，山东均有栽培。

分种检索表

1. 叶直伸，通常不内曲；种鳞20～30枚，发育种鳞具种子2～5粒⋯⋯⋯⋯⋯⋯⋯⋯⋯⋯⋯⋯⋯⋯⋯⋯⋯⋯⋯⋯⋯⋯⋯⋯⋯⋯ **日本柳杉** _Cryptomeria japonica_

1. 叶微内曲；种鳞约20枚，发育种鳞具2粒种子 ⋯⋯ **柳杉** _Cryptomeria japonica_ var. _sinensis_

1. 日本柳杉 _Cryptomeria japonica_ (Linn. f.) D. Don. (青岛、泰安、临沂、烟台等地栽培)(图 41)

1a. 柳杉 _Cryptomeria japonica_ (Linn. f.) D. Don. var. _sinensis_ Miquel (临沂、泰安、青岛、烟台等地栽培)(图 42)

图41 日本柳杉
1.枝叶；2.叶；3.种鳞腹面(左)及背面(右)，示苞鳞上部；4.球果；5.种子

图42 柳杉
1.球果枝；2.叶；3.种鳞腹面(左)及背面(右)，示苞鳞上部；4.种子

（二）杉木属 *Cunninghamia* R. Brown

1 种 1 变种，产我国、老挝和越南北部；山东引入栽培 1 种。

　1. 杉木 *Cunninghamia lanceolata* (Lamb.) Hook. (临沂、泰安、青岛、烟台、济南、日照栽培)(图 43)

（三）水松属 *Glyptostrobus* Endl.

仅 1 种，我国特产，为第四纪冰川期后的孑遗植物；山东有栽培。

　1. 水松 *Glyptostrobus pensilis* (Staunt.) Koch. (青岛栽培。泰安、烟台曾有引种)(图 44)

图43　杉木
1.球果枝；2.叶；3.雄球花枝；4.雌球花枝；5.雄球花的一段；6.苞鳞的背面(左)及腹面(右，示退化的种鳞)；7.种子背腹面

图44　水松
1.球果枝；2.着生条状钻形叶的小枝；3.着生条状钻形叶(上)及鳞形叶(下)的小枝；4.雄球花枝；5.雌球花枝；6.珠鳞及胚珠；7.种鳞腹面(左)及背面(右，示苞鳞先端)；8.种子背腹面；9.雄蕊

（四）水杉属 *Metasequoia* Miki ex Hu & W. C. Cheng

　仅 1 种，我国特产；山东有栽培。

　1. 水杉 *Metasequoia glyptostroboides* Hu & W. C. Cheng (全省各地普遍栽培)(图 45)

　【金叶水杉 'Gold Rush'，叶金黄色 (青岛栽培)】

图45　水杉
1.雄球花枝；2.球果枝；3.雄球花；4.球果；5.种子

（五）日本金松属 *Sciadopitys* Sieb. & Zucc.

仅1种，日本特产；山东有栽培。

1. 日本金松 *Sciadopitys verticillata* (Thunb.) Sieb. & Zucc.（烟台、乳山栽培）(图46)

（六）巨杉属 *Sequoiadendron* J. Buchholz

仅1种，特产于北美洲；山东有栽培。

1. 巨杉 *Sequoiadendron giganteum* (Lindl.) Buchholz（据 Flora of China，山东有栽培。）

图46　日本金松
1.球花枝；2.叶横切面；3.球果；4.珠鳞腹面；5.雄蕊

（七）落羽杉属 *Taxodium* Rich.

2种1变种。我国均有引种；山东均有栽培，另有一品种中山杉 *Taxodium* 'Zhongshanshan'（来源于落羽杉和墨西哥落羽杉杂交），在临沂、青岛、济宁、东营等地栽培。

分种检索表

1. 叶条形，扁平，排列成二列，呈羽状；大枝水平开展。
　2. 落叶性：叶长1～1.5cm，排列较疏，侧生小枝排列成二列 … 落羽杉 *Taxodium distichum*
　2. 半常绿或常绿；叶长约1cm，排列紧密，侧生小枝螺旋状散生，不为二列 ……………
　　………………………………… 墨西哥落羽杉 *Taxodium mucronatum*
1. 叶钻形，不成二列，下部贴近小枝；大枝向上伸展…… 池杉 *Taxodium distichum* var. *imbricatum*

1. 落羽杉 *Taxodium distichum* (Linn.) Rich.（泰安、青岛、临沂、烟台、潍坊、济宁、枣庄等地栽培）(图47)

1a. 池杉 *Taxodium distichum* (Linn.) Rich. var. *imbricatum* (Nutt.) Croom（临沂、青岛、烟台、泰安等地栽培）(图48)

2. 墨西哥落羽杉 *Taxodium mucronatum* Tenore（青岛、潍坊有引种栽培）(图49)

图47　落羽杉
1.球果枝；2.种鳞腹面；3.种鳞顶部

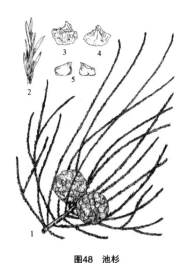

图48 池杉
1.球果枝；2.小枝的一段及叶；3.种鳞顶部；4.种鳞腹面；
5.种子背腹面

图49 墨西哥落羽杉
1.小枝一段；2.小枝局部放大，示叶着生

五、柏科Cupressaceae

19属约125种。我国8属33种，引入栽培1属15种；山东7属18种3变种1变型。

分属检索表

1. 球果的种鳞木质或近革质，熟时张开，种子通常有翅，稀无翅。
 2. 种鳞扁平或鳞背隆起，薄或较厚，但不为盾形；球果当年成熟。
  3. 鳞叶较小，长1～2mm，下面无明显的白粉带；球果卵圆形或卵状矩圆形，发育的种鳞各具2粒种子。
   4. 种鳞薄，4～6对，鳞背无尖头；种子有窄翅 ·············· **崖柏属** *Thuja*
   4. 种鳞厚，4对，鳞背有尖头；种子无翅 ·············· **侧柏属** *Platycladus*
  3. 鳞叶较大，两侧鳞叶长4～7mm，下面有明显宽白粉带；球果近球形，发育种鳞各3～5粒种子；种子两侧具翅 ·············· **罗汉柏属** *Thujopsis*
 2. 种鳞盾形；球果第二年或当年成熟。
  5. 鳞叶小，长2mm以内；球果具4～8对种鳞；种子两侧具窄翅。
   6. 生鳞叶的小枝不排列成平面，或很少排列成平面；球果第二年成熟；发育的种鳞各有5至多粒种子 ·············· **柏木属** *Cupressus*
   6. 生鳞叶的小枝平展，排列成平面（但在某些栽培品种中，生鳞叶的小枝不排列成平面）；球果当年成熟；发育种鳞各2～5（通常3）粒种子 ·· **扁柏属** *Chamaecyparis*
  5. 鳞叶较大，两侧鳞叶长3～6（10）mm；球果具6～8对种鳞；种子上部具两个大小不等的翅 ·············· **福建柏属** *Fokienia*
1. 球果肉质，球形或卵圆形，由3～8片种鳞结合而成，熟时不张开，种子无翅；叶全为刺叶或鳞叶，或同一树上刺叶、鳞叶兼有 ·············· **圆柏属** *Juniperus*

（一）扁柏属 *Chamaecyparis* Spach

6种。我国台湾产1种1变种，另引入栽培4种；山东引入栽培2种。

分种检索表

1.鳞叶肥厚，先端钝，小枝下面之叶微被白粉；球果径8～10mm；种鳞4对，种子两侧有窄翅
 ··· 日本扁柏*Chamaecyparis obtusa*

1.鳞叶先端锐尖，小枝下面之叶有明显的白粉；球果径约6mm；种鳞5～6对，种子两侧有宽翅 ··· 日本花柏*Chamaecyparis pisifera*

　　1. 日本扁柏 *Chamaecyparis obtusa* (Sieb. & Zucc.) Endl. (济南、青岛、泰安、临沂等地栽培)(图 50)

　　【云片柏 'Breviramea'，生鳞叶的小枝排成规则的云片状 (青岛中山公园等处栽培)；洒金云片柏 'Breviramea Aurea'，与云片柏相似，但顶端鳞叶金黄色 (青岛、威海等地栽培)；孔雀柏 'Tetragona'，生鳞叶的小枝辐射状排列，先端四棱形，鳞叶背部有纵脊 (青岛中山公园栽培)；金孔雀柏 'Tetragona Aurea'，与孔雀柏相似，但鳞叶金黄色 (青岛、日照栽培)】

　　2. 日本花柏 *Chamaecyparis pisifera* (Sieb. & Zucc.) Endl. (临沂、青岛、泰安、烟台、济南等地栽培)(图 51)

　　【绒柏 'Squarrosa'，小枝不规则呈苔状，叶为柔软的条状刺形，轮生 (青岛等地栽培)；线柏 'Filifera'，小枝线形，细长下垂，鳞叶先端长锐尖 (青岛中山公园栽培)；羽叶花柏 'Plumosa'，鳞叶鳞状钻形或稍呈刺状，质软，开展呈羽毛状 (青岛中山公园栽培)】

图50　日本扁柏
1.球果枝；2.小枝一段放大；3.球果

图51　日本花柏
1.球果枝；2.小枝一段放大

（二）柏木属 *Cupressus* Linn.

约 17 种。我国 5 种，引入栽培 4 种；山东引入栽培 4 种。

分种检索表

1. 生鳞叶的小枝圆或四棱形；球果通常较大，径1～3cm；每种鳞具多数种子。

  2. 生鳞叶的小枝四棱形。

    3. 鳞叶背部无明显的腺点。

      4. 鳞叶蓝绿色或灰绿色，有蜡质白粉；球果无白粉，种鳞6对 ················· 巨柏*Cupressus torulosa* var. *gigantea*

      4. 鳞叶绿色，无白粉；球果较大，径2～3cm，种鳞4～7对 ················· 地中海柏木*Cupressus sempervirens*

    3. 鳞叶背部有明显的腺点，先端锐尖，蓝绿色，微被白粉；球果近圆球形 ················· 绿干柏*Cupressus arizonica*

  2. 生鳞叶的小枝圆柱形，常被蜡粉，球果具6对种鳞 ··· 巨柏*Cupressus torulosa* var. *gigantea*

1. 生鳞叶的小枝扁，排成平面，下垂；球果小，径0.8～1.2cm；每种鳞具5～6粒种子 ················· 柏木*Cupressus funebris*

1. 绿干柏 *Cupressus arizonica* Greene (青岛崂山太清宫后栽培)(图 52)

【蓝冰柏 var. *glabra* (Sudw.) Little 'Blue Ice' (青岛、临沂等地栽培) 】

2. 柏木 *Cupressus funebris* Endl. (青岛、泰安、临沂等地栽培)(图 53)

3. 地中海柏木 *Cupressus sempervirens* Linn. (青岛崂山太清宫栽培)(图 54)

4. 巨柏 *Cupressus torulosa* D. Don ex Lamb. var. *gigantea* (W. C. Cheng & L K. Fu) Farjon (青岛胶南栽培)

图52　绿干柏
1.球果枝；2.小枝一段放大；3-4.种子

图53　柏木
1.球果枝；2.小枝一段放大；3.雄蕊；4.雌球花；5.球果；6.种子

图54　地中海柏木
1.枝叶；2.小枝一段放大；3.雄球花；4.雌球花；5.球果

（三）福建柏属 *Fokienia* Henry & Thomas

仅 1 种，主产我国，越南和老挝北部也有分布；山东有栽培。

1. 福建柏 *Fokienia hodginsii* (Dunn.) Henry & Thomas (青岛、烟台等地栽培，崂山有高达 20m 的大树)(图 55)

（四）圆柏属 (刺柏属) *Juniperus* Linn.

约 60 种。我国 23 种；山东引入栽培 8 种 1 变种 1 变型。

图55 福建柏
1.枝叶；2.小枝一段放大；3.种子

分种检索表

1. 叶全为刺叶或鳞叶，或同一树上刺叶、鳞叶兼有，刺叶基部无关节，下延生长；冬芽不显著；球花单生枝顶，雌球花具 3～8 片轮生或交叉对生的珠鳞，胚珠生于珠鳞腹面的基部。
  2. 叶全为刺形，三叶轮生；球果具 1 粒种子，稀 2～3 粒种子。
    3. 球果具 2～3 粒种子，匍匐灌木 ……………………… 铺地柏*Juniperus procumbens*
    3. 球果具 1 粒种子，直立灌木或小乔木 …………………… 高山柏*Juniperus squamata*
  2. 叶全为鳞形或兼有鳞叶与刺叶，或仅幼龄植株全为刺叶。
    4. 球果卵圆形或近球形，稀倒卵圆形；刺叶三叶交叉轮生或交叉对生，鳞叶背面的腺体位于中部、中下部或近基部。
      5. 鳞叶先端钝，腺体位于叶背的中部，生鳞叶的小枝圆柱形或微呈四棱形；刺叶三枚交互轮生或交互对生，等长；球果具 1～4 粒种子（圆柏）。
        6. 小枝不下垂。
          7. 树体直立；刺叶三枚交互轮生，长 8～12mm，排列较疏…圆柏*Juniperus chinensis*
          7. 匍匐灌木；刺叶常交叉对生，长 3～6mm，排列较密 …………………………
            …………………… 偃柏*Juniperus chinensis* var. *sargentii*
        6. 小枝细长而下垂 ………………… 垂枝圆柏*Juniperus chinensis* f. *pendula*
      5. 鳞叶先端急尖或渐尖，腺体位于叶背的中下部或近中部，生鳞叶的小枝常呈四棱形；刺叶交叉对生，不等长；球果具 1～2 粒种子 ……… 铅笔柏*Juniperus virginiana*
    4. 球果常呈倒三角状或叉状球形，顶端平截，宽圆或叉状，部分球果卵圆形或近圆球形；鳞叶背面的腺体位于中部，刺叶交叉对生（刺叶仅出现在幼龄植株上，壮龄植株几全为鳞叶）；雌球花与球果生于下弯的小枝顶端；匍匐灌木，偶小乔木 …………
      …………………………………………………………… 砂地柏*Juniperus sabina*
1. 叶全为刺叶，基部有关节，不下延生长；冬芽显著；球花单生叶腋；雌球花具 3 片轮生的珠鳞，胚珠生于珠鳞之间。

8. 叶上面有一条白粉带，无绿色中脉。
　9. 叶质厚，坚硬，上面凹下成深槽，白粉带较绿色边带为窄，位于凹槽之中，横切面成 "V" 状；球果圆球形，淡褐黑色 ·················· 杜松 *Juniperus rigida*
　9. 叶质较薄，微凹，不成深槽，白粉带常较绿色边带为宽，横切面扁平；球果圆球形或宽卵圆形，熟时蓝黑色 ·················· 欧洲刺柏 *Juniperus communis*
8. 叶上面中脉绿色，两侧各有一条白色、稀紫色或淡绿色的气孔带；球果圆球形或宽卵圆形、熟时淡红色或淡红褐色 ·················· 刺柏 *Juniperus formosana*

1. 圆柏（桧）*Juniperus chinensis* Linn.（全省各地普遍栽培）(图 56)

【龙柏 'Kaizuca'，侧枝螺旋状向上抱合，鳞叶密生（全省各地普遍栽培）；鹿角桧 'Pfitzriana'，丛生灌木，主干不发育，大枝自地面向上伸展（全省各地普遍栽培）；塔柏 'Pyramidalis'，枝密集，树冠圆柱状塔形，多为刺叶，间有鳞叶（全省各地普遍栽培）；金球桧 'Aureoglobosa'，似球桧，但枝梢的叶黄色（全省各地普遍栽培）；球柏 'Globosa'，基部多分枝，树体自然呈球形，枝密生，多为鳞叶（全省各地栽培）；匍地龙柏 'Kaizuca Procumbens'，无直立主干，大枝就地平展，鳞叶密生（全省各地普遍栽培）】

1a. 垂枝圆柏 *Juniperus chinensis* Linn. f. *pendula* Franch.（济南泉城公园栽培）

1b. 偃柏 *Juniperus chinensis* Linn. var. *sargentii* A. Henry（偶见栽培，常盆栽）

2. 刺柏 *Juniperus formosana* Hayata（青岛、济南、泰安、临沂栽培）(图 57)

3. 铺地柏 *Juniperus procumbens* (Endl.) Sieb. ex Miquel（泰安、青岛、日照、济南、潍坊、德州等地栽培）

图56 圆柏
1.球果枝；2.生鳞叶的小枝放大；3.刺形叶；4.雌球花；5.雄球花枝；6.雄球花

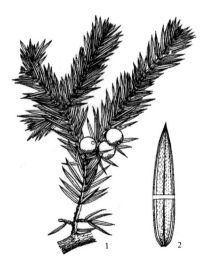

图57 刺柏
1.球果枝；2.叶放大

4. 杜松 *Juniperus rigida* Sieb. & Zucc. (青岛、烟台、泰安、济南、潍坊等地栽培)(图 58)

5. 砂地柏 *Juniperus sabina* Linn. (全省各地普遍栽培)(图 59)

图58 杜松
1.雄球花枝；2.雄球花；3.球果枝；4.叶及横切面

图59 砂地柏

6. 高山柏 *Juniperus squamata* Buchanan-Hamilton (济南等地栽培)

【粉柏 'Meyeri'，枝叶密生，叶两面被白粉呈翠绿色 (全省各地普遍栽培) 】

7. 铅笔柏 (北美圆柏) *Juniperus virginiana* Linn. (全省各地普遍栽培)(图 60)

【垂枝铅笔柏 'Pendula'，小枝细长下垂 (泰安、济南等地栽培) 】

8. 欧洲刺柏 *Juniperus communis* Linn. (青岛、济南、泰安曾有引种)(图 61)

图60 铅笔柏
1.枝叶；2.刺形叶；3.鳞形叶；4.球果

图61 欧洲刺柏
1.球果枝；2.雄球花枝；3.雄球花

（五）侧柏属 *Platycladus* Spach.

仅 1 种，分布于中国、朝鲜和俄罗斯东部；山东有分布。

1. 侧柏 *Platycladus orientalis* (Linn.) Franco（全省各地普遍栽培）(图 62)

【金塔柏 'Beverleyensis'，树冠塔形，叶金黄色（青岛、泰安栽培）；千头柏 'Sieboldii'，枝密生，树冠呈紧密的卵圆形至扁球形（青岛、德州、泰安等地栽培）；金黄球柏 'Semperaurescens'，矮型紧密灌木，树冠近于球形，枝端之叶金黄色（全省各地普遍栽培）；圆枝侧柏 'Yuangzhicebai'，小枝不扁平而呈圆形或四棱形，常下垂（青岛、潍坊等地栽培）】

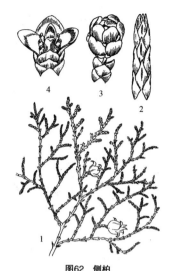

图62 侧柏
1.球果枝；2.小枝一段放大；3.雄球花；4.雌球花

（六）崖柏属 *Thuja* Linn.

5 种。我国 2 种，另引入栽培 3 种；山东引入栽培 2 种。

分种检索表

1. 中生鳞叶尖头下方有圆形透明腺点，芳香·················· 北美香柏 *Thuja occidentalis*
1. 中生鳞叶背部平，无腺点，有时有纵槽，鳞叶揉碎时无香气········· 日本香柏 *Thuja standishii*

1. 北美香柏 *Thuja occidentalis* Linn.（泰安、青岛、济南、济宁、烟台、临沂、潍坊等地栽培）(图 63)

2. 日本香柏 *Thuja standishii* (Gord.) Carr.（青岛栽培）(图 64)

图63 北美香柏
1.球果枝；2.种子

图64 日本香柏
1.球果枝；2.小枝一段放大；3.鳞叶放大；4.雌球花枝；5.雄球花枝；6.球果；7.种子

（七）罗汉柏属 *Thujopsis* Sieb. & Zucc.

仅1种，日本特产；山东有栽培。

1. 罗汉柏 *Thujopsis dolabrata* (Linn. f.) Sieb. & Zucc. (烟台、威海乳山栽培。
青岛曾有引种)(图 65)

六、罗汉松科Podocarpaceae

8 属约 180 种。我国 4 属 12 种；山东栽培 1 属 1 种。

（一）罗汉松属 *Podocarpus* L'Her. ex Persoon

约 100 种。我国 7 种；山东引入栽培 1 种。

1. 罗汉松 *Podocarpus macrophyllus* (Thunb.) D. Don (青岛崂山等地露地栽培) (
图 66)

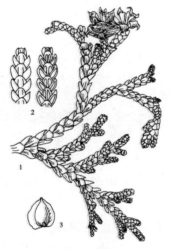

图65 罗汉柏
1.球果枝；2.生鳞叶的小枝的上下面；3.种子

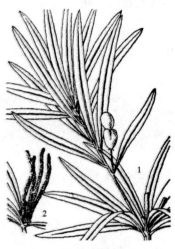

图66 罗汉松
1.种子枝；2.雄球花枝

七、三尖杉科Cephalotaxaceae

1 属约 8 ～ 11 种。我国 6 种，引入栽培 1 种；山东栽培 1 属 2 种。

（一）三尖杉属 Cephalotaxus Sieb. & Zucc. ex Endl.

约 8 ～ 11 种。我国 6 种，引入栽培 1 种；山东引入栽培 2 种。

分种检索表

1. 叶条状披针形，长4～13cm，宽3～4.5mm，微弯 ················ 三尖杉*Cephalotaxus fortunei*

1. 叶条形，长2～5cm，宽3mm，通常直 ···························· 粗榧*Cephalotaxus sinensis*

　　1. 三尖杉 *Cephalotaxus fortunei* Hook. f. (临沂蒙山及烈士陵园、青岛、淄博栽培)(图 67)

　　2. 粗榧 *Cephalotaxus sinensis* (Rehd. & Wils.) Li (泰安、青岛、临沂、潍坊等地栽培)(图 68)

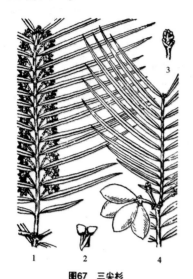

图67　三尖杉
1.雄球花枝；2.雌球花上之苞片与胚珠3.雌球花；4.种子及雌球花枝

图68　粗榧
1.种子枝；2.雄球花

八、红豆杉科Taxaceae

　　5 属 21 种。我国 4 属 11 种；山东栽培 2 属 3 种 2 变种。

分属检索表

1. 叶上面中脉不明显或微明显，叶内有树脂道；雌球花两个成对生于叶腋；种子全部包于肉质假种皮中。小枝近对生或近轮生，叶交叉对生或近对生，基部扭转排列成两列 ……………………………………………………………… **榧树属 *Torreya***

1. 叶上面有明显的中脉，叶内无树脂道；雌球花单生叶腋；种子生于杯状假种皮中，上部露出。小枝不规则互生；叶螺旋状着生 …………………………… **红豆杉属 *Taxus***

（一）红豆杉属 *Taxus* Linn.

　　约 9 种。中国 3 种，引入栽培 1 种；山东引入栽培 1 种 2 变种，另有一杂交种曼地亚红豆杉 *Taxus × media* (Pilger) Rehd.，母本为紫杉，父本为欧洲红豆杉 *Taxus baccata*，青岛、临沂、潍坊、淄博、济宁等地栽培。

分种检索表

1. 叶排列较密，排列成不规则两列或近螺旋状，条形，通常较直，稀微弯；小枝基部常有宿存芽鳞。
   2. 乔木或大灌木 ·· 紫杉*Taxus cuspidata*
   2. 矮灌木，枝叶密生 ······································· 枷罗木*Taxus cuspidata* var. *nana*
1. 叶排列较疏，排成二列，叶较宽长，披针状条形或条形，常呈弯镰状，长2～3.5cm，宽3～4.5mm；芽鳞脱落或少数宿存于小枝的基部··········南方红豆杉*Taxus wallichiana* var. *mairei*

1. 紫杉（东北红豆杉）*Taxus cuspidata* Sieb. & Zucc.（泰安、青岛、威海、济南、临沂、潍坊栽培）（图69）

1a. 伽罗木（矮紫杉）*Taxus cuspidata* Sieb. & Zucc. var. *nana* Rehd.（青岛、临沂、泰安、济南、潍坊、威海等地栽培）

2. 南方红豆杉 *Taxus wallichiana* Zucc. var. *mairei* (Lemée & H. Léveillé) L. K. Fu & Nan Li（青岛栽培）（图70）

（二）榧树属 *Torreya* Arn.

6种。我国3种，引入栽培1种；山东引入栽培1种。

1. 日本榧树 *Torreya nucifera* (Linn.) Sieb. & Zucc.（青岛崂山及中山公园栽培）（图71）

图69 紫杉
1.球果枝；2.叶

图70 南方红豆杉
1.球果枝；2.叶；3.雄球花枝；4.雄球花；5.雄蕊；6.种子

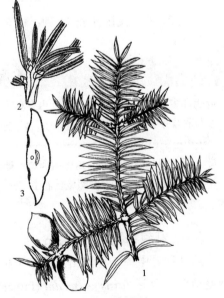

图71 日本榧树
1.种子枝；2.小枝一段放大；3.叶横切面

九、麻黄科Ephedraceae

1属约40种。我国14种；山东1属3种。

（一）麻黄属 *Ephedra* Tourn. ex Linn.

约40种。我国14种；山东2种，引入栽培1种。

分种检索表

1. 叶2裂，稀在个别的枝上呈3裂；球花的苞片全为2片对生；雌花胚珠的珠被管一般较短而较直，稀长而稍曲。
  2. 植株无直立木质茎；小枝节间较长，多在3～4cm间；雌球花成熟时矩圆状卵圆形或近圆球形，种子2粒 ···················· 草麻黄*Ephedra sinica*
  2. 植株有直立木质茎；小枝节间较短，长1～2.5cm；雌球花成熟时长卵圆形或卵圆形，种子通常1粒 ···················· 木贼麻黄*Ephedra equisetina*
1. 叶3裂和2裂并存；球花的苞片2片对生或3片轮生 ·················· 中麻黄*Ephedra intermedia*

    1. 木贼麻黄 *Ephedra equisetina* Bunge（济南、烟台、菏泽、德州等地栽培）（图72）

    2. 草麻黄 *Ephedra sinica* Stapf（分布于滨州、烟台、东营）（图73）

    3. 中麻黄 *Ephedra intermedia* Schrenk ex C. A. Mey.（据《中国植物志》记载，山东有分布）（图74）

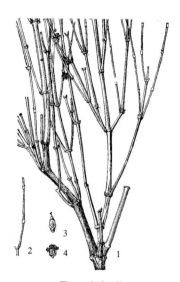

图72 木贼麻黄
1.雄株；2.小枝一段；3.未成熟的雌球花；4.雄球花

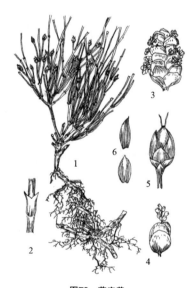

图73 草麻黄
1.植株全形；2.小枝的一段及叶；3.雄球花；4.雄花及苞片；5.雌球花；6.种子

图74 中麻黄
1.雌球花枝；2.小枝一段；3.雄球花；4.雌球花

被子植物

　　木本或草本。次生木质部常具导管及管胞，韧皮部具筛管及伴胞。叶多宽阔。具典型的花；胚珠藏于子房内，发育成种子，子房发育成果实。

　　被子植物起源于侏罗纪末期或下白垩纪初期，距今1亿3 500万年，一般认为由种子蕨进化而来，是现代植物界中最繁茂、最高级的类群。全球共有413科10 000余属235 000种，我国分布的251科3 148属约30 000种。山东省木本植物共有88科242属725种13亚种126变种46变型。

被子植物分科检索表

1. 胚具对生的子叶2 个，极稀可为1个或较多；茎有皮层和髓的区别；多年生木本植物有年轮；叶片常具网状脉；花部4～5基数，稀3基数 (双子叶植物)。

  2. 花瓣分离，或无花瓣。

    3. 花无花被，或仅有花萼 (有时呈花瓣状)。

      4. 花单性，其中雌花，或雌花和雄花均可成柔荑花序 (或类似柔荑花序) 或头状花序。

        5. 雌花、雄花都成柔荑花序，或雄花成柔荑花序 (或类似柔荑花序)。

          6. 花无花被。

            7. 叶为单叶。

              8. 果实为肉质核果 ·· **杨梅科**Myricaceae

              8. 蒴果，含多数种子，种子有丝状毛绒 ·············· **杨柳科**Salicaceae

            7. 羽状复叶；花雌雄同株，子房下位，核果或坚果，含1粒种子 ·············

                                               胡桃科Juglandaceae

          6. 花有花萼 (或只雌花有萼，或只雄花有萼)。

            9. 单叶。

              10. 坚果，外有发育的鳞片或总苞 (在壳斗科亦称壳斗)；植物体无乳汁。

                11. 坚果或小坚果一部分至全部包在叶状或囊状的总苞内，或小坚果和鳞片合成球状果序 ·············· **桦木科**Betulaceae

                11. 坚果一部分至全部包在具鳞片或具刺的木质总苞内 ··· **壳斗科**Fagaceae

              10. 瘦果为肉质之萼所包裹，集生为聚花果；植物体有乳汁··· **桑科**Moraceae

            9. 羽状复叶·· **胡桃科**Juglandaceae

        5. 雌花、雄花各成头状花序；或雌花、雄花同隐在囊状总花托内形成隐头花序；或雌花为头状花序。

          12. 花序不为隐头花序。

            13. 果实肉质，集成球状聚花果；植物体含乳汁 ·············· **桑科**Moraceae

            13. 木质蒴果，集成球状果序；植物体不含乳汁 ·············

                      ············ **金缕梅科**Hamamelidaceae (枫香属*Liquidambar*)

          12. 雌花、雄花同隐在囊状总花托内，成隐头花序 ··· **桑科**Moraceae (榕属*Ficus*)

  4. 花两性或单性，非柔荑花序和头状花序；稀具头状花序但外有花瓣状白色总苞。

    14. 花无花被，至少雄花无花被。

      15. 花单性，雌雄异株；或杂性，雄花、雌花、两性花俱存。

        16. 花单性，雌雄异株；翅果或蓇葖果，

          17. 枝无长枝、短枝之分，叶互生；雌蕊由2心皮结合而成；果实为含1种子的翅果 ·············· **杜仲科**Eucommiaceae

          17. 枝有长枝、短枝之分，长枝上叶对生或近对生；心皮4～8，离生，每心皮有数枚胚珠；蓇葖果2～4个 ·············· **连香树科**Cercidiphyllaceae

16. 花杂性，果实为核果；头状花序下面有大形乳白色总苞，由花瓣状的苞片
  2～3枚组成 ·················· **蓝果树科**Nyssaceae (**珙桐属**_Davidia_)

15. 花两性，心皮多数、离生；翅果；枝有长枝、短枝之分 ··············
  ·· **领春木科** Eupteleaceae

14. 花有萼 (有时呈花瓣状)。

 18. 子房上位。

  19. 雌蕊的心皮分离或近于分离。

   20. 花丝分离；木质藤本。

    21. 浆果；掌状复叶互生；心皮3～9，各有多数胚珠 ··············
     ·································· **木通科**Lardizabalaceae

    21. 瘦果；羽状复叶对生，稀三出复叶或单叶；心皮多数，各含1胚珠
     ·············· **毛茛科**Ranunculaceae (**铁线莲属**_Clematis_)

   20. 花丝结合成筒状；蓇葖果；落叶乔木，单叶互生 ··· **梧桐科**Sterculiaceae

  19. 雌蕊由1枚心皮所成，或由2个至数枚心皮结合而成。

   22. 子房1室。

    23. 单叶。

     24. 花药纵裂。

      25. 雄蕊和萼片同数，或常为萼片的倍数。

       26. 雌蕊有1枚心皮，花萼结合成长筒，常呈花冠状。

        27. 枝、叶、花都有银白色至棕褐色盾状鳞片；果实成熟时萼
        筒构成果实的一部分 ·············· **胡颓子科**Elaeagnaceae

        27. 无盾状鳞片，或有柔毛；萼筒脱落，不构成果实的一部分
        ·································· **瑞香科**Thymelaeaceae

       26. 雌蕊由2～3 (4) 枚心皮结合而成。

        28. 直立乔木或灌木，雌蕊由2心皮结合而成；萼分离或结
        合；雄蕊和萼片同数对生；核果或翅果 ··· **榆科**Ulmaceae

        28. 缠绕性；雌蕊多为3心皮，花萼5深裂，雄蕊通常8，瘦果3
        棱 ·············· **蓼科**Polygonaceae (**首乌属**_Fallopia_)

      25. 雄蕊比萼片的倍数多；浆果或蒴果 ··· **大风子科**Flacourtiaceae

     24. 花药瓣裂·································· **樟科**Lauraceae

    23. 羽状复叶或三出复叶；雌雄异株，核果干燥 ······**漆树科**Anacardiaceae

   22. 子房2至多室。

    29. 雄蕊和萼片同数，对生；或不同数。

     30. 叶互生。

      31. 果实为核果状，宿存花柱长角状；匍匐或斜上的常绿亚灌木
       黄杨科Buxaceae (**板凳果属**_Pachysandra_)

      31. 果实为蒴果。

32. 蒴果2室，熟则顶端裂开成2瓣 ……**金缕梅科**Hamamelidaceae

32. 蒴果3~15室 ……………………………………… **大戟科**Euphorbiaceae

30. 叶对生。

33. 翅果。

34. 果实为2个分果，顶端各具长翅(双翅果) … **槭树科**Aceraceae

34. 翅果，果实顶端具长翅 … **木犀科**Oleaceae (白蜡属*Fraxinus*)

33. 果实为 3 心皮结合而成的蒴果，有三个角状突起 … **黄杨科** Buxaceae

29. 雄蕊和萼片同数，互生 …………………………… **鼠李科**Rhamnaceae

18. 子房下位，稀半下位。

35. 子房下位；藤本或寄生灌木。

36. 半寄生灌木，常着生在其他木本植物的茎干上，果实为浆果，有黏性。

37. 花两性，稀单性；副萼杯状或环状，全缘或具齿，花萼呈花瓣状，离生或不同程度合生成管 ………………… **桑寄生科**Loranthaceae

37. 花单性，雌雄同株或异株；副萼无，花萼不呈花瓣状，离生，较小，稀合生 ………………………………… **槲寄生科**Viscaceae

36. 藤本；花辐射对称或两侧对称，花瓣状，花被管钟状、瓶状、管状、球状等；雄蕊6至多数；蒴果 ……………… **马兜铃科**Aristolochiaceae

35. 子房半下位；落叶乔木；花萼7~8 (10)，雄蕊 (5) 10~15，果实为蒴果 …………………… **金缕梅科**Hamamelidaceae (银缕梅属*Parrotia*)

3. 有萼和花冠。

38. 子房上位。

39. 雄蕊10枚以上，或比花瓣的倍数多。

40. 雌蕊的心皮分离或近于分离。

41. 雄蕊着生在花托或花盘上。

42. 花常为3基数，有时萼片花瓣无显著区别；心皮多数，螺旋状排列在伸长的花托上；聚合蓇葖果或翅果 ………………… **木兰科**Magnoliaceae

42. 花常为5基数；心皮2~5，有肉质花盘；聚合蓇葖果 … **芍药科** Paeoniaceae

41. 雄蕊着生在萼筒上，果实为蓇葖果、瘦果或小核果，聚生于平坦或突起的花托上，或隐于壶状萼筒内 ……………… **蔷薇科**Rosaceae

40. 雌蕊由1枚心皮所构成，或2至数枚心皮结合而成。

43. 子房2至多室。

44. 萼片镊合状排列。

45. 果实各式，不为柑果，叶片无透明油腺点。

46. 花药2室；花丝完全分离 (椴树科的花丝偶成5~10束)。

47. 落叶性；花药纵裂，稀顶端孔裂，花瓣先端不呈撕裂状。

48. 花瓣有细长的爪，瓣片边缘呈皱波状或细裂为流苏状；蒴果 …………………… **千屈菜科**Lythraceae (紫薇属*Lagerstroemia*)

48. 花瓣无细长的爪，瓣片不分裂；坚果或核果 … **椴树科**Tiliaceae

47. 常绿性；花药顶孔开裂，药隔有时突出成芒刺状，花瓣顶端常撕裂状；核果 ……… **杜英科**Elaeocarpaceae (**杜英属***Elaeocarpus*)

46. 花药1室；花粉粒有刺；单体雄蕊；果实为蒴果或裂为数个分果 ………………………………………………………… **锦葵科**Malvaceae

45. 果为柑果；三出复叶或单身复叶，具透明油腺点 …… **芸香科**Rutaceae

44. 萼片覆瓦状或螺旋状排列。

49. 直立乔灌木；蒴果，或呈浆果状。

50. 叶互生。

51. 果实为沿背缝裂开的蒴果；或为不开裂的浆果，稀作不规则开裂 ………………………………………… **山茶科**Theaceae

51. 果实为有五棱的蒴果，熟则分裂为5个骨质心皮，并沿内外缝线裂开 ……………… **蔷薇科**Rosaceae (**白鹃梅属***Exochorda*)

50. 叶对生，全缘；雄蕊常联合成束，花丝纤细…………………………………………………………… **藤黄科**Clusiaceae (**金丝桃属***Hypericum*)

49. 藤本；雌雄异株，或有两性花混生；浆果 …… **猕猴桃科**Actinidiaceae

43. 子房1室，胚珠1至数枚；蓇葖果或核果 ……… **蔷薇科**Rosaceae

39. 雄蕊10枚以下，或不超过花瓣的倍数。

52. 雌蕊心皮分离，或近于分离。

53. 叶无透明小点。

54. 花常两性。

55. 叶对生。

56. 羽状复叶，有托叶；圆锥花序，心皮2～3，蓇葖果1～3…………………………………………… **省沽油科**Staphyleaceae (**野鸦椿属***Euscaphis*)

56. 单叶，无托叶；花单生，心皮多枚，瘦果多数，藏于壶状花托内 …………………………………… **蜡梅科**Calycanthaceae

55. 叶互生；多为复叶，常有托叶；花5基数，花萼、花冠明显；瘦果或小核果 ……………………………… **蔷薇科**Rosaceae

54. 花单性，或单性花和两性花混生。

57. 乔木。

58. 花单性，雌雄同株；单叶，掌状分裂；果实为小坚果，集成球状果序 ……………………………… **悬铃木科**Platanaceae

58. 单性花和两性花混生；羽状复叶………… **苦木科**Simaroubaceae

57. 蔓生木质植物；雌雄异株；雌蕊3～6枚；核果… **防己科**Menispermaceae

53. 叶常有透明小点。

59. 直立木本；花两性或单性；萼片和花瓣界线分明；果实为蓇葖果或蒴果 ………………………………………… **芸香科**Rutaceae

59. 蔓生木本；花单性，萼片花瓣界线往往不分明；心皮多枚，初集合成头状，后成穗状，果实为浆果 ·················· **五味子科**Schisandraceae

52. 雌蕊由1心皮所成，或2至数个心皮结合而成。

60. 子房1室。

61. 果实非荚果。

62. 花药纵裂。

63. 子房有2至多数胚珠。

64. 雌蕊由数枚心皮组成；侧膜胎座。

65. 叶非鳞形，常革质 ·················· *海桐花科*Pittosporaceae

65. 叶鳞形，无叶柄，互生 ·················· **柽柳科**Tamaricaceae

64. 雌蕊1心皮，胚珠2枚，从室顶悬垂；雄蕊6，花瓣6或9，浆果；叶为2～3回羽状复叶 ·················· 小檗科Berberidaceae

63. 子房有1枚胚珠；花柱侧生或顶生，3条或3裂；羽状复叶或单叶 ··············*漆树科*Anacardiaceae

62. 花药瓣裂；雄蕊和花瓣同数、对生；浆果 ········· 小檗科Berberidaceae

61. 果实为荚果；花冠蝶形 (极稀退化至仅1个旗瓣)，或稍两侧对称、近辐射对称。

66. 花稍两侧对称或近辐射对称，近轴的 1 枚花瓣位于相邻两侧的花瓣之内，花丝通常分离 ·················· 云实科 Caesalpiniaceae

66. 花明显两侧对称，花冠蝶形，近轴的 1 枚花瓣 (旗瓣) 位于相邻两花瓣 (翼瓣) 之外，远轴的 2 枚花瓣 (龙骨瓣) 基部沿连接处合生呈龙骨状，雄蕊常为二体 (9+1) 或单体雄蕊，稀分离 ·················· **蝶形花科** Fabaceae

60. 子房2～5室。

67. 花辐射对称，或近于辐射对称。

68. 雄蕊和花瓣同数，互生，或不同数。

69. 叶片无透明小点。

70. 果实不为双翅果。

71. 复叶。

72. 雄蕊分离，稀花丝基部连合。

73. 雄蕊8～10。

74. 花丝基部多少连合，位于花盘内方；核果或蒴果 ··· ·················· **无患子科**Sapindaceae

74. 花丝分离，生于花盘基部；核果 ·················· ··············**漆树科**Anacardiaceae

73. 雄蕊4～6。

75. 蒴果，子房5室；种子有翅；雄蕊着生于子房柄上 ·················· **楝科**Meliaceae (香椿属*Toona*)

75. 核果状浆果，或为蒴果但种子无翅，子房3 (2～4) 室

‧‧‧‧‧‧‧‧‧‧‧‧‧‧‧‧‧‧‧‧‧‧‧‧‧‧‧‧‧‧‧‧‧‧ **省沽油科**Staphyleaceae

72. 雄蕊的花丝结合成筒状；核果 ‧‧‧‧‧‧‧‧‧ **楝科**Meliaceae

71. 单叶。

76. 叶互生，种子无假种皮。

77. 雄蕊和花瓣同数。

78. 花有花盘，蒴果 ‧‧‧‧‧‧‧‧‧‧‧‧‧ **鼠刺科**Iteaceae

78. 花无花盘；核果 ‧‧‧‧‧‧‧‧‧‧‧‧‧ **冬青科**Aquifoliaceae

77. 雄蕊为花瓣的倍数，外轮雄蕊和花瓣对生 ‧‧‧‧‧‧‧‧‧‧‧‧‧

‧‧‧‧‧‧‧‧‧‧‧‧‧‧‧ **蒺藜科**Zygophyllaceae (白刺属*Nitraria*)

76. 叶对生或互生；蒴果，种子橙红色假种皮 ‧‧‧‧‧‧‧‧‧‧‧‧‧

‧‧‧‧‧‧‧‧‧‧‧‧‧‧‧‧‧‧‧‧‧‧‧‧ **卫矛科**Celastraceae

70. 果实分为2个分果，各具翅 (即双翅果) ‧‧‧‧‧‧‧‧ **槭树科**Aceraceae

69. 叶具透明小点，揉碎后有特殊香气，单叶或复叶‧‧‧ **芸香科**Rutaceae

68. 雄蕊和花瓣同数、对生。

79. 木质藤本，有与叶对生的茎卷须；浆果 ‧‧‧‧‧‧‧‧‧ **葡萄科**Vitaceae

79. 直立或蔓生，无卷须，常有刺；核果、翅果或浆果‧‧‧‧‧‧‧‧‧‧

‧‧‧‧‧‧‧‧‧‧‧‧‧‧‧‧‧‧‧‧‧‧‧‧‧ **鼠李科**Rhamnaceae

67. 花两侧对称。

80. 叶对生，掌状复叶或羽状复叶；雄蕊5～9；蒴果。

81. 掌状复叶由 (3) 5～9枚小叶组成；圆锥花序，雄蕊5～9 ‧‧‧‧‧‧‧‧‧

‧‧‧‧‧‧‧‧‧‧‧‧‧‧‧‧‧‧‧‧‧‧‧‧ **七叶树科**Hippocastanaceae

81. 羽状复叶；总状花序，雄蕊8枚 ‧‧‧‧‧‧‧‧ **伯乐树科**Bretschneideraceae

80. 叶互生，单叶或羽状复叶；雄蕊5枚，稀4枚，全部发育或外面3枚不

发育；核果 ‧‧‧‧‧‧‧‧‧‧‧‧‧‧‧‧‧‧‧ **清风藤科**Sabiaceae

38. 子房下位或半下位。

82. 雄蕊10枚以上，或比花瓣的倍数多。

83. 子房有上下相重的几室，下面3室具中轴胎座，上面5～7室具侧膜胎座；萼红色，宿存 ‧‧‧‧‧‧‧‧‧‧‧‧‧‧‧‧‧‧‧‧‧‧‧‧‧‧‧‧ **石榴科**Punicaceae

83. 子房无上述特征。

84. 叶有托叶；果实为梨果 ‧‧‧‧‧‧‧‧‧‧‧‧‧‧‧‧‧ **蔷薇科**Rosaceae

84. 叶无托叶；果实为蒴果 ‧‧‧‧‧‧‧‧‧‧‧‧‧‧‧ **绣球科**Hydrangeaceae

82. 雄蕊和花瓣同数，或为花瓣的倍数。

85. 子房1至数室，每室1胚珠。

86. 花柱1。

87. 花瓣在蕾中呈镊合状排列，核果。

88. 花瓣4～10，细长，初合成筒状，后向外翻转；聚伞花序；叶互生

　　　　　　　　　　　　　　　　　　　八角枫科Alangiaceae

88. 花瓣4或5，聚伞花序、头状花序或圆锥花序，叶对生或互生………

　　　　　　　　　　　　　　　　　　　山茱萸科Cornaceae

87. 花瓣在蕾中呈覆瓦状排列，翅果或核果 …………… **蓝果树科**Nyssaceae

86. 花柱2～5。

89. 伞房花序；梨果 ……………………………… **蔷薇科**Rosaceae

89. 伞形花序或头状花序；核果或浆果 …………… **五加科**Araliaceae

85. 子房1室，侧膜胎座，胚珠多数；浆果 …………… **茶藨子科**Grossulariaceae

2. 花瓣结合。

90. 子房上位。

91. 雄蕊和花冠裂片同数，或较少。

92. 雌蕊由2心皮形成，早期即因收缩而分裂为4枚具胚珠的裂片，花柱着生于子房基部；果通常裂成4枚果皮干燥的小坚果；雄蕊通常4枚，二强，有时退化为2枚

　　　　　　　　　　　　　　　　　　　唇形科Lamiaceae

92. 雌蕊无上述特征，花柱顶生；果实不为4枚小坚果。

93. 雌蕊由1心皮所成，或由2个至数个心皮结合而成。

94. 花辐射对称。

95. 雄蕊和花冠裂片同数。

96. 叶对生，稀互生但具托叶或有托叶退化形成的托叶痕。

97. 子房2室，稀4室，每室胚珠多颗；蒴果或浆果，种子多颗；托叶着生在两叶柄基部之间或退化成线状托叶痕 …………

　　　　　　　　　　　　　　　　　　　醉鱼草科Buddlejaceae

97. 子房4室，每室1胚珠；核果；无托叶……… **马鞭草科**Verbenaceae

96. 叶互生，无托叶。

98. 子房2至4室；核果，有4种子 ………… **紫草科**Boraginaceae

98. 子房2室，每室多数胚珠；浆果，种子多数 ……… **茄科**Solanaceae

95. 雄蕊比花冠裂片为少。

99. 雄蕊2，着生于花冠上；核果、翅果或蒴果 ………… **木犀科**Oleaceae

99. 雄蕊4；核果 ……………………………… **马鞭草科**Verbenaceae

94. 花两侧对称。

100. 子房2～4室。

101. 子房2～4室，每室1或2胚珠；核果或蒴果，1～4种子 ……

　　　　　　　　　　　　　　　　　　　马鞭草科Verbenaceae

101. 子房2室，每室有多数胚珠；蒴果，种子多数 …………

　　　　　　　　　　　　　　　　　　　玄参科Scrophulariaceae

100. 子房1室，具侧膜胎座；有时因侧膜胎座深入成假2室；蒴果长，种子

　　　　　有翅或两端有毛 ••• 紫葳科Bignoniaceae

　　93. 雌蕊由2个分离或近于分离的心皮所组成，蓇葖果，各含多数种子；植物体有
　　　　乳汁。

　　　　102. 花粉粒分离，不成花粉块；花柱常合为1 ••••••••••• 夹竹桃科Apocynaceae

　　　　102. 花粉粒结合成花粉块；花柱2 •••••••••••••••••••• 萝藦科Asclepiadaceae

　91. 雄蕊常为花冠裂片的倍数，或多数。

　　103. 雄蕊由2至多数心皮结合而成；果实非荚果；单叶。

　　　104. 花柱1。

　　　　105. 雄蕊着生在花冠上，花药纵裂；子房下部3室，上部1室；核果干燥，果
　　　　　皮不规则裂开；植物体有星状毛 ••• 野茉莉科Styracaceae (野茉莉属Styrax)

　　　　105. 雄蕊不着生在花冠上，花药孔裂；蒴果或浆果••••••••• 杜鹃花科Ericaceae

　　　104. 花柱2至多条，花雌雄异株；雄花的雄蕊大多数为花冠裂片的倍数；浆果

　　　　 ••• 柿树科Ebenaceae

　　103. 雌蕊由1心皮所成；果实为荚果；叶常为2回羽状复叶 ••• 含羞草科Mimosaceae

90. 子房下位或半下位。

　106. 雄蕊为花冠裂片的倍数，或多数。

　　107. 花药纵裂。

　　　108. 雄蕊多数 •••••••••••••••••••••••••••••••••••••• 山矾科Symplocaceae

　　　108. 雄蕊为花冠裂片的2倍 ••••••••••••••••••••••••••• 野茉莉科Styracaceae

　　107. 花药顶端孔裂；浆果 •••••••••••••••••••••••••••••••• 杜鹃花科Ericaceae

106. 雄蕊和花冠裂片同数，或较少。

　109. 花同型，雄蕊的花药不合生。

　　110. 叶有锯齿或全缘；无托叶，稀有托叶但不生于叶柄内或叶柄间；子房2～5室

　　　 •• 忍冬科Caprifoliaceae

　　110. 叶通常全缘；托叶生于叶柄内或叶柄间；子房1～2室 ••••• 茜草科Rubiaceae

　109. 头状花序，花异型：边缘花雌性，花冠狭圆锥状或狭管状，中央花两性，花冠
　　　管状；雄蕊5枚，花药合生；瘦果，种子1枚 ••••• 菊科Asteraceae (蒿属Artemisia)

1. 胚具子叶1个；茎无皮层和髓的区别；叶大多数有平行叶脉；花部通常3基数 (单子叶植物)。

　111. 花正常，为典型的3基数，辐射对称；果实为核果、蒴果或浆果。

　　112. 单叶、不分裂。

　　　113. 花单性，雌雄异株；攀援或直立小灌木，常具坚硬的根状茎；叶二列互生，叶柄
　　　　两侧边缘常具翅状鞘，鞘的上方常有卷须；浆果 ••••••••••• 菝葜科Smilacaceae

　　　113. 花两性；茎直立，叶近簇生于茎或枝的顶端，条状披针形至长条形，常厚实、坚
　　　　挺而具刺状顶端。蒴果或浆果 ••••••••••••• 龙舌兰科Agavaceae (丝兰属Yucca)

　　112. 叶大型，集生枝顶，掌状或羽状分裂或复叶 ••••••••••••••••• 棕榈科Arecaceae

　111. 花无正常花被，有外稃、内稃和浆片；子房1室，1胚珠；颖果。茎节发达，节间中空
　　稀近实心；叶具长鞘，主干上的叶 (秆箨) 与小枝上的叶显著不同 •••••• 禾本科Poaceae

一、木兰科Magnoliaceae

17属约300种。我国13属约112种；山东7属22种1变种。

分属检索表

1. 叶全缘，很少先端2裂；药室内向或侧向开裂；聚合蓇葖果，蓇葖沿背缝或腹缝线开裂，很少连合成木质或肉质不规则开裂。
　　2. 果实球形、卵球形或椭球形，稀近柱状但叶常假轮生；花托在果期不伸长。
　　　3. 落叶性；每心皮具2胚珠
　　　　4. 叶螺旋状着生或近簇生、假轮生；花顶生；花梗粗壮。
　　　　　5. 叶假轮生，集生于枝端，果实成熟时常近柱状 ················· 厚朴属*Houpoëa*
　　　　　5. 叶螺旋状着生或簇生，果实卵圆形 ·················木兰属*Magnolia*
　　　　4. 叶二列状着生；花顶生但其上常有一营养芽，外观看似腋生；花梗细长 ···········
　　　　　··· 天女花属*Oyama*
　　　3. 常绿性；每心皮具4至多枚胚珠，每蓇葖具4至多枚种子 ············· 木莲属 *Manglietia*
　　2. 果实柱状，花托在果期伸长。
　　　6. 落叶性；花顶生，雌蕊群无柄；花药药室内侧向和侧向开裂 ········· 玉兰属*Yulania*
　　　6. 常绿性；花腋生，雌蕊群具显著的柄；花药药室侧向开裂 ·········· 含笑属 *Michelia*
1. 叶近基部每边具1～3侧裂片，先端近截平形或成宽阔的缺；药室外向开裂；聚合果纺锤状；成熟心皮翅果状，不开裂，全部脱落，果轴宿存；种皮附着于内果皮 ·················
　　·· 鹅掌楸属*Liriodendron*

（一）厚朴属 *Houpoëa* N. H. Xia & C. Y. Wu

9种。我国2种，另引入栽培1种；山东引入栽培2种1变种。

分种检索表

1. 花盛开时内轮花被片直立，外轮花被片反卷；聚合果的基部蓇葖不沿果轴下延而基部圆。
　　2. 叶先端钝圆 ································ 厚朴*Houpoëa obovata*
　　2. 叶先端浅裂 ·························凹叶厚朴*Houpoëa obovata* var. *biloba*
1. 花盛开时内轮花被片展开，不直立，外轮花被片平展，不反卷；聚合果基部蓇葖沿果轴下延而基部尖 ························· 日本厚朴*Houpoëa obovata*

　　1. 日本厚朴 *Houpoëa obovata* (Thunb.) N. H. Xia & C. Y. Wu（青岛中山公园、明霞洞栽培）(图75)

　　2. 厚朴 *Houpoëa officinalis* (Rehd. & E. H. Wilson) N. H. Xia & C. Y. Wu（青岛、泰安、临沂、济南、烟台、潍坊等地栽培）(图76)

2a. 凹叶厚朴 (庐山厚朴) var. *biloba* (青岛、临沂、烟台、济南、潍坊栽培)
(图 77)

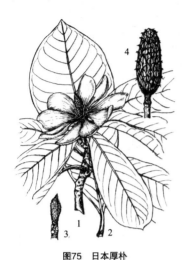

图75　日本厚朴　　　　　　　　　　图76　厚朴　　　　　　　　　　　图77　凹叶厚朴
1.花枝；2.叶；3.芽；4.聚合蓇葖果　　1.花枝；2.雄蕊群及雌蕊群；3.聚合蓇葖果　　1.花枝；2.聚合蓇葖果

（二）鹅掌楸属 *Liriodendron* Linn.

2 种 1 杂交种，间断分布于东亚和北美。我国 1 种，引入栽培 1 种；山东均有栽培。

分种检索表

1. 小枝褐色或紫褐色、紫色；叶片两侧常各有2～3个裂片。

　2. 内两轮花被片灰绿色，直立，近基部有规则的黄色带；聚合果较粗短 ······················ 北美鹅掌楸*Liriodendron tulipifera*

　2. 内两轮花被片橘红色或橙黄色，花朵艳丽；聚合果较细长 ······················ 杂交鹅掌楸*Liriodendron sino-americanum*

1. 小枝灰色或灰褐色；叶每边1个裂片，向中部缩入，老叶背面有乳头状白粉点；花黄绿色，花丝长约0.5cm ···················· 鹅掌楸*Liriodendron chinense*

　1. 鹅掌楸 (马褂木) *Liriodendron chinense* (Hemsl.) Sarg. (全省各地栽培)(图 78)

　2. 杂交鹅掌楸 (亚美马褂木) *Liriodendron sino-americanum* P. C. Yieh ex Shang & Z. R. Wang (青岛、泰安、潍坊、济南、临沂等地栽培)

　3. 北美鹅掌楸 (北美马褂木) *Liriodendron tulipifera* Linn. (青岛、济南、泰安等地栽培)(图 79)

图78 鹅掌楸
1.花枝；2.雄蕊；3.聚合翅果

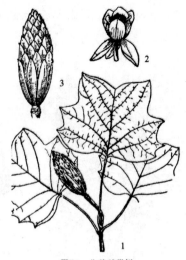

图79 北美鹅掌楸
1.果枝；2.花；3.聚合翅果

（三）木兰属 *Magnolia* Linn.

约20种。我国引入1种，山东有栽培。

1. 广玉兰（荷花玉兰、洋玉兰）*Magnolia grandiflora* Linn.（山东东部和中南部各地普遍栽培）(图80)

（四）木莲属 *Manglietia* Blume

约40种。我国29种；山东引入栽培2种。

图80 广玉兰
1.花枝；2.雄蕊；3.雌蕊；4.聚合蓇葖果

分种检索表

1. 花蕾球形或椭圆体形；雌蕊群卵圆形或长圆状卵圆形；侧脉每边8~12条；托叶痕长3~4mm；花被片纯白色 ·················· 木莲*Manglietia fordiana*
1. 花蕾长圆状椭圆体形；雌蕊群圆柱形；侧脉每边12~24条；托叶痕长0.5~1.2cm；外轮花被片腹面染红色或紫红色，中内轮乳白色染粉红色 ··················
·················· 红花木莲*Manglietia insignis*

1. 木莲 *Manglietia fordiana* (Hemsl.) Oliv. (青岛崂山、即墨栽培)(图 81)

2. 红花木莲 *Manglietia insignis* (Wall.) Blume (青岛、枣庄栽培)(图 82)

图81　木莲
1.花枝；2-4.花被片；5.雄蕊；6.雌蕊群；7.聚合蓇葖果

图82　红花木莲
1.果枝；2.花；3-6.花被片；7.雄蕊；8.雌蕊群

（五）含笑属 *Michelia* Linn.

约 70 种。我国 39 种，引入栽培数种；山东引入栽培 3 种 1 变种。

分种检索表

1. 乔木；托叶与叶柄离生，叶柄上无托叶痕。
 2. 花白色，花被片大小不相等，9片，排成3轮。
  3. 嫩枝、芽、嫩叶均被红褐色绢毛 ·········· 阔瓣含笑*Michelia cavaleriei* var. *platypetala*
  3. 各部无毛，芽、嫩枝、叶下面、苞片均被白粉 ·········· 深山含笑*Michelia maudiae*
 2. 花淡黄色，花被片大小近相等，2轮、6片；叶薄革质，倒卵形、狭倒卵形或长圆状倒卵形 ·········· 乐昌含笑*Michelia chapensis*
1. 灌木；托叶与叶柄连生，叶柄有托叶痕；芽、嫩枝、叶柄、花梗密被黄褐色绒毛··········
 ·········· 含笑*Michelia figo*

1. 含笑 *Michelia figo* (Loureiro) Sprengel (青岛栽培)(图 83)

2. 阔瓣含笑 *Michelia cavaleriei* Finet & Gagn. var. *platypetala* (Hand. -Mazz.) N. H. Xia (济宁曲阜栽培)(图 84)

3. 乐昌含笑 *Michelia chapensis* Dandy (青岛黄岛栽培)(图 85)

4. 深山含笑 *Michelia maudiae* Dunn (青岛黄岛栽培)(图 86)

图83 含笑

1.花枝；2.花被片；3.雄蕊；4.雌蕊群；5.聚合蓇葖果

图84 阔瓣含笑

（六）天女花属 *Oyama* (Nakai) N. H. Xia & C. Y. Wu

4种，我国均产；山东引入栽培1种。

1. 天女花（天女木兰）*Oyama sieboldii* (K. Koch) N. H. Xia & C. Y. Wu（青岛崂山茶涧庙、潍坊栽培）(图 87)

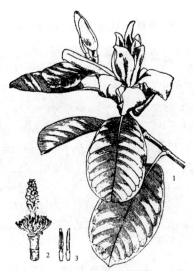

图85 乐昌含笑

1.果枝；2.雄蕊；3.雌蕊纵切面；
4-6.花被片；7.雌蕊群

图86 深山含笑

1.花枝；2.雄蕊群和雌蕊群；3.雄蕊

图87 天女花

1.花枝；2.果枝；3.雄蕊；4.聚合蓇葖果

（七）玉兰属 *Yulania* Spach.

约25种。我国18种；山东引入栽培9种。

分种检索表

1. 花被片白色或紫色，或最外轮呈绿色。
  2. 花被片大小近相等，不分化为外轮萼片状和内轮花瓣状，花先叶开放。
    3. 花被片9～12，偶更多但为白色。
      4. 一年生小枝径4～5mm，多少被毛；花被片长圆状倒卵形。
        5. 花被片纯白色，有时基部外面带红色，外轮与内轮近等长；花凋后出叶 ………
        …………………………………………………… 白玉兰 *Yulania denudata*
        5. 花被片浅红至深红色，外轮花被片稍短或为内轮长的2/3，但不成萼片状；花期延
        至出叶或也可在生长季节开花 ………………… 二乔木兰 *Yulania × soulangeana*
      4. 一年生小枝径3～4mm，无毛；花被片近匙形或倒披针形，外面中部以下淡紫红
        色，长7～8cm；叶倒卵状长圆形，先端宽圆，具渐尖头 …… 宝华玉兰 *Yulania zenii*
    3. 花被片12～14，外面玫瑰红色，有深紫色纵纹，倒卵状匙形或匙形；叶倒卵形，长
      10～18cm，2/3以下渐狭成楔形 ………………………… 武当木兰 *Yulania sprengeri*
  2. 花被片外轮与内轮不相等，外轮小而呈萼片状，常早落。
    6. 花先于叶开放；瓣状花被片白色、淡红色或紫色；叶片基部不下延；托叶痕不及叶柄
      长的1/2。
      7. 乔木；瓣状花被片6 (5～7)，萼状花被片3。
        8. 叶倒卵状椭圆形，最宽处在中部以上，干时叶面因脉凹入起皱；萼状花被片绿色
        或淡褐色，三角状条形，瓣状花被片匙形或狭倒卵形，长5～7cm ………………
        …………………………………………………… 皱叶木兰 *Yulania kobus*
        8. 叶多为椭圆状披针形、卵状披针形，最宽处在中部以上或以下；萼状花被片紫红
        色，近狭倒卵状条形；瓣状花被片近匙形，长4～5cm … 望春玉兰 *Yulania biondii*
      7. 灌木；瓣状花被片12～18，狭长圆状倒卵形，花白色至紫红色；小枝密被白色绢状
        毛；叶倒卵状长圆形、倒披针形 ………………………… 星花玉兰 *Yulania stellata*
    6. 花与叶同时或稍后于叶开放；瓣状花被片紫色或紫红色；叶片基部明显下延；托叶痕
      达叶柄长的1/2 ……………………………………………… 紫玉兰 *Yulania liliiflora*
1. 花被片黄色或淡黄色；叶片阔卵状椭圆形、矩圆形或矩圆状倒卵形，偶近圆形 .………
  ……………………………………………… 黄玉兰 *Yulania acuminata* 'Elizabeth'

1. 黄玉兰 *Yulania acuminata* (Linn.) D. L. Fu 'Elizabeth' (全省各地有少量栽培)

2. 望春玉兰 (望春花) *Yulania biondii* (Pamp.) D. L. Fu (全省各地普遍栽培) (图 88)

3. 白玉兰 (玉兰) *Yulania denudata* (Desr.) D. L. Fu (全省各地普遍栽培) (图 89)

图88 望春玉兰
1.枝叶，枝顶的花芽；2.花；3.苞片；4-6.外轮、中轮和内轮花被片；7.雄蕊群和雌蕊群；8.雄蕊；9聚合蓇葖果

【紫花玉兰 (应春花) 'Purpurescens'，花被片 9 枚，相似，背面紫红色，里面淡红色 (全省各地普遍栽培)；重瓣玉兰 'Plena'，花被片 12 ～ 18 枚 (烟台海阳有栽培)】

4. 皱叶木兰 (日本辛夷) *Yulania kobus* (DC.) Spach (青岛植物园、崂山明霞洞、潍坊植物园、泰安栽培)(图 90)

图89　白玉兰
1.枝叶；2.花枝；3.雌蕊群和雄蕊群

图90　皱叶木兰
1.花枝；2.果枝；3.花芽；4.雌蕊群和雄蕊群；5.种子

5. 紫玉兰 (辛夷、木兰) *Yulania liliiflora* (Desr.) D. L. Fu (全省各地普遍栽培)(图 91)

6. 二乔玉兰 (朱砂玉兰、苏郎玉兰) *Yulania* × *soulangeana* (Soulange-Bodin) D. L. Fu (全省各地普遍栽培)(图 92)

图91　紫玉兰
1.花枝；2.果枝

图92　二乔玉兰

7. 武当玉兰 *Yulania sprengeri* (Pamp.) D. L. Fu (青岛、济宁邹城、曲阜、济南栽培)(图 93)

8. 星花玉兰 (星花木兰) *Yulania stellata* (Maxim.) N. H. Xia (潍坊植物园栽培)

9. 宝华玉兰 *Yulania zenii* (W. C. Cheng) D. L. Fu (泰安、潍坊栽培)(图 94)

图93 武当玉兰
1.花枝；2.果枝

图94 宝华玉兰
1.花芽；2.花枝；3.果枝；4.叶片一部分；5.雌蕊群和雄蕊群；6.雄蕊

二、蜡梅科Calycanthaceae

2属9种。我国2属7种；山东2属3种2变种。

分属检索表
1.芽无鳞片而藏于叶柄基部之内；花顶生，褐红或粉红白色；雄蕊10～30············· ·····························**夏蜡梅属***Calycanthus* 1.芽具鳞片，不藏于叶柄基部之内；花腋生，黄色或黄白色；雄蕊5～6 ··· **蜡梅属** *Chimonanthus*

（一）夏蜡梅属 *Calycanthus* Linn.

3种。我国1种，引入栽培2种；山东引入栽培1种。

1. 美国蜡梅 *Calycanthus floridus* Linn.（东营栽培)（图95）

（二）蜡梅属 *Chimonanthus* Lindl.

6种，我国特产；山东引入栽培2种2变种。

图95 美国蜡梅
1.花枝；2.花；3.花纵切面；4.雌蕊及纵切面；5.花被片；6.雄蕊；7.退化雄蕊

分种检索表

1. 落叶性，叶椭圆形至宽椭圆形或卵圆形；花径2～4cm；花被片外面无毛，内部花被片的基部有爪；花丝比花药长或等长。
　2. 外轮花被片淡黄色，内轮花被片有红紫色条纹。
　　3. 花径1.5～2.5cm，叶长7～15cm ···················· 蜡梅*Chimonanthus praecox*
　　3. 花径达3～3.5cm，叶长达20cm ·········· 磬口蜡梅*Chimonanthus praecox* var. *grandiflora*
　2. 花被片全部黄色，无紫斑 ·················· 素心蜡梅*Chimonanthus praecox* var. *concolor*
1. 常绿性；叶卵状披针形；花径7～10mm；花被片外面被微毛，内部花被片的基部无爪；花丝比花药短 ··· 山蜡梅*Chimonanthus nitens*

　　1. 山蜡梅（亮叶蜡梅）*Chimonanthus nitens* Oliv.（青岛崂山太清宫有引种）（图96）

　　2. 蜡梅 *Chimonanthus praecox* (Linn.) Link.（全省各地普遍栽培）（图97）

　　2a. 磬口蜡梅 *Chimonanthus praecox* (Linn.) Link. var. *grandiflora* Makino（全省各地普遍栽培）

　　2b. 素心蜡梅 *Chimonanthus praecox* (Linn.) Link. var. *concolor* Makino（全省各地普遍栽培）

图96 山蜡梅

1.果枝；2.花纵切面；3-5.花被片；6-8.雄蕊；9.退化雄蕊；10.花托纵切面；11.雌蕊纵切

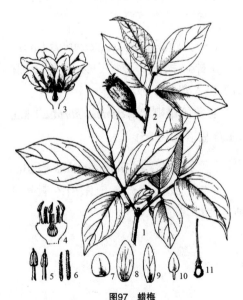

图97 蜡梅

1.叶枝；2.果枝；3.花纵切面；4.花托纵切面；5.雄蕊；6.退化雄蕊；7-10.花被片；11.雌蕊纵切

三、樟科Lauraceae

45属约2000～2500种。我国约25属445种；山东5属8种1变种。

（一）樟属 *Cinnamomum* Trew

约 250 种。我国 49 种；山东引入栽培 1 种。

1. 樟树（香樟）*Cinnamomum camphora* (Linn.) Presl.（山东南部和东南部各地常栽培）(图 98)

（二）月桂属 *Laurus* Linn.

2 种。我国引入 1 种，山东有栽培。

1. 月桂 *Laurus nobilis* Linn.（青岛、临沂等地栽培）(图 99)

图98　樟树
1.果枝；2.花纵切面；3.果实

图99　月桂
1.雄花枝；2-3.伞形花序；4.雄花纵切面；5.雌花纵切面；
6.第一轮雄蕊；7.第二、三轮雄蕊

（三）山胡椒属 *Lindera* Thunb.

约 100 种。我国 38 种；山东 4 种 1 变种。

分种检索表

1. 羽状脉。
  2. 侧脉4～6对。
    3. 叶片倒披针形或倒卵状披针形，长9～12cm，宽3～4cm。
      4. 花梗短于7mm，被疏柔毛，雄花花被片内面无毛 ⋯⋯ 红果钓樟*Lindera erythrocarpa*
      4. 花梗长7～14mm，密生长柔毛；雄花花被片内面被短柔毛 ⋯⋯⋯⋯⋯
      ⋯⋯⋯⋯⋯⋯⋯⋯⋯⋯ 长梗红果钓樟*Lindera erythrocarpa* var. *longipes*
    3. 叶片椭圆形，长4～9cm，宽2～4cm ⋯⋯⋯⋯⋯⋯ 山胡椒 *Lindera glauca*
  2. 侧脉6～10对，叶片椭圆状披针形，长6～14cm，宽1.5～3.5cm ⋯⋯⋯⋯⋯
  ⋯⋯⋯⋯⋯⋯⋯⋯⋯⋯⋯⋯⋯ 狭叶山胡椒*Lindera angustifolia*
1. 三出脉；叶全缘或3裂，背面被棕黄色长绢毛或近无毛 ⋯⋯⋯ 三桠乌药*Lindera obtusiloba*

    1. 狭叶山胡椒 *Lindera angustifolia* W. C. Cheng（分布于崂山、昆嵛山；潍坊植物园栽培）(图 100)

    2. 红果钓樟 (红果山胡椒) *Lindera erythrocarpa* Makino (分布于崂山、昆嵛山、伟德山)(图 101)

图100 狭叶山胡椒
1.果枝；2.芽；3.雄花；4.雄蕊；5.雌花

图101 红果钓樟
1.果枝；2.花被片；3-5.雄蕊

2a. 长梗红果钓樟 *Lindera erythrocarpa* Makino var. *longipes* S. B. Liang (分布于昆嵛山)

3. 山胡椒 (牛筋树、假死柴) *Lindera glauca* (Sieb. & Zucc.) Blume (分布于青岛、临沂、枣庄、泰安、烟台、日照等地；济南等地栽培)(图 102)

4. 三桠乌药 (山姜) *Lindera obtusiloba* Blume (分布于山东半岛及日照、济南、泰安、临沂)(图 103)

图102 山胡椒
1.果枝；2.带腺体的雄蕊；3.雄蕊

图103 三桠乌药
1.果枝；2.叶；3-4.花被片；5-6.雄蕊；7.雌蕊

（四）润楠属 *Machilus* Nees

约 100 种。我国 82 种；山东 1 种。

1. 红楠 *Machilus thunbergii* Sieb. & Zucc. (分布于崂山及长门岩等沿海岛屿；青岛等地栽培) (图 104)

图104 红楠
1.果枝；2.花序；3.花；4.雄蕊；5.雌蕊

（五）檫木属 *Sassafras* Trew

3 种。我国 2 种；山东引入栽培 1 种。

    1. 檫木 *Sassafras tzumu* (Hemsl.) Hemsl.（蒙山、崂山、昆嵛山栽培）(图 105)

四、马兜铃科 Aristolochiaceae

8 属约 450 ～ 600 种。我国 4 属约 86 种；山东木本植物 1 属 1 种。

（一）马兜铃属 *Aristolochia* Linn.

400 多种。我国 45 种；山东木本植物 1 种。

    1. 绵毛马兜铃（寻风骨）*Aristolochia mollissima* Hance（分布于鲁中南、胶东半岛山地丘陵）(图 106)

图105　檫木
1.果枝；2.雌蕊；3.雄蕊

图106　绵毛马兜铃
1.花枝；2.花药与合蕊柱；3.果实；4.苞片

五、五味子科 Schisandraceae

    2 属约 39 种。我国 2 属约 27 种；山东 1 属 1 种。

（一）五味子属 *Schisandra* Michx.

    约 22 种。我国 19 种；山东 1 种。

    1. 北五味子（五味子）*Schisandra chinensis* (Turcz.) Baill.（分布于蒙山、崂山、泰山、昆嵛山、鲁山、济南南部山区）(图 107)

图107　北五味子
1.果枝；2.雄花；3.雄蕊；4.雌蕊及纵切面；5.雌蕊群；6.小浆果；7.种子

六、毛茛科Ranunculaceae

约 60 属 2500 余种。我国 38 属 921 种；山东木本植物 1 属 6 种 3 变种。

（一）铁线莲属 *Clematis* Linn.

约 300 种。我国 147 种；山东 6 种 3 变种。

分种检索表

1. 藤本，偶近直立；羽状复叶。
  2. 顶生小叶不变成卷须。
    3. 萼片白色。
      4. 小叶5～11或更多，革质，茎干后变成黑色。
        5. 小叶质地厚，先端钝，全缘或分裂，两面网脉突出。
          6. 小叶或裂片宽，卵形至卵圆形 ⋯⋯⋯⋯⋯⋯⋯ 太行铁线莲*Clematis kirilowii*
          6. 小叶或裂片狭长，线形、披针形至长椭圆形 ⋯⋯⋯⋯⋯⋯⋯⋯⋯⋯⋯⋯⋯⋯⋯
            ⋯⋯⋯⋯⋯⋯⋯⋯⋯ 狭裂太行铁线莲*Clematis kirilowii* var. *chanetii*
        5. 小叶质地薄，先端尖，边缘有粗锯齿 ⋯⋯⋯⋯⋯⋯⋯⋯⋯⋯⋯⋯⋯⋯
          ⋯⋯⋯⋯⋯⋯⋯⋯ 毛果扬子铁线莲*Clematis puberula* var. *tenuisepala*
      4. 小叶3枚，偶5，纸质，茎干后不变成黑色 ⋯⋯⋯⋯ 转子莲*Clematis patens*
    3. 萼片4枚，黄色，狭卵形或长圆形；一至二回羽状复叶；小叶2～3裂 ⋯⋯⋯⋯⋯
      ⋯⋯⋯⋯⋯⋯⋯⋯⋯⋯⋯⋯⋯⋯⋯⋯⋯ 黄花铁线莲*Clematis intricata*
  2. 小叶5～9枚，顶生小叶常变成卷须；花钟状，下垂，径1.5～2cm；萼片4枚，卵圆形或长
    方椭圆形，外面被紧贴的褐色短柔毛，内面淡紫色 ⋯⋯⋯⋯⋯ 褐紫铁线莲*Clematis fusca*
1. 直立灌木；一回三出复叶，枝叶均被粗毛。
  7. 花梗较短而粗壮，长0.3～2cm，密生绒毛；萼片明显区分为椭圆形的臂状上半部分和爪
    状的下半部分。
    8. 花梗长0.3～2cm；萼片在花期强烈反卷，上半部分椭圆形或矩圆状椭圆形，长8～
      15mm，宽4～7 (11)mm，下半部分线形，长10～12mm，宽2～3.5mm ⋯⋯⋯⋯⋯
      ⋯⋯⋯⋯⋯⋯⋯⋯⋯⋯⋯⋯⋯⋯⋯ 卷萼铁线莲*Clematis tubulosa*
    8. 花梗0.1～2 (3)cm；萼片在花期轻微反卷，狭倒卵状矩圆形，长11～21mm，宽3～
      6mm ⋯⋯⋯⋯⋯ 狭卷萼铁线莲*Clematis tubulosa* var. *ichangensis*
  7. 花梗较纤细，长1.2～3.4cm，密生微柔毛；萼片不分为上下两部分 ⋯⋯⋯⋯⋯⋯⋯
    ⋯⋯⋯⋯⋯⋯⋯⋯⋯⋯⋯⋯⋯⋯ 大叶铁线莲*Clematis heracleifolia*

1. 褐紫铁线莲（褐毛铁线莲）*Clematis fusca* Turcz.（分布于崂山）（图108）

2. 大叶铁线莲 *Clematis heracleifolia* DC.（分布于全省各主要山区）（图109）

图108　褐紫铁线莲
1.花枝；2.雄蕊；3.瘦果

图109　大叶铁线莲
1.花枝；2.花；3.雄蕊；4.瘦果

3. 黄花铁线莲 *Clematis intricata* Bunge（分布于东营）（图110）

4. 太行铁线莲 *Clematis kirilowii* Maxim.（分布于鲁中南山区和崂山、昆嵛山）（图111）

图110　黄花铁线莲
1.花枝；2.萼片；3.雄蕊；4.雌蕊

图111　太行铁线莲
1.枝叶；2.花序；3.小叶；4.雌蕊；5.萼片

4a. 狭裂太行铁线莲 *Clematis kirilowii* Maxim. var. *chanetii* (Levl.) Hand.-Mazz.（分布于泰山、徂徕山、济南南部山区）

5. 转子莲（大花铁线莲）*Clematis patens* Morr. & Decne（分布于山东半岛，主产崂山）（图112）

6. 毛果扬子铁线莲 *Clematis puberula* J. D. Hooker var. *tenuisepala* (Maxim.) W. T. Wang (分布于鲁中南山地、青岛)(图 113)

7. 卷萼铁线莲 (管花铁线莲) *Clematis tubulosa* Turcz. (分布于泰安、青岛、烟台、济南等地)(图 114)

7a. 狭卷萼铁线莲 *Clematis tubulosa* Turcz. var. *ichangensis* (Rehd. & WiIs.) W. T. Wang (分布于泰山、烟台等地)

图112 转子莲
1.花枝；2.雄蕊；3.瘦果

图113 毛果扬子铁线莲
1.花枝；2.花；3.萼片；4.雄蕊；5.雌蕊

图114 卷萼铁线莲
1.植株一部分；2.雄蕊；3.萼片

七、小檗科Berberidaceae

17属约650种。我国11属303种；山东木本植物3属13种。

分属检索表

1. 叶为单叶或羽状复叶；小叶通常具齿；花药瓣裂，外卷，基生胎座。

  2. 单叶；枝通常具刺 ·························· 小檗属*Berberis*

  2. 羽状复叶；枝无刺 ·························· 十大功劳属*Mahonia*

1. 叶为2～3回羽状复叶；小叶全缘；花药纵裂；侧膜胎座·············· 南天竹属*Nandina*

（一）小檗属 *Berberis* Linn.

约500种。我国215种；山东5种，引入栽培5种。

分种检索表

1. 落叶灌木。

  2. 刺单一或3分叉。

    3. 叶全缘，或偶上部有锯齿。

      4. 总状花序或圆锥花序，有花（3）5～30朵。

        5. 叶为狭倒披针形，长1.5～4cm，全缘或上部有锯齿。

          6. 圆锥花序具花15～30朵；花瓣先端全缘 ·············· 北京小檗*Berberis beijingensis*

          6. 总状花序具花8～15朵；花瓣先端锐裂 ·················· 细叶小檗*Berberis poiretii*

        5. 叶长圆状菱形，长3.5～8cm，宽1.5～4cm，全缘或微波状，基部渐狭下延；叶柄
          长1～2cm；花瓣先端钝，全缘 ·············· 庐山小檗*Berberis virgetorum*

      4. 花2～5朵组成具总梗的伞形花序，或近簇生的伞形花序，或无总梗而呈簇生状；叶
        为倒卵形或匙形，长0.5～2cm ··············小檗*Berberis thunbergii*

    3. 叶缘有刺毛状细锯齿，总状花序。

      7. 刺较粗壮，一般长达1～2cm，单一或三分叉；叶长4～10cm，网脉不显著。

        8. 刺单一，长3～15mm，幼枝刺长达2.5cm；叶椭圆形或椭圆状披针形，长4～
          9cm，宽1～2cm，叶缘每边8～20刺齿，幼枝叶全缘；外萼片长圆状卵形，内萼
          片倒卵形 ············· 首阳小檗*Berberis dielsiana*

        8. 刺通常三分叉，长1～2cm；叶倒卵状椭圆形、椭圆形或卵形、长5～10cm，宽2.5～
          5cm，叶缘每边40～60细刺齿；外萼片与内萼片均倒卵形 ··············
          ·············· 黄芦木*Berberis amurensis*

      7. 刺缺或细弱，长仅3～6mm；叶较小，长2.5～5cm，宽1～1.8cm，背面浅灰色，两面
        网脉显著隆起；每边刺齿15～30个；外萼片卵形，先端钝 ····· 南阳小檗*Berberis hersii*

  2. 刺显著3～7分叉，呈掌状 ········· 掌刺小檗*Berberis koreana*

1. 常绿灌木；叶革质，卵状披针形或披针形，长3～8cm，有刺状锯齿。

  9. 叶椭圆形，披针形或倒披针形，叶缘每边具10～20刺齿；花10～25朵簇生；萼片2轮，内
    萼片长圆状椭圆形，浆果蓝黑色 ············· 豪猪刺*Berberis julianae*

  9. 叶长圆状椭圆形或披针形，叶缘每边具5～12细小刺齿；花3～7朵簇生；萼片3轮，内萼
    片倒卵形；浆果深紫色 ·············· 长柱小檗*Berberis lempergiana*

    1. 黄芦木（阿穆尔小檗）*Berberis amurensis* Rupr.（分布于山东半岛及泰山、济南南部）(图115)

    2. 北京小檗 *Berberis beijingensis* T. S. Ying（分布于崂山）(图116)

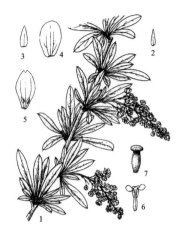

图115　黄芦木

1.花枝；2.果枝；3.叶缘放大；4.花；5.去花被的花；6.雄蕊；7.果实

图116　北京小檗

1.花枝；2.小苞片；3.外萼片；4.内萼片；5.花瓣；6.雄蕊；7.雌蕊

3. 首阳小檗 *Berberis dielsiana* Fedde (据《中国植物志》记载，山东有分布) (图 117)

4. 南阳小檗 *Berberis hersii* Ahrendt. (分布于崂山)

5. 豪猪刺 *Berberis julianae* Schneid. (青岛等地栽培)(图 118)

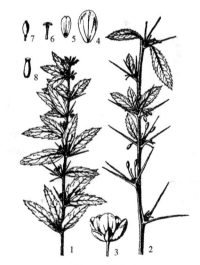

图117　首阳小檗

图118　豪猪刺

1.花枝；2.果枝；3.花；4.花萼；5.花瓣；6.雄蕊；7.果实；8.雌蕊

6. 掌刺小檗 *Berberis koreana* Palib. (泰安、潍坊等地栽培)(图 119)

7. 长柱小檗 (天台小檗) *Berberis lempergiana* Ahrendt (青岛、德州、潍坊、临沂等地栽培)(图 120)

图119　掌刺小檗　　　　　　　　　　　　　　图120　长柱小檗

8. 细叶小檗 *Berberis poiretii* Schneid. (分布于泰山等地；济南等地栽培)(图121)

9. 小檗 (日本小檗) *Berberis thunbergii* DC. (全省各地普遍栽培)(图122)

【紫叶小檗 'Atropurpurea'，叶紫红色 (全省各地普遍栽培)；金叶小檗 'Aurea'，叶金黄色 (各地偶有栽培)；金边紫叶小檗 'Golden Ring'，叶紫色，边缘黄色 (德州、潍坊、泰安、青岛等地栽培)】

10. 庐山小檗 *Berberis virgetorum* Schneid. (泰安栽培)(图123)

图121　细叶小檗　　　　　　　图122　小檗　　　　　　　图123　庐山小檗
1.果枝；2.花；3.雌蕊；4.果实　　　1.花枝；2.果枝；3.花；4.萼片；5.花瓣；
　　　　　　　　　　　　　　　　　6.雄蕊；7.雌蕊

（二）十大功劳属 *Mahonia* Nutt.

约 60 种。我国 31 种；山东引入栽培 2 种。

分种检索表

1. 小叶3～9，狭披针形，侧生小叶几等长 ························· 十大功劳*Mahonia fortunei*

1. 小叶7～15，卵形或卵状椭圆形，大小不 ················· 阔叶十大功劳*Mahonia bealei*

1. 阔叶十大功劳 *Mahonia bealei* (Fort.) Carr. (泰安、青岛、济南、枣庄、临沂、潍坊等地栽培)(图 124)

2. 十大功劳 *Mahonia fortunei* (Lindl.) Fedde (泰安、青岛、济南、枣庄、日照、临沂等地栽培)(图 125)

（三）南天竹属 *Nandina* Thunb.

仅 1 种，产中国与日本；山东有栽培。

1. 南天竹 *Nandina domestica* Thunb. (泰安、青岛、日照、济南、临沂、潍坊等地栽培)(图 126)

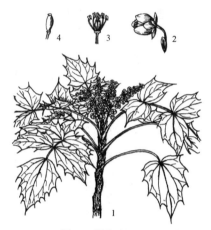

图124 阔叶十大功劳
1.花枝；2.花；3.去花被的花(示雄蕊)；4.雌蕊

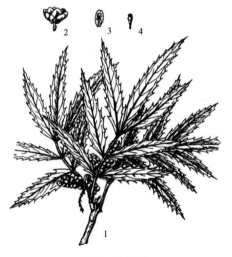

图125 十大功劳
1.果枝；2.花；3.花瓣(带雄蕊)；4.雌蕊

图126 南天竹
1.果枝；2.花序；3.花

八、木通科Lardizabalaceae

9属50余种。我国7属37种；山东1属2种。

（一）木通属 *Akebia* Decne

5种。我国4种；山东2种。

分种检索表

1. 小叶5，倒卵形或椭圆形，全缘 ··· 木通*Akebia quinata*

1. 小叶3，边缘具明显波状浅圆齿 ·· 三叶木通*Akebia trifoliata*

---

1. 木通（五叶木通）*Akebia quinata* (Thunb.) Decne（分布于鲁中南及胶东山地丘陵）(图 127)

2. 三叶木通 *Akebia trifoliata* (Thunb.) Koidz.（分布于沂蒙山区）(图 128)

图127　木通
1.花枝；2.果枝；3.雄花；4.雄蕊

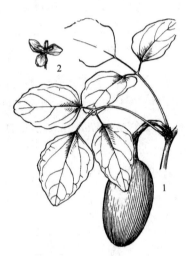

图128　三叶木通
1.果枝；2.雌花

九、防己科Menispermaceae

65 属约 350 种。我国 19 属约 77 种；山东 2 属 2 种。

分属检索表

1. 叶非盾状，全缘或分裂；萼片6或9，排成2或3轮，花瓣6，雄蕊6或9；心皮6或3 ············
··· 木防己属 *Cocculus*

1. 叶盾状，具掌状脉；萼片4~10，近螺旋状着生，花瓣6~8或更多，雄蕊12~18，心皮2~4
··· 蝙蝠葛属 *Menispermum*

（一）木防己属 *Cocculus* DC.

约8种。我国2种；山东1种。

1. 木防己 *Cocculus orbiculatus* (Linn.) DC. (分布于全省各山地丘陵)(图 129)

（二）蝙蝠葛属 *Menispermum* Linn.

3 ～ 4 种。我国 1 种；山东 1 种。

1. 蝙蝠葛 *Menispermum dauricum* DC. (分布于全省各山地丘陵)(图 130)

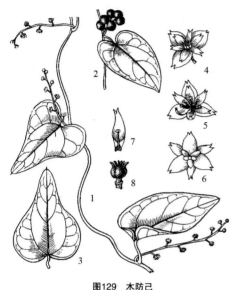

图129 木防己
1.花枝；2.果枝；3.叶片；4.雌花；5-6.雄花；7.花瓣和雄蕊；8.雌蕊

图130 蝙蝠葛
1.植株；2.花

十、清风藤科Sabiaceae

3属约80种。我国2属约46种；山东1属3种。

（一）泡花树属 *Meliosma* Blume

约50种。我国29种；山东2种，引入栽培1种。

分种检索表

1. 单叶。

  2. 叶倒卵状椭圆形、倒卵状长圆形或长圆形，叶缘有侧脉伸出的刺状锯齿，先端渐尖，侧脉20～25（30）对 ·············· 多花泡花树*Meliosma myriantha*

  2. 叶倒卵形，上部边缘有浅波状齿，先端钝圆或近平截，侧脉8～15对 ·············

    ·············· 细花泡花树*Meliosma parviflora*

1. 羽状复叶，小叶7～15枚，卵状椭圆形至披针状椭圆形，长5～10cm，宽1.5～3cm ·········

    ·············· 羽叶泡花树*Meliosma oldhamii*

　　1. 多花泡花树 (山东泡花树) *Meliosma myriantha* Sieb. & Zucc. (分布于青岛崂山、烟台) (图 131)

　　2. 羽叶泡花树 (红枝柴) *Meliosma oldhamii* Maxim. (分布于青岛崂山、威海槎山及伟德山) (图 132)

　　3. 细花泡花树 *Meliosma parviflora* Lecomte (泰安栽培) (图 133)

图131　多花泡花树

1.花枝；2.果枝；3.花蕾；4.花解剖(示花瓣及雄蕊)；5.雌蕊

图132　羽叶泡花树

1.花枝；2.带果穗的枝；3.花；4.花瓣；5.雄蕊背腹面；6.去花瓣的花(示雄蕊)

图133　细花泡花树

1.花枝；2.花；3.外花瓣及退化雄蕊；4.花盘及雌蕊；5.内花瓣；6.内花瓣及雄蕊；7.果核腹面及背面

十一、连香树科 Cercidiphyllaceae

1 属 2 种，分布于中国和日本；山东 1 属 1 种。

（一）连香树属 *Cercidiphyllum* Sieb. & Zucc.

2 种。我国 1 种，山东有栽培。

　　1. 连香树 *Cercidiphyllum japonicum* Sieb. & Zucc. (青岛、泰安、潍坊等地栽培)(图 134)

十二、领春木科 Eupteleaceae

1 属 2 种。我国 1 属 1 种；山东 1 属 1 种。

（一）领春木属 *Euptelea* Sieb. & Zucc.

2 种，分布于东亚。我国 1 种，山东有栽培。

　　1. 领春木 *Euptelea pleiosperma* Hook. f. & Thoms. (济南植物园栽培)(图 135)

图134 连香树
1.果枝；2.花；3.聚合蓇葖果

图135 领春木
1.果枝；2.花

十三、悬铃木科Platanaceae

1属8～11种。我国引入栽培1属3种；山东1属3种。

（一）悬铃木属 *Platanus* Linn.

约8～11种。我国不产，引入栽培3种，山东均有栽培。

分种检索表

1. 树皮不规则大鳞片状开裂，剥落，内皮平滑，淡绿白色。
  2. 叶5～7深裂，托叶长不及1cm；果序常3～6个 …………… 三球悬铃木*Platanus orientalis*
  2. 叶常3～5裂，托叶长于1cm；果序常2个 …………… 二球悬铃木*Platanus acerifolia*
1. 树皮小鳞片状开裂，常固着干上；叶之缺刻浅，不及叶片的1/3，中裂片阔三角形，宽大于长；托叶长2～3cm，基部鞘状；果序常单生，平滑 ……… 一球悬铃木*Platanus occidentalis*

1. 二球悬铃木（英国梧桐）*Platanus acerifolia* Willd.（全省各地普遍栽培）(图136)

2. 一球悬铃木（美国梧桐）*Platanus occidentalis* Linn.（全省各地普遍栽培）(图137)

3. 三球悬铃木（法国梧桐）*Platanus orientalis* Linn.（全省各地普遍栽培）(图138)

图136 二球悬铃木
1.枝叶；2.花枝；3.果序

图137 一球悬铃木

图138 三球悬铃木
1.果枝；2.小坚果

十四、金缕梅科Hamamelidaceae

约30属140种。我国18属74种；山东7属8种1变种。

分属检索表

1. 胚珠及种子1个，具总状或穗状花序，叶具羽状脉，不分裂。
  2. 花有花瓣，两性花，萼筒倒圆锥形，雄蕊有定数，子房半下位，稀为上位。
    3. 花瓣鳞片状，5数，总状花序，常伸长；叶缘有锯齿 ················**牛鼻栓属** *Fortunearia*
    3. 花瓣长线形，4数，花序短穗状，果序近于头状；叶全缘 ·········· **檵木属** *Loropetalum*
  2. 花无花瓣，两性花或单性花，萼筒壶形，雄蕊定数或不定数，子房上位或近于上位。
    4. 穗状花序，萼0～6，雄蕊1～10。
      5. 穗状花序短，萼筒短，萼齿不整齐或无，雄蕊1～10个，第一对侧脉无第二次分支侧脉。
        6. 下位花，萼筒极短，花后脱落，蒴果无宿存萼筒包着 ·········**蚊母树属** *Distylium*
        6. 周位花，萼筒较大，花后增大，包住蒴果 ·········· **水丝梨属** *Sycopsis*
      5. 穗状花序长，萼筒长，萼齿及雄蕊为整齐5数，叶的第一对侧脉有第二次分支侧脉
        ················**山白树属** *Sinowilsonia*
    4. 头状花序具花3～7朵，顶生或腋生，叶前开花，萼片7～8(10)，形状不规则，雄蕊
      (5)10～15················**银缕梅属** *Parrotia*
1. 胚珠及种子多个，花序头状或肉质穗状；叶掌状3～5裂，掌状脉。花单性，无花瓣，托叶
  线形 ················**枫香树属** *Liquidambar*

（一）蚊母树属 *Distylium* Sieb. & Zucc.

约18种。我国12种；山东引入栽培1种。

1. 蚊母树 *Distylium racemosum* Sieb. & Zucc.（泰安、青岛、济南、临沂、潍坊等地栽培）(图139)

（二）牛鼻栓属 *Fortunearia* Rehd. & Wils.

仅 1 种，中国特有；山东引入栽培。

1. 牛鼻栓 *Fortunearia sinensis* Rehd. & Wils.（泰安、青岛等地栽培）（图 140）

图139　蚊母树

图140　牛鼻栓

1.果枝；2.叶片局部放大，示叶缘及星状毛；3.果实；
4.花，示雄蕊和雌蕊；5.花瓣；6.雄蕊

（三）枫香属 *Liquidambar* Linn.

5 种。我国 2 种，引入栽培 1 种；山东引入栽培 2 种。

分种检索表

1. 叶片3裂，成叶无毛；小枝无木栓翅. ································· 枫香 *Liquidambar formosana*

1. 叶片5～7裂，下面脉腋有簇生毛；小枝有木栓翅 ·············· 北美枫香 *Liquidambar styraciflua*

1. 枫香（路路通）*Liquidambar formosana* Hance（泰安、青岛、烟台、临沂、济南等地栽培）（图 141）

2. 北美枫香（北美糖胶树）*Liquidambar styraciflua* Linn.（临沂、青岛、潍坊、泰安等地栽培）（图 142）

图141　枫香

1.花枝；2.果枝；3.雄蕊；
4.雌花；5.果实

图142　北美枫香

1.花枝；2.带果序的枝条；
3.木栓；4.叶片

（四）檵木属 *Loropetalum* R. Brown

3 种，我国均产；山东引入栽培 1 种 1 变种。

分种检索表

1. 叶绿色，花瓣浅黄白色·····················檵木 *Loropetalum chinense*

1. 叶暗紫色，花淡红色至紫红色·············红花檵木 *Loropetalum chinense* var. *rubrum*

---

1. 檵木 *Loropetalum chinense* (R. Brown) Oliv.（临沂、泰安、济南、青岛等地栽培）（图 143）

1a. 红花檵木 *Loropetalum chinense* (R. Brown) Oliv. var. *rubrum* Yieh（青岛、济南、泰安、临沂等地栽培）

（五）银缕梅属 *Parrotia* C. A. Meyer

2 种。我国 1 种；山东引入栽培 1 种。

1. 银缕梅 *Parrotia subaequalis* (H. T. Chang) R. M. Hao & H. T. Wei（青岛黄岛区有引种栽培）

（六）山白树属 *Sinowilsonia* Hemsl.

仅 1 种，我国特有；山东引入栽培。

1. 山白树 *Sinowilsonia henryi* Hemsl.（泰安等地栽培）（图 144）

图143 檵木
1.果枝；2.花枝；3.花；4.去掉花瓣的花；5.雌蕊

图144 山白树
1.果枝；2.星状毛；3.花

（七）水丝梨属 *Sycopsis* Oliv.

2～3 种。我国 2 种；山东引入栽培 1 种。

1. 水丝梨 *Sycopsis sinensis* Oliv. (潍坊植物园栽培)(图 145)

十五、杜仲科Eucommiaceae

1 属 1 种，我国特产；山东 1 属 1 种。

（一）杜仲属 *Eucommia* Oliv.

仅 1 种，特产我国；山东有栽培。

1. 杜仲 *Eucommia ulmoides* Oliv. (全省各地普遍栽培)(图 146)

图145　水丝梨
1.果枝；2.花枝；3.雄花；4.雌花；5.雌花纵切面

图146　杜仲
1.果枝；2.花枝；3.雄花；4.雄蕊；5.雌花；6.果实纵切面

十六、榆科Ulmaceae

16 属 230 余种；我国 8 属约 46 种；山东 6 属 22 种 2 变种。

分属检索表

1. 果为核果。
　2. 叶基部3出脉，稀5出脉。
　　3. 叶的侧脉直，先端伸入锯齿；花单性，雄花成密集的聚伞花序、腋生，雌花单生叶腋；果端宿存柱头2，条形，弯曲‧‧‧‧‧‧‧‧‧‧‧‧‧‧‧‧‧‧‧**糙叶树属** *Aphananthe*
　　3. 叶的侧脉先端在未达叶缘前弧曲，不伸入锯齿，边缘中下部通常全缘，上部常有粗疏锯齿；花杂性，少数至10余朵集成小聚伞花序或簇生状，或因退化而花序仅具1花‧‧‧
　　　‧‧‧**朴属** *Celtis*

2. 叶具羽状脉；侧脉直，先端伸入锯齿；花杂性，雄花数朵簇生于幼枝的下部叶腋，雌花或两性花单生（稀2~4朵簇生）于幼枝的上部叶腋；果偏斜，宿存柱头喙状 ⋯ **榉属 Zelkova**

1. 果为周围有翅的翅果，或为周围具翅或上半部具鸡头状窄翅的小坚果。

  4. 叶具羽状脉，侧脉直，脉端伸入锯齿；花两性或杂性，花药先端无毛。

    5. 翅果周围有翅；花两性；小枝无刺；叶缘具重锯齿或单锯齿 ⋯⋯⋯⋯⋯⋯ **榆属 Ulmus**

    5. 小坚果偏斜，上半部具鸡头状窄翅；花杂性；小枝具坚硬的棘刺；叶缘具单锯齿 ⋯
    ⋯⋯⋯⋯⋯⋯⋯⋯⋯⋯⋯⋯⋯⋯⋯⋯⋯⋯⋯⋯⋯⋯⋯⋯⋯ **刺榆属 Hemiptelea**

  4. 叶基部3出脉；花单性同株，雄花簇生，雌花单生；小坚果周围有翅 ⋯ **青檀属 Pteroceltis**

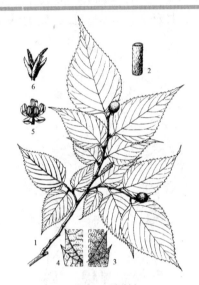

（一）糙叶树属 Aphananthe Planch.

  5 种。我国 2 种；山东引入栽培 1 种。

  1. 糙叶树 Aphananthe aspera (Blume) Planch.（泰安、青岛栽培）(图 147)

（二）朴属 Celtis Linn.

  约 60 种。我国 11 种；山东 3 种，引入栽培 2 种。

图147 糙叶树
1.果枝；2.小枝一段；3-4.叶缘附近上下面；5.雄花；6.雌花

分种检索表

1. 冬芽的内层芽鳞密被较长的柔毛。

  2. 果较小，直径约5mm，幼时被疏或密的柔毛，成熟后脱净；总梗常短缩，因此很像果梗双生于叶腋，总梗连同果梗共长1~2cm ⋯⋯⋯⋯⋯⋯⋯⋯⋯⋯ **紫弹树 Celtis biondii**

  2. 果较大，长10~12mm，幼时无毛；果梗常单生叶腋，长1~3cm ⋯⋯⋯ **珊瑚朴 Celtis julianae**

1. 冬芽的内层芽鳞无毛或仅被微毛。

  3. 叶的先端尖至渐尖。

    4. 果橙红色，果梗与叶柄近等长；小枝及叶下面密生黄褐色柔毛，叶较宽，中部以上有锯齿 ⋯⋯⋯⋯⋯⋯⋯⋯⋯⋯⋯⋯⋯⋯⋯⋯⋯⋯⋯⋯⋯⋯⋯⋯⋯ **朴树 Celtis sinensis**

    4. 果紫黑色，果柄长为叶柄长之2~3倍；小枝及叶两面无毛或萌枝叶有毛，叶卵状披针形至卵状椭圆形，锯齿浅钝或近全缘 ⋯⋯⋯⋯⋯⋯⋯⋯⋯⋯ **小叶朴 Celtis bungeana**

  3. 叶先端近平截而具粗锯齿，中间的齿常呈尾状长尖 ⋯⋯⋯⋯ **大叶朴 Celtis koraiensis**

1. 紫弹树 *Celtis biondii* Pamp.（泰安、潍坊、枣庄等地栽培）（图 148）

2. 小叶朴（黑弹树）*Celtis bungeana* Blume（广布于鲁中南和胶东山地丘陵；全省各地栽培）（图 149）

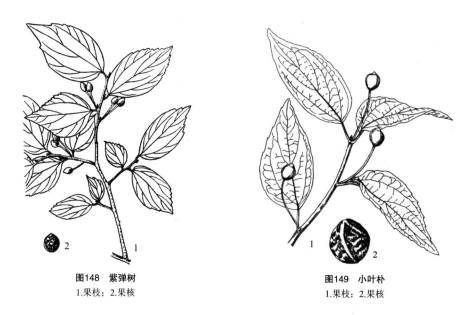

图148　紫弹树
1.果枝；2.果核

图149　小叶朴
1.果枝；2.果核

3. 珊瑚朴 *Celtis julianae* Schneid.（泰安、青岛、潍坊栽培）（图 150）

4. 大叶朴 *Celtis koraiensis* Nakai（分布于全省各主要山地；泰安等地栽培）（图 151）

5. 朴树 *Celtis sinensis* Pers.（分布于鲁中南和胶东山地丘陵；各地普遍栽培）（图 152）

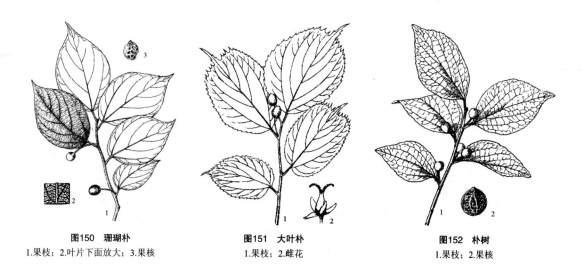

图150　珊瑚朴
1.果枝；2.叶片下面放大；3.果核

图151　大叶朴
1.果枝；2.雌花

图152　朴树
1.果枝；2.果核

（三）刺榆属 *Hemiptelea* (Hance) Planch.

仅 1 种，产中国和朝鲜；山东有分布。

1. 刺榆 *Hemiptelea davidii* Planch. (分布于青岛、淄博、威海等地；济南、济宁、潍坊等地栽培)(图 153)

（四）青檀属 *Pteroceltis* Maxim.

仅 1 种，我国特产；山东有分布。

1. 青檀 (翼朴) *Pteroceltis tatarinowii* Maxim. (分布于枣庄、济南、泰安等地；全省各地常栽培)(图 154)

图153 刺榆
1.果枝；2.两性花；3.雄花；4.坚果

图154 青檀
1.果枝；2.树皮；3.雄花；4.雄蕊；5.雌花

（五）榆属 *Ulmus* Linn.

约 40 种。我国 21 种，另引入栽培 3 种；山东 5 种 2 变种，引入栽培 7 种。

分种检索表

1. 花春季开放，自花芽抽出，排成簇状聚伞花序或短聚伞花序；花被钟形、浅裂。
  2. 花排成短聚伞花序，花序轴微伸长，多少下垂；翅果两面无毛，边缘具睫毛；小枝无木栓翅。
    3. 叶中部或中下部较宽；冬芽卵圆形；花序常有花10余朵；花被筒圆；花梗长4～10mm；果梗长达15mm ······················· **美国榆** *Ulmus americana*
    3. 叶中上部较宽；冬芽纺锤形，花序常有花20～30朵；花被筒扁；花梗长6～20mm；果梗长达30mm ······················· **欧洲白榆** *Ulmus laevis*
  2. 花排成簇状聚伞花序，花序轴极短，花梗近等长，常较花被为短或近等长，不下垂。
    4. 果核位于翅果中部或近中部，上端不接近缺口（白榆有时果核上端接近缺口）。
      5. 翅果两面及边缘有毛，至少沿果翅中脉被毛。

      6. 枝条常有木栓翅，当年生枝被疏毛或无毛，不下垂；翅果两面及边缘有或密或疏
        之毛；叶宽倒卵形、倒卵状菱形或倒卵形 ················· **黄榆**_Ulmus macrocarpa_

      6. 枝条无木栓翅，小枝光滑，下垂；翅果仅沿果翅中脉被毛；叶椭圆形至倒卵形，
        长7～16cm，宽4.5～10cm，基部显著偏斜，叶缘有时三浅裂 ··············
                                       大叶垂榆_Ulmus glabra_ 'Pendula'

  5. 翅果除顶端缺口柱头面被毛外，余处无毛。

    7. 叶先端不裂；花（果）梗被短柔毛。

      8. 叶通常具单锯齿，稀重锯齿，基部通常对称，稀稍偏斜；翅果近圆形，稀倒卵
        状圆形；翅果近圆形，稀倒卵状圆形，长1.2～2cm ··········· **白榆**_Ulmus pumila_

      8. 叶具重锯齿，基部较偏斜；翅果宽倒卵状圆形、近圆形或宽椭圆形，长2.5～
        3.5cm ·············· **光叶黄榆**_Ulmus macrocarpa_ var. _glabra_

    7. 叶先端通常3～7裂，叶面密生硬毛，粗糙，叶背被柔毛，基部明显偏斜；叶柄
      长2～5mm；翅果椭圆形或长圆状椭圆形；果梗无毛 ····· **裂叶榆**_Ulmus laciniata_

  4. 果核位于翅果的上部、中上部或中部，上端接近缺口(旱榆有时果核上端稍接近缺口)。

    9. 花出自花芽，多数在去年生枝上的叶腋处排成簇状聚伞花序或呈簇生状；果翅较
      薄，果核较两侧之翅为窄或近等宽。

      10. 翅果除顶端缺口柱头面被毛外，余处无毛。

        11. 叶缘锯齿锐尖、尖或急尖。

          12. 翅果近圆形或倒卵状圆形，叶倒卵形、椭圆状倒卵形或椭圆形 ··········
                                 红果榆_Ulmus szechuanica_

          12. 翅果倒卵形；叶通常倒卵形，边缘锯齿常较深 ·················
                            春榆_Ulmus davidiana_ var. _japonica_

        11. 叶缘锯齿钝圆，叶卵形，先端渐尖；翅果长圆状倒卵形或长圆状椭圆形；
          二、三年生枝常被蜡粉 ················· **圆冠榆**_Ulmus densa_

      10. 翅果两面及边缘多少有毛，或果核部分被毛而果翅无毛或有疏毛。

        13. 翅果两面及边缘多少被毛，长2.3～2.5cm；当年生枝幼时密被柔毛，小枝无木
        栓翅与木栓层；叶面密生硬毛，粗糙，叶背密被柔毛 ··· **琅琊榆**_Ulmus chenmoui_

        13. 翅果的果核部分多少被毛，果翅无毛或有疏毛，长1～1.9cm；小枝有时具不
        规则纵裂的木栓层，萌发枝上尤多；幼时叶面有硬毛，叶背被柔毛，老则叶
        面无毛而常有不凸起的圆形毛迹，不粗糙，叶背无毛或几无毛 ··········
                                  黑榆_Ulmus davidiana_

    9. 花出自混合芽，散生于新枝基部或近基部，稀自花芽抽出；翅果长2～2.5cm，果翅
      稍厚，果核较两侧之翅为宽，叶卵形、菱状卵形、椭圆形或椭圆状披针形，长2.5～
      5cm ·················· **旱榆**_Ulmus glaucescens_

1. 花秋季开放，花被片裂至杯状花被近基部，叶缘具单锯齿；翅果长约1cm，椭圆形，果核部
  分较两侧之翅为宽 ··············· **榔榆**_Ulmus parvifolia_

1. 美国榆 *Ulmus americana* Linn.（泰安、青岛、莱芜、济南、潍坊等地栽培）（图155）

2. 琅琊榆 *Ulmus chenmoui* W. C. Cheng（泰安栽培）（图156）

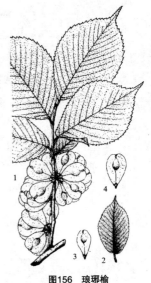

图155 美国榆
1.枝叶；2.花；3.果实

图156 琅琊榆
1.果枝；2.叶片；3-4.果实

3. 黑榆 *Ulmus davidiana* Planch.（分布于鲁中南和胶东山地丘陵）（图157）

3a. 春榆 *Ulmus davidiana* Planch. var. *japonica* (Rehd.) Nakai（广布于鲁中南和胶东山地丘陵）（图158）

4. 圆冠榆 *Ulmus densa* Litw.（潍坊昌邑有栽培）（图159）

图157 黑榆
1.果枝；2.翅果；3.翅果上端

图158 春榆
1.果枝；2-3.叶片；4-5.果实

图159 圆冠榆
1.果枝；2.叶片；3.果实

5. 大叶垂榆 *Ulmus glabra* 'Pendula' (济南、青岛、潍坊等地栽培)(图 160)

6. 旱榆 *Ulmus glaucescens* Franch. (分布于济南，见于千佛山、佛峪、莲台山、章丘等地)(图 161)

7. 裂叶榆 *Ulmus laciniata* (Trautv.) Mayr. (青岛、淄博、潍坊等地栽培)(图 162)

图160　大叶垂榆
1.枝叶；2.花枝；3.花；4.雌蕊；
5.果实

图161　旱榆
1.果枝；2-4.果实；5.果实；6.种子

图162　裂叶榆

8. 欧洲白榆 (欧洲大叶榆) *Ulmus laevis* Pall. (泰安、青岛、济南栽培)(图 163)

9. 黄榆 (大果榆) *Ulmus macrocarpa* Hance (广布于鲁中南和胶东山地丘陵)(图 164)

9a. 光叶黄榆 (光秃大果榆) *Ulmus macrocarpa* Hance var. *glabra* S. Q. Nie & K. Q. Huang (分布于枣庄抱犊崮、济南、淄博)

10. 榔榆 (小叶榆) *Ulmus parvifolia* Jacq. (分布于鲁中南和胶东山地丘陵；全省各地普遍栽培)(图 165)

图163　欧洲白榆
1.果枝；2.芽；3.花

图164　黄榆
1.小枝一段，示木栓翅；2.果枝；
3-4.翅果

图165　榔榆
1.果枝；2.花；3.果实

11. 白榆 *Ulmus pumila* Linn. (全省各地普遍分布和栽培)(图 166)

【金叶榆 'Meiren'，叶金黄色，也有垂枝的类型 (全省各地普遍栽培)；垂枝榆 'Pendula'，树冠伞形，小枝细长下垂 (全省各地普遍栽培)；钻天榆 'Pyramidalis'，树干通直，树冠狭窄 (菏泽栽培)】

12. 红果榆 *Ulmus szechuanica* Fang (崂山栽培)(图 167)

图166　白榆
1.枝叶；2.果枝；3.花；4.果实

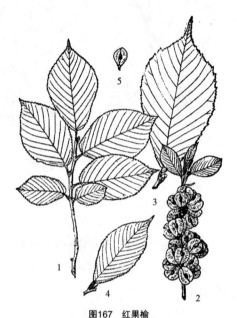

图167　红果榆
1.枝叶；2.果枝；3-4.叶；5.果实

（六）榉属 *Zelkova* Spach

5种。我国3种；山东1种，引入栽培1种。

分种检索表

1. 当年生枝紫褐色或棕褐色，无毛或疏被短柔毛；冬芽单生；叶两面光滑无毛，或在背面沿脉疏生柔毛，在叶面疏生短糙毛 ·················· 光叶榉*Zelkova serrata*
1. 当年生枝灰色或灰褐色，密生灰白色柔毛；冬芽常2个并生；叶背密生柔毛，叶面被糙毛 ·················· 大叶榉*Zelkova schneideriana*

1. 大叶榉 *Zelkova schneideriana* Hand. -Mazz. (泰安、青岛、临沂、济南、威海、潍坊等地栽培)(图 168)

2. 光叶榉 (榉树) *Zelkova serrata* (Thunb.) Makino (分布于崂山等地；泰安、青岛、临沂、烟台、济南、潍坊等地栽培)(图 169)

图168 大叶榉
1.枝叶；2.果实

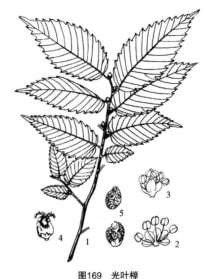

图169 光叶榉
1.果枝；2.雄花展开；3.雄花；4.雌花；5.果实

十七、桑科Moraceae

约43属1400种。我国9属144种；山东4属6种1变种。

分属检索表

1. 柔荑花序或头状花序。
  2. 雄花序为柔荑花序；叶缘有锯齿。
    3. 雌、雄花均为柔荑花序；聚花果圆柱形 ················· **桑属Morus**
    3. 雄花为柔荑花序，雌花为头状花序；聚花果圆球形 ········· **构属Broussonetia**
  2. 雌、雄花序均为头状花序；叶全缘或3裂，枝有刺 ············· **柘属Cudrania**
1. 隐头花序；小枝有环状托叶痕 ····································· **榕属Ficus**

（一）构树属 Broussonetia L'Her. ex Vent.

4种，我国均产；山东1种。

1. 构树（楮）Broussonetia papyrifera L'Her. ex Vent.（全省各地普遍分布和栽培）(图170)

（二）榕属 Ficus Linn.

约1000种。我国99种，另引入栽培多种；山东引入栽培1种。

1. 无花果 Ficus carica Linn.（山东中南部及东部各地普遍栽培）(图171)

图170 构树

1.雌花枝；2.雄花枝；3.果枝；4.雌花；5.聚花果；6.雌花；7.带肉质子房柄的果实；8.瘦果

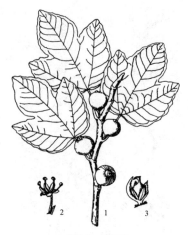

图171 无花果

1.果枝；2.雄花；3.雌花

（三）柘属 *Maclura* Nuttall

约12种。我国5种，引入栽培1种；山东1种。

1. 柘 *Maclura tricuspidata* Carrière（广布于全省各山地丘陵，也常栽培）（图172）

（四）桑属 *Morus* Linn.

16种。我国11种；山东3种1变种。

图172 柘

1.枝叶；2.果枝；3.雄花枝；4.雌花；5.雄花

分种检索表

1.雌花无花柱，或具极短的花柱，叶缘锯齿无刺芒，叶面光滑。

　2.叶片薄，长5～15cm；果成熟时黑紫色，卵形至椭圆形 ·················· 桑 *Morus alba*

　2.叶片厚，长达30cm；果成熟时绿白色至紫色，圆柱形 ··· 鲁桑 *Morus alba* var. *multicaulis*

1.雌花具明显的花柱。

　3.叶缘锯齿齿端具刺芒，柱头内侧具乳头状突起 ·················· 蒙桑 *Morus mongolica*

　3.叶缘锯齿齿端不具刺芒，柱头内侧具毛；叶面粗糙 ·················· 鸡桑 *Morus australia*

　　1.桑（白桑）*Morus alba* Linn.（广布于全省各山地丘陵；各地普遍栽培）（图173）

　　【龙桑（九曲桑）‘Tortuosa’，枝条扭曲向上，叶片不分裂（济南、青岛、潍坊栽培）】

1a. 鲁桑 *Morus alba* Linn. var. *multicaulis* (Perrottet) Loudon (全省各地普遍栽培)

2. 鸡桑 *Morus australia* Poir. (广布于全省各主要山地)(图 174)

3. 蒙桑 *Morus mongolica* (Bureau) Schneid. (广布于全省各主要山地；济南等地栽培)(图 175)

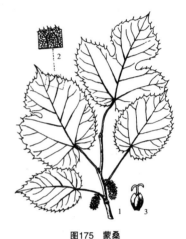

图173 桑
1.雌花枝；2.雄花枝；3.叶；4.雄花；5.雌花；；6.聚花果

图174 鸡桑
1.雌花枝；2.雄花；3.雌花；4.聚花果

图175 蒙桑
1.果枝；2.叶局部放大；3.雌花

十八、胡桃科Juglandaceae

9 属约 60 余种。我国 7 属 20 种；山东 4 属 10 种。

分属检索表

1. 枝具片状髓心。
　2. 核果状坚果，无翅；鳞芽 ·· **核桃属***Juglans*
　2. 坚果有翅；裸芽或鳞芽 ··· **枫杨属***Pterocarya*
1. 枝条髓心充实。
　3. 雄蕊葇荑花序下垂，3 条簇生；果为核果状，外果皮4瓣裂 ········· **山核桃属***Carya*
　3. 雌雄花序均直立，集生枝顶；果苞宿存，革质；小坚果扁平，两侧有窄翅 ··············
　·· **化香树属***Platycarya*

（一）山核桃属 *Carya* Nutt.

约 17 种。我国 4 种，引入栽培 1 种；山东引入栽培 2 种。

分种检索表

1. 芽为鳞芽，芽鳞镊合状排列；叶有11~17枚小叶；果实及果核矩圆状至长椭圆形··········
···美国山核桃*Carya illinoensis*
1. 芽为裸芽；叶有5~7枚小叶；果实及果核倒卵状··········· 山核桃*Carya cathayensis*

    1. 山核桃 *Carya cathayensis* Sarg. (临沂塔山有少量栽培)(图 176)

    2. 美国山核桃 (薄壳山核桃) *Carya illinoensis* K. Koch. (青岛、泰安、烟台、枣庄、临沂、济南、潍坊等地栽培)(图 177)

图176　山核桃
1.雌花枝；2.雄花枝；3.雄花；4-5.果实

图177　美国山核桃
1.花枝；2.雌花；3.果枝；4.雄花

（二）胡桃属 *Juglans* Linn.

约 20 种。我国 4 种，引入栽培 2 种；山东 2 种，引入栽培 3 种。

分种检索表

1. 叶具7~25枚小叶；小叶有锯齿，下面有毛或成长后变近无毛；花药有毛；雌花序具5~10雌花。
  2. 果序通常具1~3个果实。
    3. 小叶通常7~15枚，具不显明的疏浅锯齿或近于全缘，下面脉上有短柔毛··············
···麻核桃*Juglans hopeiensis*
    3. 小叶通常15~19枚，有锯齿，下面被绒毛及腺毛 ········· 美国黑胡桃*Juglans nigra*
  2. 果序通常具4~10个果实。
    4. 小叶长成后常变无毛；果序短，俯垂，通常具4~5个果实 ···胡桃楸 *Juglans mandshurica*
    4. 小叶长成后下面密被短柔毛及星芒状毛；果序长而下垂，通常具6~10个果实 ·········
···野核桃*Juglans cathayensis*
1. 叶通常具5~9枚小叶；小叶全缘，除下面侧脉腋内具簇毛外其余近于无毛，侧脉11~15对；花药无毛；雌花序具1~4雌花 ·· 胡桃*Juglans regia*

1. 野核桃 *Juglans cathayensis* Dode (全省各大山区有零星分布)(图 178)

2. 麻核桃 *Juglans hopeiensis* Hu (德州齐河栽培)(图 179)

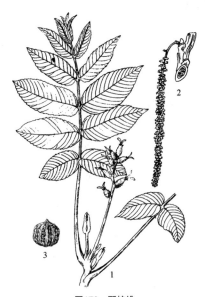

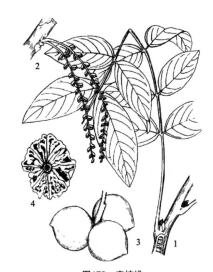

图178 野核桃
1.雌花枝；2.雄花序；3.果核

图179 麻核桃
1.枝叶；2.雄花序；3.果序；4.果核

3. 胡桃楸 (核桃楸) *Juglans mandshurica* Maxim (分布于泰山、崂山、昆嵛山、蒙山、沂山、济南章丘等地 ；各地栽培)(图 180)

4. 美国黑胡桃 *Juglans nigra* Linn. (泰安、青岛、东营、济南等地栽培)(图 181)

5. 胡桃 (核桃) *Juglans regia* Linn. (全省各地普遍栽培)(图 182)

图180 核桃楸
1.雌花枝；2.果核

图181 美国黑胡桃
1.花枝；2.雌花；3.果核；4.果核纵切

（三）化香树属 *Platycarya* Sieb. & Zucc.

仅1种，产中国、日本、朝鲜和越南；山东1种。

1. 化香树 *Platycarya strobilacea* Sieb. & Zucc.（分布于青岛、临沂、日照；泰安等地栽培）（图183）

图182 胡桃
1.雄花枝；2.果序；3.雌花枝；4.雌花；5.果核；6.果核纵切；7.雄花背面；8.雄花

图183 化香树
1.花枝；2.小叶下部；3.果序；4.果实正面观

（四）枫杨属 *Pterocarya* Kunth

约6种。我国5种；山东2种。

分种检索表

1. 芽无芽鳞而裸出，常叠生；雄性葇荑花序由去年生枝条顶端的叶痕腋内发出；雌花的苞片长不到2mm，无毛或近无毛 ·············· 枫杨*Pterocarya stenoptera*
1. 芽具2～3枚脱落性大芽鳞，单生；雄性葇荑花序生于当年生新枝基部；雌花的苞片长达3mm，密被毡毛 ·············· 水胡桃*Pterocarya rhoifolia*

1. 水胡桃 *Pterocarya rhoifolia* Sieb. & Zucc.（据《中国植物志》记载，山东崂山有分布；上世纪30年代尚有采集记录。）

2. 枫杨（枰柳）*Pterocarya stenoptera* C. DC.（广布于全省各山地丘陵；各地常栽培）（图184）

十九、杨梅科Myricaceae

3属约50种。我国1属4种；山东1属1种。

（一）杨梅属 *Myrica* Linn.

约50种。我国4种；山东引入栽培1种。

1. 杨梅 *Myrica rubra* (Lour.) Sieb. & Zucc.（青岛崂山及黄岛栽培）（图185）

图184 枫杨
1.花枝；2.果序；3.冬态小枝；4.果实；5.雄花；6.雌花；
7.雌花和苞片

图185 杨梅
1.果枝；2.雌花枝；3.雄花枝；4.雄花；5.雌花

二十、壳斗科Fagaceae

7～12 属约 900～1000 种。我国 7 属 194 种；山东 3 属 22 种 5 变种。

分属检索表

1. 雄花序下垂；枝有顶芽；壳斗的小苞片鳞片状至披针形、线形，无刺，壳斗包着坚果一部分。
  2. 壳斗的小苞片鱼鳞片状，或线状而近于木质，或狭披针形，不愈合成环带 **栎属***Quercus*
  2. 壳斗的小苞片轮状排列，愈合成同心环带，环带全缘或具裂齿 **青冈属***Cyclobalanopsis*
1. 雄花序直立或斜展；枝无顶芽；壳斗球状，密被分叉针刺，壳斗全包坚果 **栗属***Castanea*

（一）栗属 *Castanea* Mill.

约12种。我国3种，另引入栽培1种；山东引入栽培4种。

分种检索表

1. 每壳斗有坚果1～3个；叶先端短尖或渐尖。
  2. 叶背有扁圆形、黄或灰色、半透明或不透明、仅在扩大镜下可见的鳞腺。
    3. 叶背无毛，或仅嫩叶背面叶脉有稀疏单毛；壳斗直径3～4cm … 茅栗*Castanea seguinii*
    3. 叶背有灰白色或黄灰色星芒状伏贴绒毛；壳斗直径5～6cm … 日本栗*Castanea crenata*
  2. 叶背无鳞腺，有星芒状伏贴绒毛，或因毛脱落变为几无毛 … 板栗*Castanea mollissima*
1. 每壳斗有坚果1个；叶先端长渐尖至尾状长尖；嫩叶背面中脉有稀疏单毛及黄色鳞腺 ……
  …………………………………………………… 锥栗*Castanea henryi*

    1. 日本栗 *Castanea crenata* Sieb. & Zucc.（泰安泰山果科所栽培。另据 Flora of China，青岛有栽培）

    2. 锥栗 *Castanea henryi* (Skan) Rehd. & Wils.（蒙山、泰山果科所栽培）（图 186）

3. 板栗 *Castanea mollissima* Blume (全省各地普遍栽培)(图 187)

4. 茅栗 *Castanea seguinii* Dode (泰安泰山果科所栽培)(图 188)

图186 锥栗
1.花枝；2.雄花；3.雌花；4.壳斗；5.坚果

图187 板栗
1.花枝；2.果枝；3.叶背面放大；4.雄花；
5.雌花；6.壳斗；7.坚果

图188 茅栗
1.花枝；2.小枝一段；3.叶背面放大；
4.雄花；5.壳斗和坚果；6.坚果顶端

（二）青冈属 *Cyclobalanopsis* Oersted

约 150 种。我国 69 种；山东引入栽培 1 种。

1. 青冈 *Cyclobalanopsis glauca* (Thunb.) Oersted (山东农业大学实验基地栽培)

（三）栎属 *Quercus* Linn.

约 300 种。我国 35 种；山东 10 种 5 变种，引入栽培 7 种。

分种检索表

1. 叶片长椭圆状披针形或卵状披针形，叶缘有刺芒状锯齿；壳斗小苞片钻形、扁条形或线形，
　常反曲。

　2. 成叶两面无毛或仅叶背脉上有柔毛；树皮木栓层不发达；幼枝常被毛。

　　3. 壳斗连小苞片直径 2 ～ 4cm 或更大；小苞片钻形或扁条形，反曲；坚果卵形或椭圆形，
　　　直径 1.5 ～ 3.3cm；叶片通常宽 2 ～ 6cm。

　　　4. 坚果卵球形或卵状椭圆形，高约 2cm，径 1.5 ～ 2cm ‥‥‥ 麻栎 *Quercus acutissima*

　　　4. 坚果卵球形或卵状椭圆形，高 2.5 ～ 3cm，径 2.8 ～ 3.3cm ‥‥‥‥‥‥‥‥‥‥
　　　　‥‥‥‥‥‥‥‥‥‥‥‥‥‥ 大果麻栎 *Quercus acutissima* var. *macrocarpa*

　　3. 壳斗连小苞片直径 1.5cm；壳斗上部小苞片线形，直伸或反曲，中下部小苞片三角形，
　　　紧贴壳斗壁；坚果椭圆形，直径 1.3 ～ 1.5cm；叶片宽 2 ～ 3.5cm ‥‥ 小叶栎 *Quercus chenii*

　2. 成叶背面密被灰白色星状毛；树皮木栓层发达；壳斗连小苞片直 2.5 ～ 4cm，小苞片钻形，
　　反曲；坚果近球形，直径约 1.5cm ‥‥‥‥‥‥‥‥‥‥‥‥ 栓皮栎 *Quercus variabilis*

1. 叶片椭圆状倒卵形，长倒卵形或椭圆形，叶缘有粗锯齿或波状齿至羽状分裂，或叶片线形

至狭矩圆形而全缘；壳斗小苞片窄披针形、三角形或瘤状。

5. 叶片线形至狭矩圆形，全缘 ……………………………………………………………… 柳叶栎 *Quercus phellos*

5. 叶片较宽，羽状分裂或有锯齿。

  6. 叶片不分裂或浅裂，叶缘有尖锐或波状圆钝大锯齿，锯齿先端无细长锐尖的芒。

    7. 壳斗小苞片窄披针形，直立或反曲；叶片倒卵形或长倒卵形。

      8. 成叶背面无毛或有疏毛。

        9. 叶柄长不足 1cm，侧脉 5 ～ 9 (12)；坚果卵形或椭圆形。

          10. 叶缘波状齿，侧脉每边 5 ～ 8 (10) 条 ……… 河北栎 *Quercus* × *hopeiensis*

          10. 叶缘具浅裂齿，侧脉每边 6 ～ 9 (12) 条　柞槲栎 *Quercus mongolico-dentata*

        9. 叶柄长 1 ～ 2cm，侧脉每边 9 ～ 12 条 ………… 房山栎 *Quercus fangshanensis*

      8. 成叶背面密被星状毛；壳斗小苞片长约 1cm，红棕色，反曲或直立 ……………

      …………………………………………………………………………… 槲树 *Quercus dentata*

    7. 壳斗小苞片三角形、长三角形、长卵形或卵状披针形，长不超过 4mm，紧贴壳斗壁。

      11. 成叶背面被星状毛或兼有单毛。

        12. 小枝无毛或微有毛，叶柄无毛；壳斗包着坚果约 1/2，直径 1.2 ～ 2cm，高 1

        ～ 1.5cm，小苞片灰白色。

          13. 叶缘具波状钝齿，叶背被灰棕色细绒毛 …………… 槲栎 *Quercus aliena*

          13. 叶缘具粗大锯齿，齿端尖锐、内弯，叶背密被灰白色细绒毛 …………

          ………………………… 锐齿槲栎 *Quercus aliena* var. *acuteserrata*

        12. 小枝及叶柄密被黄褐色或灰褐色绒毛；壳斗包着坚果约 1/3，直径 0.8 ～

        1.1cm，高 4 ～ 8mm，小苞片褐色 …………………………… 白栎 *Quercus fabri*

      11. 成叶背面无毛或有极少毛。

        14. 叶缘锯齿无腺点。

          15. 果序柄粗而不明显，叶缘具波状齿。

            16. 叶柄长不足 1cm。

              17. 壳斗小苞片呈半球形瘤状突起。

                18. 侧脉每边 7 ～ 11 (14) 条 ……… 蒙古栎 *Quercus mongolica*

                18. 侧脉每边 5 ～ 7 条 ……………………………………………

                ………… 云蒙山栎 *Quercus mongolica* var. *yunmengshanensis*

              17. 壳斗小苞片扁平或微突起，侧脉每边 5 ～ 7 (10) 条 ……

              ……………………… 辽东栎 *Quercus wutaishanica*

            16. 叶柄长 1 ～ 3cm ……………… 北京槲栎 *Quercus aliena* var. *pekingensis*

          15. 果序柄纤细，长 4 ～ 10cm，着生果实 2 ～ 4 个；叶缘具 4 ～ 7 对深浅不等

          的圆钝锯齿，叶片背面粉绿色；坚果长椭圆形 ……… 夏栎 *Quercus robur*

        14. 叶缘有腺状锯齿，成长叶背面无毛或被伏贴单毛、星状毛。

          19. 叶散生，倒卵形或倒卵状椭圆形；叶柄长 1 ～ 3cm … 枹栎 *Quercus serrata*

          19. 叶常聚生于枝顶，长椭圆状倒卵形或卵状披针形、倒卵状披针形；叶柄短，

          长 2 ～ 5mm ……………… 短柄枹栎 *Quercus serrata* var. *brevipetiolata*

6. 叶片羽状浅裂至深裂，裂片再尖裂，先端有锐尖的芒；壳斗小苞片三角形，紧贴壳斗壁，坚果两年成熟。

  20. 壳斗大，高 5 ～ 13mm，宽约 16 ～ 31mm，常包围坚果约 1/3 ～ 1/2，偶较浅。

    21. 顶芽上半部有银白色至褐色绒毛；壳斗陀螺状至半球形，外面光滑或有柔毛，包围坚果 1/3 ～ 1/2，鳞片先端尖；叶片表面亮绿色，分裂深度通常超过 1/2 ·················· **猩红栎** *Quercus coccinea*

    21. 顶芽光滑或先端有红色毛丛；壳斗碟形至浅杯状，外面有柔毛，包围坚果 1/4 ～ 1/3，鳞片先端钝；叶片表面暗绿色，分裂深度通常不及 1/2 ···**北美红栎** *Queras rubra*

  20. 壳斗小，高 3 ～ 6mm，宽约 9.5 ～ 16mm，包围坚果约 1/4；顶芽光滑或顶端有少量细绒毛；叶椭圆形至矩圆形，长 5 ～ 16cm，宽 5 ～ 12cm，叶缘 5 ～ 7 裂，具 10 ～ 30 刺芒················ **沼生栎** *Quercus palustris*

1. 麻栎（橡子树）*Quercus acutissima* Carr.（广布于鲁中南及胶东山地丘陵；济南、泰安等地栽培）(图 189)

    1a. 大果麻栎 *Quercus acutissima* Carr. var. *macrocarpa* X. W. Li & Y. Q. Zhu（分布于泰安，产竹林寺）

    2. 槲栎 *Quercus aliena* Blume（分布于鲁中南和胶东山地丘陵）(图 190)

    2a. 锐齿槲栎 *Quercus aliena* Blume var. *acuteserrata* Maxim. & Wenz.（分布于鲁中南和胶东山地丘陵）(图 191)

    2b. 北京槲栎 *Quercus aliena* Blume var. *pekingensis* Schott.（分布于鲁中南和胶东山地丘陵）(图 192)

图189 麻栎
1.花枝；2.果枝；3.叶缘放大；4.雄花；5.坚果

图190 槲栎
1.花枝；2.果枝；3.叶片背面放大；4.壳斗和坚果；5.坚果

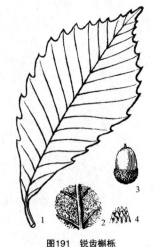

图191 锐齿槲栎
1.叶片；2.叶片背面放大；3.壳斗和坚果；4.壳斗苞片

3. 小叶栎 *Quercus chenii* Nakai (泰安、青岛栽培)(图 193)

4. 猩红栎 *Quercus coccinea* Münchh. (青岛等地栽培)(图 194)

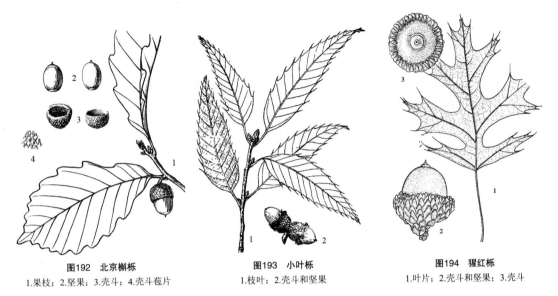

图192　北京槲栎
1.果枝；2.坚果；3.壳斗；4.壳斗苞片

图193　小叶栎
1.枝叶；2.壳斗和坚果

图194　猩红栎
1.叶片；2.壳斗和坚果；3.壳斗

5. 槲树 *Quercus dentata* Thunb. (分布于全省各主要山区)(图 195)

6. 白栎 *Quercus fabri* Hance (泰山前坡三阳观一带栽培)(图 196)

7. 房山栎 *Quercus fangshanensis* Liou (分布于昆嵛山、荣成)(图 197)

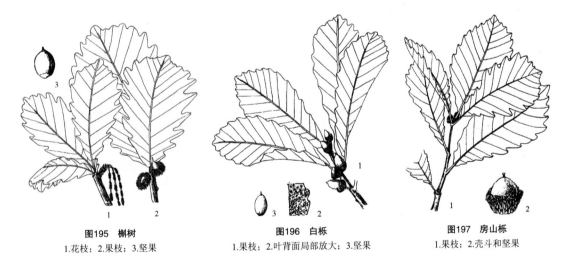

图195　槲树
1.花枝；2.果枝；3.坚果

图196　白栎
1.果枝；2.叶背面局部放大；3.坚果

图197　房山栎
1.果枝；2.壳斗和坚果

8. 河北栎 *Quercus* × *hopeiensis* Liou (分布于崂山、蒙山、昆嵛山)(图 198)

9. 蒙古栎 *Quercus mongolica* Fisch. (分布于鲁中南和胶东山地丘陵)(图 199)

9a. 云蒙山栎 *Quercus mongolica* Fisch. var. *yunmengshanensis* H. W. Jen (分布于崂山)

图198　河北栎
1.果枝；2.壳斗和坚果

图199　蒙古栎
1.果枝；2.壳斗；3.壳斗苞片放大；4.坚果

10. 柞槲栎 *Quercus mongolico-dentata* Nakai (分布于济南长清莲台山)(图 200)

11. 沼生栎 *Quercus palustris* Muench. (青岛、泰安等地栽培)(图 201)

12. 柳叶栎 (柳栎) *Quercus phellos* Linn. (青岛有栽培)(图 202)

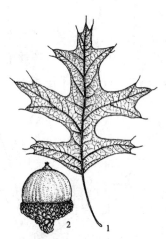

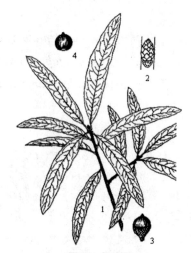

图200　柞槲栎
1.果枝；2.壳斗；3.坚果

图201　沼生栎
1.叶片；2.壳斗和坚果

图202　柳叶栎
1.枝叶；2.芽；3.壳斗和坚果；4.坚果

13. 夏栎 *Quercus robur* Linn. (青岛中山公园栽培)(图 203)

14. 北美红栎 *Queras rubra* Linn. (青岛、潍坊等地栽培)(图 204)

15. 枹栎 *Quercus serrata* Thunb. (分布于胶东山地及蒙山)(图 205)

15a. 短柄枹栎 *Quercus serrata* Thunb. var. *brevipetiolata* (DC.) Nakai (分布于胶东山地及蒙山)

16. 栓皮栎 *Quercus variabilis* Blume (广布于鲁中南及胶东山地丘陵；济南、泰安、青岛等地栽培)(图 206)

图203　夏栎
1.果枝；2.壳斗和坚果

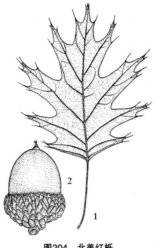

图204　北美红栎
1.叶片；2.壳斗和坚果

图205　枹栎
1.花枝；2.果枝；3.壳斗和坚果；4.坚果；5.壳斗

17. 辽东栎 *Quercus wutaishanica* Mayr.（分布于淄博、泰安、济南、青岛等地；济南、泰安栽培）（图207）

二十一、桦木科Betulaceae

6 属约 150～200 种。我国 6 属 89 种；山东 4 属 14 种 2 变种。

图206　栓皮栎
1.果枝；2.叶片下部，示星状毛

分属检索表

1. 坚果扁平，有翅，包藏于革质或木质鳞片状果苞内，组成球果状或菜荑状果序；雄花花被片4裂，雄蕊2～4。
 2. 果苞薄，3裂，脱落；冬芽无柄 ·········· **桦木属**Betula
 2. 果苞厚，5裂，宿存；冬芽常有柄 ········ **桤木属**Alnus
1. 坚果卵形或球形，无翅，包藏于叶状或囊状草质果苞内，组成簇生或穗状果序；雄花无花被，雄蕊3～14。
 3. 果实小而多数，集生成下垂之穗状，果苞叶状 ·········
 ···················· **鹅耳枥属**Carpinus
 3. 果实大，簇生，外被叶状、囊状或刺状果苞
 ···················· **榛属**Corylus

（一）桤木属 *Alnus* Mill.

约 40 种。我国 10 种；山东 2 种，引入栽培 1 种。

图207　辽东栎
1.果枝；2.壳斗和坚果

分种检索表

1. 果序2～9枚呈总状排列；侧脉5～11对；芽有柄。
 2. 短枝上的叶一般为倒卵形、长倒卵形，基部常楔形，顶端尖；长枝上的叶为披针形、椭圆形，较少为长倒卵形，基部一般为楔形，叶缘有细锯齿 ……… 日本桤木*Alnus japonica*
 2. 叶几圆形，顶端常钝圆，基部圆形或宽楔形，边缘具波状缺刻 … 辽东桤木*Alnus hirsuta*
1. 果序单生，果序梗长1～2cm，粗壮、直立；雄花序通常单生；叶长卵形或卵状披针形至披针形，有疏锯齿，侧脉13～15对；芽无柄 …………… 旅顺桤木*Alnus sieboldiana*

 1. 辽东桤木 (水冬瓜) *Alnus hirsuta* Turcz. ex Rupr. (分布于临沂、泰安、青岛、烟台、威海等地，也常栽培)(图 208)

 2. 日本桤木 *Alnus japonica* (Thunb.) Steud. (分布于蒙山、塔山、崂山、昆嵛山、艾山、祖徕山；青岛植物园栽培）（图 209)

 3. 旅顺桤木 *Alnus sieboldiana* Mats. (崂山太清宫栽培)

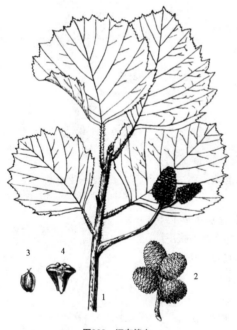

图208　辽东桤木
1.果序枝；2.果序；3.坚果；4.果苞

图209　日本桤木
1.果枝；2.坚果；3-4.果苞

（二）桦木属 *Betula* Linn.

约50～60种。我国32种；山东1种，引入栽培3种。

分种检索表

1. 小枝无树脂腺体。

 2. 树皮灰白色，成层剥裂；叶三角状卵形、三角状菱形，边缘具重锯齿，有时缺刻状；果序长2～5cm，序梗长1～2.5cm；果翅显著，与果体等宽或稍宽 ··· 白桦*Betula platyphylla*

 2. 树皮黑灰色，纵裂或不开裂；叶卵形、宽卵形，稀椭圆形，边缘具不规则齿牙状锯齿；果序长1～2cm，序梗不明显；果翅极狭 ··············· 坚桦*Betula chinensis*

1. 小枝有或疏或密的树脂腺体，叶下面有细小腺点。

 3. 树皮黑褐色，龟裂；叶通常为长卵形，间有宽卵形、卵形、菱状卵形或椭圆形，边缘具不规则的锐尖重锯齿 ·············· 黑桦*Betula dahurica*

 3. 树皮灰褐、黄褐色至红褐色、乳白色，平滑，不规则片状剥落；叶片菱状卵形，叶缘具粗重锯齿 ································ 河桦*Betula nigra*

 1. 坚桦 (杵榆) *Betula chinensis* Maxim. (分布于蒙山、泰山、崂山、徂徕山、鲁山、济南南部等地)(图 210)

 2. 黑桦 *Betula dahurica* Pall. (泰安徂徕山、临沂蒙山、日照五莲山栽培)(图 211)

 3. 河桦 *Betula nigra* Linn. (青岛引种栽培)

 4. 白桦 *Betula platyphylla* Suk. (泰山、蒙山、昆嵛山、崂山及临沂、济南、德州、青岛栽培，低海拔地区常生长不良)(图 212)

图210 坚桦
1.果枝；2.坚果；3.果苞

图211 黑桦
1.果枝；2.坚果；3.果苞

图212 白桦
1.花枝；2.果枝；3.果苞；4.坚果

（三）鹅耳枥属 *Carpinus* Linn.

约 50 种。我国 33 种；山东 4 种 1 变种。

分种检索表

1. 果苞的两侧不对称，中脉偏向于内缘一侧；小坚果不为果苞基部裂片或耳突所遮盖或仅部分被遮盖；叶片侧脉不及14对。
  2. 叶缘具重锯齿；叶卵形至宽卵形，小枝常被短柔毛。
    3. 小枝被短柔毛，果苞内侧基部具1内折的小裂片 ·········· 鹅耳枥*Carpinus turczaninowii*
    3. 小枝近无毛，果苞内侧基部无裂片 ·········· 蒙山鹅耳枥*Carpinus mengshanensis*
  2. 叶缘具单锯齿；叶卵形至卵状披针形，长2～3.5cm，宽1～3cm，小枝光滑 ·········· ·········· 小叶鹅耳枥*Carpinus stipulata*
1. 果苞的两侧近于对称，中脉位于近中央；小坚果大部分或全部为果苞内侧基部内折的裂片或耳突所遮盖；叶片侧脉15～20对。
  4. 叶背面除沿脉疏被长柔毛外，其余无毛 ·········· 千金榆*Carpinus cordata*
  4. 叶背面密被短柔毛，幼枝及叶柄均密被绒毛 ·········· 毛叶千金榆*Carpinus cordata* var. *mollis*

    1. 千金榆 *Carpinus cordata* Blume (分布于山东半岛)(图 213)

    1a. 毛叶千金榆 *Carpinus cordata* Blume var. *mollis* (Rehd.) W. C. Cheng ex Chen (分布于潍坊仰天山)

    2. 蒙山鹅耳枥 *Carpinus mengshanensis* S. B. Liang & F. Z. Zhao (分布于蒙山)(图 214)

    3. 小叶鹅耳枥 *Carpinus stipulata* H. Winkler (分布于蒙山、塔山)

    4. 鹅耳枥 *Carpinus turczaninowii* Hance (分布于全省各大山区；济南等地栽培)(图 215)

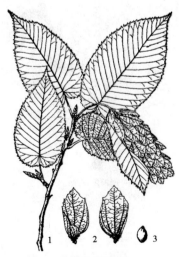

图213　千金榆
1.果枝；2.果苞；3.坚果

图214　蒙山鹅耳枥
1.果枝；2.果苞；3.坚果

图215　鹅耳枥
1.果枝；2.果苞；3.坚果

（四）榛属 *Corylus* Linn.

约20种。我国7种，引入栽培1种；山东2种1变种，引入栽培1种。

分种检索表

1. 果苞钟状，与果近等长或稍长于果，但长不超过果的1倍。
  2. 叶的顶端凹缺或截形、中央具突尖；花药黄色；果苞裂片的边缘全缘，很少有锯齿 ……………………………………………………………………… 榛子*Corylus heterophylla*
  2. 叶的顶端不为凹缺或截形，先端突尖或尾尖。
    3. 叶片先端尾状；叶柄具疏柔毛；果苞先端分裂较浅 ………………………………… 川榛*Corylus heterophylla* var. *sutchuanensis*
    3. 叶片先端突尖，叶柄具柔毛和腺毛；果苞先端深裂 …………欧榛*Corylus avellana*
1. 果苞管状，长于果1～3倍，果苞外面密被黄色刚毛，叶缘具粗锯齿，中部以上浅裂……………………………………………………………………… 毛榛*Corylus mandshurica*

1. 欧榛 *Corylus avellana* Linn. (山东农业大学实验基地有少量栽培)(图 216)

2. 榛子 *Corylus heterophylla* Fisch. (分布于鲁中南和胶东山地丘陵；泰安、潍坊、青岛等地栽培)(图 217)

2a. 川榛 *Corylus heterophylla* Fisch. var. *sutchuanensis* Franch. (分布于山东半岛和淄博鲁山)

3. 毛榛 *Corylus mandshurica* Maxim. & Rupr. (分布于崂山、昆嵛山)(图 218)

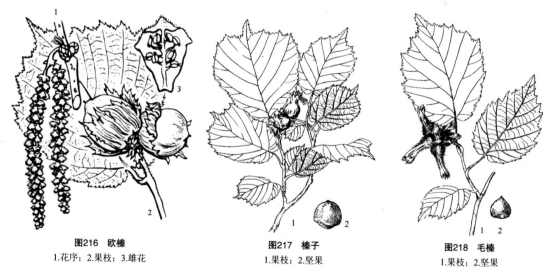

图216 欧榛
1.花序；2.果枝；3.雄花

图217 榛子
1.果枝；2.坚果

图218 毛榛
1.果枝；2.坚果

二十二、蓁科Polygonaceae

50属约1120种，多为草本。我国13属238种；山东木本植物1属1种。

图219 木藤蓼
1.果枝；2.花；3.果实

（一）首乌属 *Fallopia* Adanson

约 9 种。我国 5 种；山东引入栽培 1 种。

1. 木藤蓼 *Fallopia aubertii* (L. Henry) Holub（济南千佛山有栽培）（图 219）

二十三、芍药科 Paeoniaceae

1 属约 30 种。我国约 15 种，其中木本的牡丹类 8 种；山东木本植物 1 属 3 种。

（一）芍药属 *Paeonia* Linn.

约 30 种。我国约 15 种；山东引入栽培木本植物 3 种。

分种检索表

1. 羽状复叶，小叶多于9枚。

  2. 二回羽状复叶，小叶多至15枚，卵状披针形至卵形，通常全缘 ········ 凤丹*Paeonia ostii*

  2. 三回羽状复叶，偶二回，小叶（17）19～33枚，披针形或卵状披针形而全缘，或卵形或卵圆形而分裂 ·············紫斑牡丹*Paeonia rockii*

1. 二回三出复叶，小叶通常约9枚，或顶部为三出复叶；顶生小叶宽卵形，3裂至中部，裂片不裂或2～3浅裂 ·············牡丹*Paeonia suffruticosa*

1. 凤丹（杨山牡丹）*Paeonia ostii* T. Hong & J. X. Zhang（菏泽、青岛、泰安、枣庄等地栽培）（图 220）

2. 紫斑牡丹 *Paeonia rockii* (S. G. Haw & Lauener) T. Hong & J. J. Li（菏泽等地栽培）（图 221）

3. 牡丹 *Paeonia suffruticosa* Andr.（全省各地普遍栽培）（图 222）

图220 凤丹
1.花枝；2.花瓣；3.萼片；4.苞片；
5.花枝羽状复叶；6.二回羽状复叶

图221 紫斑牡丹
1.花枝；2.雄蕊；3.雌蕊

图222 牡丹
1.植株下部及根系；2.植株上部的花枝；3.雄蕊

二十四、山茶科Theaceae

约 19 属 600 种。我国 12 属约 274 种；山东 2 属 4 种。

分属检索表

1. 果实浆果状、不开裂；花径2cm以下；叶常簇生于枝端，侧脉不明显 … **厚皮香属***Ternstroemia*

1. 果实为蒴果、开裂；花径3cm以上；叶不簇生 ………………………………… 山茶属*Camellia*

（一）山茶属 *Camellia* Linn.

约 120 种。我国约有 97 种；山东 1 种，引入栽培 2 种。

分种检索表

1. 嫩枝、叶片、叶柄和芽鳞无毛（或茶的嫩叶有柔毛）。

  2. 叶厚革质，卵形、倒卵形或椭圆形，长5～12cm，侧脉在叶片上面不太明显；花期春季

  …………………………………………………………………… 山茶*Camellia japonica*

  2. 叶薄革质，椭圆状披针形或长椭圆形，长3～10cm；侧脉在上面显著且下凹；花期秋冬季

  ………………………………………………………………………… 茶*Camellia sinensis*

1. 嫩枝、叶柄和芽鳞被毛；叶椭圆形、长圆形或倒卵形，常有粗毛；花期秋冬季至早春……

  …………………………………………………………………… 油茶*Camellia oleifera*

    1. 山茶（耐冬）*Camellia japonica* Linn.（分布于青岛长门岩、大管岛；青岛、威海等地露地栽培）(图 223)

    2. 油茶 *Camellia oleifera* Abel.（青岛、威海栽培）(图 224)

    3. 茶 *Camellia sinensis* (Linn.) O. Ktze.（临沂、日照、枣庄、泰安、青岛、济南等地栽培）(图 225)

图223　山茶
1.花枝；2.果实

图224　油茶
1-2.花枝；3.果实；4.花柱

图225　茶
1.花枝；2.果实；3.种子；4.花瓣和雄蕊；5.花纵切面；6.子房横切面

图226　厚皮香
1.果枝；2.花；3.花瓣；4.果实

（二）厚皮香属 *Ternstroemia* Linn.

约 90 种。我国 13 种；山东引入栽培 1 种。

1. 厚皮香 *Ternstroemia gymnanthera* (Wight & Arn.) Spragus（青岛植物园栽培）（图226)

二十五、猕猴桃科Actinidiaceae

3 属 357 余种。我国 3 属 66 种；山东 1 属 4 种。

（一）猕猴桃属 *Actinidia* Lindl.

约 55 种。我国 52 种；山东 3 种，引入栽培 1 种。

分种检索表

1. 果实无斑点，顶端有喙或无喙；子房圆柱状或瓶状。
　2. 枝条的髓片层状，白色或褐色；果实成熟时花萼脱落。
　　3. 枝条的髓白色至褐色，叶片无白斑；花乳白或淡绿色，花药黑紫色，子房瓶状，果实顶端有喙 ⋯⋯⋯⋯⋯⋯⋯⋯⋯⋯⋯⋯⋯⋯⋯⋯ 软枣猕猴桃*Actinidia arguta*
　　3. 枝条的髓茶褐色，叶片有白斑；花白色或粉红色，花药黄色，子房圆柱状，果实顶端无喙 ⋯⋯⋯⋯⋯⋯⋯⋯⋯⋯⋯⋯⋯⋯⋯⋯狗枣猕猴桃*Actinidia kolomikta*
　2. 枝条的髓实心，白色；叶片间有白斑；花药黄色；果顶端有喙，基部有宿存萼片 ⋯⋯⋯⋯⋯⋯⋯⋯⋯⋯⋯⋯⋯⋯⋯⋯⋯⋯⋯⋯⋯葛枣猕猴桃*Actinidia polygama*
1. 果实有斑点，顶端无喙；叶片圆形、卵圆形或倒卵形，下面密生绒毛⋯⋯⋯⋯⋯⋯⋯⋯⋯⋯⋯⋯⋯⋯⋯⋯⋯⋯⋯⋯⋯⋯中华猕猴桃*Actinidia chinensis*

1. 软枣猕猴桃 *Actinidia arguta* (Sieb. & Zucc.) Planch. ex Miquel（分布于泰山、徂徕山、昆嵛山、崂山、济南梯子山；济南、日照等地栽培）（图227）

2. 中华猕猴桃 *Actinidia chinensis* Planch.（鲁中南和山东半岛零星栽培）（图228）

图227　软枣猕猴桃
1.花枝；2.果枝；3.花；4.果实

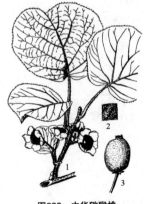

图228　中华猕猴桃
1.花枝；2.叶片背面放大；3.果实

3. 狗枣猕猴桃（深山木天蓼）*Actinidia kolomikta* (Maxim. & Rupr.) Maxim.（分布于烟台、青岛、威海）（图229）

4. 葛枣猕猴桃（木天蓼）*Actinidia polygama* (Sieb. & Zucc.) Maxim.（分布于泰安、青岛、烟台、潍坊、威海等地）（图230）

图229 狗枣猕猴桃
1.果枝；2.叶片

图230 葛枣猕猴桃
1.果枝；2.花；3.花朵底面观，示花萼

二十六、藤黄科Clusiaceae

40 属 1200 种。我国 8 属 94 种，并引入栽培多种；山东 1 属 2 种。

（一）金丝桃属 *Hypericum* Linn.

约 460 种。我国 64 种；山东引入栽培 2 种。

分种检索表

1. 雄蕊与花瓣几等长；小枝无纵棱线；叶椭圆形或长椭圆形……金丝桃*Hypericum monogynum*

1. 雄蕊长约为花瓣的2/5～1/2；小枝有纵棱线；叶卵形至卵状长圆形 … 金丝梅*Hypericum patulum*

1. 金丝桃 *Hypericum monogynum* Linn.（全省各地栽培）（图231）

2. 金丝梅 *Hypericum patulum* Thunb.（济南栽培）（图232）

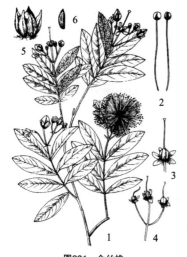
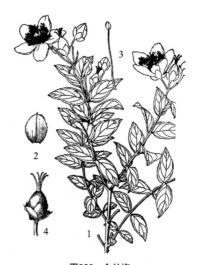

图231 金丝桃
1.花枝；2.雄蕊；3.雌蕊；4.幼果；5.开裂的果实；6.种子

图232 金丝梅
1.花枝；2.萼片；3.雄蕊；4.果实

图233 杜英
1.果枝；2.花枝；3.雄蕊；4.花瓣；5.雌蕊

二十七、杜英科Elaeocarpaceae

12属约550种。我国2属53种，引入1属1种；山东1属1种。

（一）杜英属 *Elaeocarpus* Linn.

约360种。我国39种；山东引入栽培1种，生长不良。

1.杜英 *Elaeocarpus decipiens* Hemsl. (青岛、枣庄、泰安等地有少量栽培)(图233)

二十八、椴树科Tiliaceae

约52属500种。我国11属70种；山东2属8种2变种。

分属检索表

1. 花瓣内侧基部无腺体；无雌雄蕊柄，坚果和核果；花序梗与舌状或带状苞片连生··· **椴树属** *Tilia*

1. 花瓣内侧基部有腺体；有雌雄蕊柄，核果；花序无舌状或带状苞片············· **扁担杆属** *Grewia*

图234 小花扁担杆
1.花枝；2.星状毛；3.花纵切；4.雄蕊；
5.花瓣；6.子房横切；7.果序

（一）扁担杆属 *Grewia* Linn.

约90种。我国约27种；山东1变种。

1. 小花扁担杆 (孩儿拳头、扁担木) *Grewia biloba* G. Don var. *parviflora* (Bunge) Handel-Mazzetti (广布于全省各山区；青岛、济南、泰安等地栽培)(图234)

（二）椴树属 *Tilia* Linn.

约23～40种。我国19种，另引入栽培2种；山东5种，引入栽培3种1变种。

分种检索表

1. 聚伞花序的舌状大苞片有明显的柄，有时近无但叶下面密生星状毛。

  2. 花有退化雄蕊，常呈花瓣状而较短小。

    3. 叶片下面无毛，或仅沿脉或脉腋有毛，花序舌状大苞片具显著的柄。

      4. 叶缘锯齿的芒尖短，不及2mm。

        5. 叶片较大，长5～10cm，宽4～9cm，不分裂，极稀3裂，侧脉6～7对，边缘锯齿较整齐；果实常无5棱。

    6. 聚伞花序有花6～16朵或稍多，花无小苞片 ················· 华东椴 Tilia japonica

    6. 聚伞花序有花多达 20～40 朵或更多，花具不脱落小苞片 ·················

            ················· 胶东椴 Tilia jiaodongensis

   5. 叶片较小，长4～6cm，宽3.5～5.5cm，常3裂，侧脉4～5对，叶缘锯齿不整齐、
大小不一；果实常有5棱 ················· 蒙古椴 Tilia mongolica

  4. 叶缘锯齿的芒尖长达3～7mm；花序有花30～100朵以上；果实灰绿色，5棱 ······

          ················· 糯米椴 Tilia henryana var. subglabra

  3. 叶下面密被灰色至灰黄色星状毛，花序舌状大苞片有短柄或近无柄。

    7. 果实有5条稍明显的棱脊；叶缘锯齿芒状尖头长1～2mm ······· 糠椴 Tilia mandshurica

    7. 果实无棱脊，有小疣状突起；叶缘锯齿芒状尖头较短 ········ 南京椴 Tilia miqueliana

2. 花无退化雄蕊。

  8. 叶较大，长6～9cm，上面沿脉密生白色毛，下面无毛或脉腋及脉上有簇生毛，但星状
毛极少；果实径达1cm，明显5棱 ················· 欧椴 Tilia platyphyllos

  8. 叶较小，长4.5～6cm，宽4～5.5cm，上面无毛，下面脉腋内有毛丛；果实径约长5～
8mm，棱常不明显 ················· 紫椴 Tilia amurensis

1. 聚伞花序的舌状大苞片无柄或近无柄，花序有花可多达50朵以上；叶片下面无毛，或仅沿
脉或脉腋有毛 ················· 泰山椴 Tilia taishanensis

    1. 紫椴 Tilia amurensis Rupr. (分布于青岛、烟台、威海、泰安、淄博、莱芜、
潍坊等地)(图 235)

    2. 糯米椴 Tilia henryana Szyszyl. var. subglabra V. Engl. (泰安栽培)(图 236)

    3. 华东椴 Tilia japonica Simonk (分布于临沂、泰安、青岛、烟台等地)(图 237)

图235 紫椴
1.花枝；2.果枝；3.花；4.叶片下面脉
腋，示簇生毛；5.星状毛

图236 糯米椴
1.果枝；2.花；3.一个退化雄蕊和5五个雄
蕊形成束；4.果实

图237 华东椴
1.果枝；2.花枝；3.花；4.雄蕊和花瓣；
5.毛

4. 胶东椴 *Tilia jiaodongensis* S. B. Liang（分布于昆嵛山）（图238）

5. 糠椴（辽椴）*Tilia mandshurica* Rupr. & Maxim.（分布于鲁中南和胶东山地丘陵；济南、泰安、潍坊等地栽培）（图239）

6. 南京椴 *Tilia miqueliana* Maxim.（青岛、泰安栽培）（图240）

图238 胶东椴

1.花枝；2.花序部分放大，示小苞片；3.花萼；4.花瓣；5.退化雄蕊；6.雌蕊；7.果实

图239 糠椴

1.果枝；2.星状毛

图240 南京椴

1.花枝；2.星状毛；3.花；4.雌蕊；5.果实

7. 蒙古椴（蒙椴）*Tilia mongolica* Maxim.（泰安、青岛等地栽培）（图241）

8. 欧椴（大叶椴）*Tilia platyphyllos* Scop.（青岛、济宁、泰安、聊城栽培）（图242）

9. 泰山椴 *Tilia taishanensis* S. B. Liang（分布于泰山）（图243）

图241 蒙椴

图242 欧椴

1.花枝；2.果枝

图243 泰山椴

1.果枝；2.花萼；3.花瓣；4.退化雄蕊；5.雌蕊；6.果实

二十九、梧桐科Sterculiaceae

约 68 属 1100 种。我国 17 属 87 种，另引入栽培至少 6 属 9 种；山东 1 属 1 种。

（一）梧桐属 *Firmiana* Mars.

约 16 种。我国 7 种；山东引入栽培 1 种。

1. 梧桐（青桐）*Firmiana simplex* (Linn.) W. F. Wight.（全省各地普遍栽培）(图 244)

图244 梧桐
1.花枝；2.雌花；3.雄花和雄蕊；4.果实

三十、锦葵科Malvaceae

约 100 属 1000 种。我国 15 属 65 种，另引入栽培 4 属 16 种；山东木本植物 1 属 2 种。

（一）木槿属 *Hibiscus* Linn.

约 200 种。我国连引入栽培的共约 25 种；山东引入栽培 2 种。

分种检索表

1. 叶片卵形或菱状卵形，长3～6cm，基部楔形，3浅裂 ················· 木槿 *Hibiscus syriacus*	
1. 叶片广卵形，长7～15cm，基部近心形，5～7裂 ················· 木芙蓉*Hibiscus mutabilis*	

1. 木芙蓉 *Hibiscus mutabilis* Linn.（泰安、济南、青岛、烟台等地栽培）(图 245)

2. 木槿 *Hibiscus syriacus* Linn.（全省各地普遍栽培）(图 246)

【粉紫重瓣木槿 'Amplissimus'，花粉紫色，重瓣（全省各地普遍栽培）；花叶木槿 'Argenteo-variegata'，叶缘有黄白色斑块，乃至全叶黄白色（青岛山东科技大学校园栽培）；白花木槿 'Totus-albus'，花白色，单瓣（全省各地普遍栽培）】

图245 木芙蓉
1.花枝；2.蒴果；3.种子

图246 木槿
1-2.花枝；3.星状毛；4.花纵切

三十一、大风子科 Flacourtiaceae

87 属约 900 种。我国 12 属 39 种；山东 3 属 2 种 1 变种。

分属检索表

1. 果实为浆果；种子无翅。
　2. 叶具掌状叶脉，叶柄有腺体；圆锥花序长而下垂；无刺 ┄┄┄┄┄┄┄┄┄ 山桐子属 *Idesia*
　2. 叶具羽脉叶脉，叶柄无腺体；总状或聚伞状花序较短；有枝刺 ┄┄┄┄ **柞木属** *Xylosma*
1. 果为蒴果，种子周边有翅；叶脉掌状 ┄┄┄┄┄┄┄┄┄┄┄┄ **山拐枣属** *Poliothyrsis*

（一）山桐子属 *Idesia* Maxim.

仅 1 种，产东亚；山东引入栽培 1 变种。

1. 毛叶山桐子 *Idesia polycarpa* Maxim. var. *versicolor* Diels（泰安、青岛、临沂、济南、潍坊、日照等地栽培）(图 247)

（二）山拐枣属 *Poliothyrsis* Oliv.

仅 1 种，特产中国秦岭以南各省区；山东有栽培。

1. 山拐枣 *Poliothyrsis sinensis* Oliv.（泰安、枣庄滕州栽培）(图 248)

（三）柞木属 *Xylosma* G. Forst.

约 100 种。我国 3 种；山东引入栽培 1 种。

1. 柞木 *Xylosma japonicum* Gray（枣庄等地有栽培）(图 249)

图247 毛叶山桐子
1.花枝；2.花；3.花纵切；4.果穗

图248 山拐枣
1.果枝；2.雌花；3.雄花；4.子房横切

图249 柞木
1.果枝；2.雌花；3.雄花；4.果实

三十二、柽柳科Tamaricaceae

3 属约 110 种。我国 3 属 32 种；山东 1 属 2 种。

（一）柽柳属 *Tamarix* Linn.

约 90 种。我国 18 种；山东 1 种，引入栽培 1 种。

分种检索表

1. 总状花序轴质硬而直伸，花梗几无或极短，枝质硬，直立或斜生••• 甘蒙柽柳*Tamarix austromongolica*
1. 总状花序轴和花梗柔软下垂，花梗纤细，长约3～4mm，枝质柔，细长开展而下垂••• 柽柳*Tamarix chinensis*

    1. 甘蒙柽柳 *Tamarix austromongolica* Nakai (东营有栽培) (图 250)

    2. 柽柳 *Tamarix chinensis* Lour. (分布于鲁西北地区；各地常见栽培)(图 251)

三十三、杨柳科Salicaceae

    3 属约 620 种。我国 3 属约 347 种；山东 2 属 30 种 6 变种 6 变型。

分属检索表

1. 顶芽发达，芽鳞多数；花序下垂，苞片不规则缺裂，花盘杯状 •••••••••• 杨属 *Populus*
1. 无顶芽，侧芽芽鳞1；花序直立，苞片全缘，花有腺体1～2，无花盘 ••• 柳属 *Salix*

图250 甘蒙柽柳
1.春花枝一部分；2.夏花枝一部分；3.嫩枝上部，示叶；4.花；5.雄蕊；6.花盘

图251 柽柳
1.花枝；2.小枝一段放大；3-5.花放大(示雄蕊、雌蕊和花盘)

（一）杨属 *Populus* Linn.

约 100 种。我国约 71 种；山东 5 种，引入栽培 8 种 3 变种 2 变型。

分种检索表

1. 叶缘具裂片、缺刻或波状齿，偶为锯齿时则叶柄先端具2大腺点，叶缘无半透明边；苞片边缘具长毛。

  2. 长枝与萌枝叶常为3～5掌状分裂，下面、叶柄与短枝叶下面密被白绒毛。

    3. 叶基部阔楔形或圆形，稀微心形或截形，长枝叶浅裂，裂片不对称，先端钝尖；树皮灰白色；枝条斜展，树冠宽大 •••••••••••••••••• 银白杨*Populus alba*

3. 叶基部截形、长枝叶深裂，侧裂片几对称，先端尖；树皮灰绿色，枝条斜上，树冠圆柱形 ·· 新疆杨*Populus alba* var. *pyramidalis*

2. 长枝与萌枝叶不为3～5掌状分裂，上、下面、叶柄与短枝叶下面无毛或被灰色绒毛。

  4. 叶缘为浅波状齿，或为锯齿而叶柄先端具2腺点。芽常无毛或仅芽鳞边缘或基部具毛。

    5. 叶通常卵形至宽卵形；叶柄先端具2大腺点；短枝上的叶卵圆形，长达9cm，边缘有粗齿或细锯齿 ·············· 响毛杨*Populus pseudotomentosa*

    5. 叶通常近圆形或三角状卵圆形；短枝上的叶长3～7cm，锯齿较密。

      6. 叶缘锯齿常为浅的波状齿，叶近圆形，短枝上的叶柄有时有腺体 ··· 山杨*Populus davidiana*

      6. 叶缘具细密锯齿，叶三角状卵圆形，叶柄顶端有2个杯状腺体 ··· 五莲杨*Populus wulianensis*

  4. 叶缘为缺刻状或深波状齿；芽被毛。

    7. 叶先端渐尖，短枝上的叶常为三角状卵形，较大，长7～11（18）cm，宽6.5～10.5（15）cm。

      8. 侧枝斜展，树冠卵圆形或圆锥形 ··············· 毛白杨*Populus tomentosa*

      8. 侧枝紧抱主干，树冠狭长呈柱状 ········ 抱头毛白杨*Populus tomentosa* f. *fastigiata*

    7. 叶先端尖或钝尖，短枝上的叶常为卵圆形、卵形、卵状椭圆形或近圆形，较小，长3～8cm，宽2～7cm ······················· 河北杨*Populus hopeiensis*

1. 叶缘具锯齿；苞片边缘无长毛。

  9. 叶缘无半透明边；叶下面常为苍白色。

    10. 叶柄圆柱形，叶下面淡黄绿色或苍白色。

      11. 叶最宽处常在中部或中上部，长枝叶与萌枝叶更明显，叶菱状卵形、菱状椭圆形或菱状倒卵形，叶基部楔形；蒴果2瓣裂。

        12. 树冠宽阔，近圆球形 ··············· 小叶杨*Populus simonii*

        12. 树冠狭窄，常呈塔柱状 ··············· 塔形小叶杨*Populus simonii* f. *fastigiata*

      11. 叶最宽处在中下部；短枝叶卵形、椭圆状卵形，长枝或萌枝叶卵状长圆形，基部圆形至近心形；蒴果3～4瓣裂 ··············· 青杨*Populus cathayana*

    10. 叶柄侧扁或先端侧扁；叶菱状三角形、菱状椭圆形或菱状卵圆形，先端渐尖，基部楔形至广楔形，仅上面沿脉有毛 ············· 小钻杨*Populus* × *xiaozhuanica*

  9. 叶缘有半透明的狭边。

    13. 叶柄侧扁。

      14. 短枝叶卵形、菱形、菱状卵形、稀三角形，叶缘无毛（仅北京杨有疏毛）；叶柄先端无腺点。

        15. 小枝淡黄色；长、短枝叶同形或异形，短枝叶菱状卵形，菱状三角形、菱形。

          16. 长短枝叶同形，菱形、菱状卵形或三角形，长5～10cm，宽4～8cm；树冠宽大·············· 黑杨*Populus nigra*

          16. 长、短枝叶异形，长枝叶扁三角形，短枝叶菱状三角形或菱状卵形；树冠圆柱形。

17. 长、短枝的叶均宽大于长，短枝叶基部宽楔形至近圆形；树皮暗灰色，粗糙，多雄株 ·················· **钻天杨***Populus nigra* var. *italica*

17. 长枝的叶长、宽近相等，短枝的叶基部楔形；树皮灰白色，光滑；仅见雌株 ·················· **箭杆杨***Populus nigra* var. *thevestina*

15. 小枝灰绿色或呈红色，长枝叶广卵形或三角状广卵形，短枝叶卵形，长7～9cm ·················· **北京杨***Populus* × *beijingensis*

14. 短枝叶三角形或三角伏卵形，叶缘具毛；叶柄先端常有腺点，稀无腺点·················· **加拿大杨***Populus* × *canadensis*

13. 叶柄圆柱形或近圆柱形，短枝叶菱状椭圆形或菱状卵形，基部楔形或阔楔形，叶柄无毛，叶缘具疏毛 ·················· **小黑杨***Populus* × *xiaohei*

1. 银白杨 *Populus alba* Linn. (全省各地栽培)(图 252)

1a. 新疆杨 *Populus alba* Linn. var. *pyramidalis* Bunge (潍坊、济南、青岛、泰安等地栽培)(图 253)

2. 北京杨 *Populus* × *beijingensis* W. Y. Hsu in C. Wang & S. L. Tung (全省各地零星栽培)(图 254)

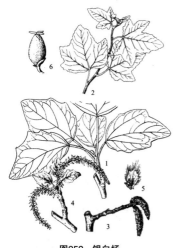

图252 银白杨
1.长枝及叶；2.短枝及叶；3.雄花枝；4.雌花枝；5.雄花及苞片；6.雌花

图253 新疆杨
1.长枝及叶；2.花序；3.雄花及苞片

图254 北京杨
1.枝叶；2.雄花序；3.雄花；4.苞片

3. 加拿大杨 (加杨) *Populus* × *canadensis* Moench. (全省各地普遍栽培)(图 255)

4. 青杨 *Populus cathayana* Rehd. (泰安徂徕山栽培)(图 256)

5. 山杨 *Populus davidiana* Dode (泰安、青岛、淄博、烟台等地分布或栽培)(图 257)

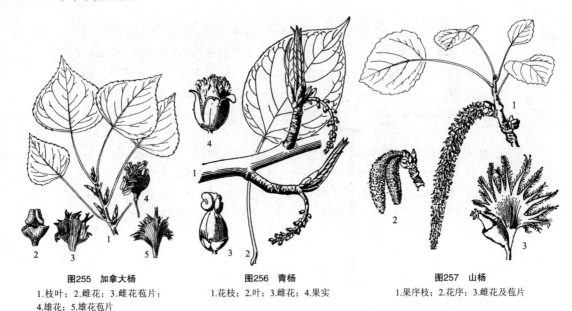

图255　加拿大杨
1.枝叶；2.雌花；3.雌花苞片；
4.雄花；5.雄花苞片

图256　青杨
1.花枝；2.叶；3.雌花；4.果实

图257　山杨
1.果序枝；2.花序；3.雌花及苞片

6. 河北杨 *Populus hopeiensis* Hu & Cholw (泰安、临沂等地栽培)(图 258)

7. 黑杨 *Populus nigra* Linn. (全省各地普遍栽培)(图 259)

7a. 钻天杨 *Populus nigra* Linn. var. *italica* (Moench.) Koehne (青岛、泰安、德州、济南等地栽培)(图 260)

7b. 箭杆杨 *Populus nigra* Linn. var. *thevestina* (Dode) Bean (全省各地栽培) (图 261)

8. 响毛杨 *Populus pseudotomentosa* C. Wang & Tung (分布于威海伟德山、烟台昆嵛山等地；泰安栽培) (图 262)

图258　河北杨
1.长枝及叶；2.雌花及苞片；3.果序

图259　黑杨
1.长枝及叶；2.花枝；3-4.雄花及苞片；
5-6.雌花及苞片

图260　钻天杨
1.长枝及叶；2.花枝；3-4.雄花及苞片；
5-6.雌花及苞片

9. 小叶杨 *Populus simonii* Carr. (全省各地普遍分布及栽培)(图 263)

9a. 塔形小叶杨 *Populus simonii* Carr. f. *fastigiata* Schneid. (临沂、德州、济南、泰安栽培)

10. 毛白杨 *Populus tomentosa* Carr. (分布于全省各大山区；各地普遍栽培)(图 264)

10a. 抱头毛白杨 *Populus tomentosa* Carr. f. *fastigiata* Y. H. Wang (全省各地栽培)

11. 五莲杨 *Populus wulianensis* S. B. Liang & X. W. Li (分布于日照五莲山、烟台昆嵛山)(图 265)

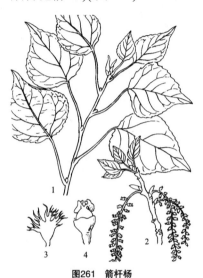

图261 箭杆杨
1.长枝及叶；2.花枝；3.苞片；4.雌花

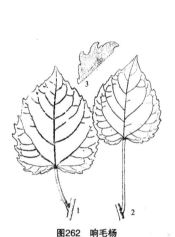

图262 响毛杨
1-2.叶；3.叶缘放大

图263 小叶杨
1.果枝；2.叶；3.果实

图264 毛白杨
1.枝叶；2.雄花序枝；3.雌花序枝；4.雄花及苞片；5.雌花及苞片

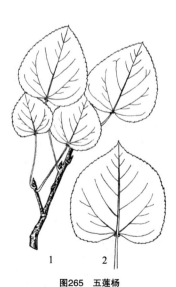

图265 五莲杨
1.枝叶；2.长枝上的叶，示叶片基部的腺体

12. 小黑杨 *Populus* × *xiaohei* T. S. Hwang & Liang (全省各地零星栽培)(图 266)

13. 小钻杨 *Populus* × *xiaozhuanica* W. Y. Hsu & Liang (全省各地普遍栽培) (图 267)

图266　小黑杨
1.长枝及叶；2.花枝；3.雄花；4.苞片

图267　小钻杨
1.果枝；2.花枝；3.雄花及苞片

（二）柳属 *Salix* Linn.

约 520 种。我国 257 种；山东 13 种 2 变种，引入栽培 4 种 4 变型。

分种检索表

1. 雄蕊通常3～5枚；子房有子房柄；叶柄先端通常有2枚腺体；托叶较大，半圆形、肾形或卵状披针形。
 2. 雄蕊通常3枚；苞片长圆形，长约子房柄的一半。
  3. 芽无毛；花丝基部有短柔毛；花序梗基部的小叶有锯齿 ········· 三蕊柳*Salix nipponica*
  3. 芽密生短柔毛；花丝中部以下密生弯曲长；花序梗基部的小叶全缘 ·············
  ·· 蒙山柳*Salix nipponica* var. *mengshanensis*
 2. 雄蕊通常5枚；苞片椭圆状倒卵形，与子房柄等长或稍短；叶片椭圆形、卵圆形至椭圆状披针形 ····································· 河柳*Salix chaenomeloides*
1. 雄蕊通常2枚，或花丝合生为1。
 4. 雄蕊的花丝分离。
  5. 雄花具2腺体，雌花具1～2腺体；雌花苞片多为长圆形，长约子房柄的一半或稍长。
   6. 雌花具有背、腹腺体；枝条一般不下垂，偶下垂。
    7. 花药黄色；子房无毛；叶片背面沿中脉近无毛。
     8. 小枝直立或斜生，不扭曲。
      9. 树冠广圆形、卵圆形或幼时卵形··················旱柳*Salix matsudana*

9. 树冠半圆形，馒头状 ·············· 馒头柳*Salix matsudana* f. *umbraculifera*

8. 小枝扭曲或下垂。

10. 小枝扭曲 ··············· 龙爪柳*Salix matsudana* f. *tortuosa*

10. 小枝下垂，不扭曲 ··············· 绦柳*Salix matsudana* f. *pendula*

7. 花药红色；子房有毛；叶片背面沿中脉有短柔毛。

11. 苞片卵状长圆形或卵形；花柱较长，超过子房长度的一半；叶片基部楔形至近圆形；幼叶不为红色 ··············· 朝鲜柳*Salix koreensis*

11. 苞片宽卵形；花柱较短，约为子房长的1/3～1/2；叶片基部楔形；幼叶红色，下面有绢质柔毛 ·············· 山东柳*Salix koreensis* var. *shandongensis*

6. 雌花仅具1枚腹腺；枝条柔垂。

12. 小枝淡褐黄色、淡褐色或带紫色；叶片两面无毛或微有毛。

13. 小枝下垂，不扭曲 ··············· 垂柳*Salix babylonica*

13. 小枝扭曲下垂 ··············· 曲枝垂柳*Salix babylonica* f. *tortuosa*

12. 小枝黄色；叶片背面显著被白色柔毛 ·············· 金丝垂柳*Salix* 'Tristis'

5. 雄花、雌花均仅具1腺体（腹腺）；子房有毛。

14. 子房无柄或极短而不明显；花丝无毛，花药黄色；叶卵状阔披针形至线状披针形，稀倒卵状披针形。

15. 叶片阔披针形或倒披针形、长椭圆状披针形、倒卵状披针形，长5～20cm，宽2～3.5cm，最宽处一般在中部以上 ·············· 毛枝柳*Salix dasyclados*

15. 叶片线状披针形，长15～20cm，宽0.5～1.5（2）cm，最宽处在中部以下 ·············· ·············· 蒿柳*Salix schwerinii*

14. 子房柄明显；花丝有毛；叶卵形、椭圆形或椭圆状披针形。

16. 花药红色；苞片黄绿色；叶卵形，基部微心形至圆形 ··· 泰山柳*Salix taishanensis*

16. 花药黄色；苞片深褐色或黑色；叶椭圆形、椭圆状披针形，基部楔形至圆楔形 ·············· 中国黄花柳*Salix sinica*

4. 雄蕊的花丝合生。

17. 叶片互生。

18. 叶片披针形、倒披针形、线状披针形、阔披针形，长大于宽的4倍；枝条较为细柔。

19. 花药黄色；小枝及叶光滑无毛，或仅幼时有疏毛、不久脱落。

20. 小枝黄褐色，无毛；叶柄长8～12mm，无毛；苞片先端黑色，花柱短 ·············· ·············· 筐柳*Salix linearistipularis*

20. 小枝黄绿色或淡紫红色，幼时有疏毛，后仅芽附近有毛；叶柄长约5mm，上面常有短绒毛；花序较细，苞片褐色，花柱较长 ······ 簸箕柳*Salix suchowensis*

19. 花药紫红色；小枝及幼叶密被绒毛。

21. 芽密生绒毛；成熟叶背面被绒毛或仅中脉有绒毛；苞片倒卵形或近圆形；子房长于花柱。

22. 叶片倒披针形或条状披针形，成熟叶背面密被绒毛或部分脱落；叶质薄；托叶短于叶柄或近等长；柱头2～4裂；花丝基部具短柔毛 ·············· ·············· 鲁中柳*Salix luzhongensis*

22. 叶片倒披针形或披针形，成熟叶背面仅中脉被毛；叶质较厚；托叶长于叶柄；柱头全缘或2裂；花丝无毛或基部有疏毛 ………… 黄龙柳*Salix liouana*

21. 芽及成熟叶背面无毛；苞片卵形；花柱与子房近等长；柱头2～4裂 ………
………………………………………小叶山毛柳*Salix pseudopermollis*

18. 叶卵状椭圆形至长椭圆形，长6～8cm，不及宽的3倍；叶下面密被白色绢毛；雄花序椭圆状圆锥形，盛开时花序被银白色绢毛 …………银芽柳*Salix × leucopithecia*

17. 叶对生或近对生，萌生枝上有时3叶轮生 …………………… 杞柳*Salix integra*

1. 垂柳 *Salix babylonica* Linn. (全省各地普遍栽培)(图 268)

1a. 曲枝垂柳 *Salix babylonica* Linn. f. *tortuosa* Y. L. Chou (泰安、济南等地栽培)

2. 河柳 (腺柳) *Salix chaenomeloides* Kimura (分布于全省各大山区和部分平原河滩地；青岛等地栽培)(图 269)

3. 毛枝柳 *Salix dasyclados* Wimmer. (据《中国植物志》记载，山东有分布。)(图 270)

图268 垂柳
1.枝叶；2.雄花枝；3.雌花枝；4.叶片；5.雄花及苞片；6.雌花及苞片

图269 河柳
1.枝叶；2.雌花；3.雄花

图270 毛枝柳
1.果枝；2.叶片；3.雌花及苞片

4. 杞柳 *Salix integra* Thunb. (分布于胶东山地丘陵)(图 271)

【花叶杞柳 'Hakuro-nishiki'，新叶乳白至粉红色 (全省各地普遍栽培) 】

5. 朝鲜柳 *Salix koreensis* Anderss. (分布于山东半岛，主产于崂山、昆嵛山及威海乳山)(图 272)

5a. 山东柳 *Salix koreensis* Anderss. var. *shandongensis* C. F. Fang (分布于昆嵛山；青岛栽培)

6. 银芽柳 Salix × leucopithecia Kimura (全省各地栽培)

7. 筐柳 Salix linearistipularis (Franch.) Hao (分布于徂徕山)(图 273)

8. 黄龙柳 Salix liouana C. Wang & C. Y. Yang (分布于蒙山、鲁山、徂徕山、五莲山)(图 274)

图271 杞柳
1.枝叶；2.雌花及苞片

图272 朝鲜柳
1.枝叶；2.雌花序枝；3.雄花及
苞片；4.雌花及苞片

图273 筐柳
1.雌花枝；2.雌花

图274 黄龙柳
1.花枝；2.叶及托叶；3.叶片下面
中脉放大；4.雌花

9. 鲁中柳 Salix luzhongensis (分布于蒙山、沂山、鲁山)(图 275)

10. 旱柳 Salix matsudana Koidz. (全省各地普遍分布和栽培)(图 276)

10a. 绦柳 Salix matsudana Koidz. f. pendula Schneid. (全省各地普遍栽培)

10b. 馒头柳 Salix matsudana Koidz. f. umbraculifera Rehd. (全省各地普遍栽培)

10c. 龙爪柳 Salix matsudana Koidz. f. tortuosa (Vilm.) Rehd. (全省各地普遍栽培)(图 277)

11. 三蕊柳 Salix nipponica Franch. & Savatier (分布于山东半岛)(图 278)

图275 鲁中柳
1.叶及托叶；2.雄花序；
3.雌花序；4.叶片；5.叶片
局部放大；6.雄花及苞片；
7.雄花；8.雌花及苞片

图276 旱柳
1.叶片；2.雄花枝；3.雌花枝；
4.雄花及苞片；5.雌花及苞
片；6.果实

图277 龙爪柳
1.枝叶；2.雌花枝

图278 三蕊柳
1.枝叶；2.雄花枝；3.雌花枝；
4.雄花及苞片；5.雌花及苞片

11a. 蒙山柳 *Salix nipponica* Franch. & Savatier var. *mengshanensis* (S. B. Liang) G. Zhu (分布于蒙山)(图 279)

12. 小叶山毛柳 *Salix pseudopermollis* C. Y. Yu & C. Y. Yang (分布于蒙山、泰山、徂徕山、鲁山)

13. 中国黄花柳 *Salix sinica* (Hao) C. Wang & C. F. Fang (分布于泰山)(图 280)

图279 蒙山柳
1.雄花枝；2.雌花序；3.叶及托叶；4.叶片；5.雄花及苞片；6.雄蕊；7.雌花及苞片

图280 中国黄花柳
1.雌花序枝；2.雄花序枝；3.果枝；4.雄花及苞片；5.雌花及苞片

14. 簸箕柳 *Salix suchowensis* W. C. Cheng (分布于鲁西南等地，全省各地栽培)(图 281)

15. 泰山柳 *Salix taishanensis* C. Wang & C. F. Fang (分布于泰山)(图 282)

16. 蒿柳 *Salix schwerinii* E. L. Wolf (分布于青岛大泽山)(图 283)

17. 金丝垂柳 *Salix* 'Tristis' (全省各地普遍栽培)

图281 簸箕柳
1.枝叶；2.花序枝；3.雌花及苞片

图282 泰山柳
1.花序枝；2.雌花及苞片

图283 蒿柳
1.枝叶；2.雄花枝；3.雌花枝；4.雄花及苞片；5.雌花及苞片；6.小枝一段

三十四、杜鹃花科Ericaceae

约125属4000余种。我国22属约826种；山东2属9种1变型。

分属检索表

1. 子房上位，蒴果，室间开裂；花大，花冠钟形、漏斗状或管状，裂片稍两侧对称⋯⋯⋯⋯⋯⋯⋯⋯⋯⋯⋯⋯⋯⋯⋯⋯⋯⋯⋯⋯ **杜鹃花属**Rhododendron

1. 子房下位，浆果；花冠坛状，辐射对称⋯⋯⋯⋯⋯⋯⋯⋯⋯⋯⋯ **越橘属**Vaccinium

（一）杜鹃花属 Rhododendron Linn.

约1000种。我国约571种；山东3种1变型，引入栽培4种。

分种检索表

1. 枝叶多少有圆形白色腺鳞，尤其是幼嫩部分为密。
    2. 常绿或半常绿，叶厚革质，倒披针形，长2.5～4.5cm，边缘略反卷；总状花序，花冠乳白色 ⋯⋯⋯⋯⋯⋯⋯⋯⋯⋯⋯⋯⋯⋯⋯ **照山白**Rhododendron micranthum
    2. 落叶灌木，叶质较薄，长椭圆状披针形，长3～8cm；花2～5朵簇生枝顶，花冠淡红紫色 ⋯⋯⋯⋯⋯⋯⋯⋯⋯⋯⋯⋯⋯ **迎红杜鹃**Rhododendron mucronulatum
1. 枝叶无腺鳞。
    3. 植物体被糙状毛或柔毛，无腺毛。
        4. 叶片较小，有睫毛，长1～3cm，常集生枝顶；雄蕊5枚。
            5. 花冠长1.5～2.5cm，花柱长2～3cm，雄蕊约与花冠等长；春叶椭圆形，秋叶椭圆状披针形，先端钝尖或圆形 ⋯⋯⋯⋯⋯⋯ **石岩杜鹃**Rhododendron obtusum
            5. 花冠长约3～4cm，花柱长4～5cm，雄蕊比花冠短；叶狭披针形或倒披针形，先端尖 ⋯⋯⋯⋯⋯⋯⋯⋯⋯⋯⋯⋯⋯⋯⋯ **皋月杜鹃**Rhododendron indicum
        4. 叶片较大，长2～7cm，宽0.5～3cm；雄蕊10枚。
            6. 落叶灌木，分枝多而细直；叶卵状椭圆形或椭圆状披针形，有细齿 ⋯⋯⋯⋯⋯⋯⋯⋯⋯⋯⋯⋯⋯⋯⋯⋯⋯⋯⋯⋯⋯⋯ **映山红**Rhododendron simsii
            6. 常绿灌木，叶椭圆状矩圆形、椭圆状披针形或矩圆状披针形，全缘 ⋯⋯⋯⋯⋯⋯⋯⋯⋯⋯⋯⋯⋯⋯⋯⋯⋯⋯⋯ **锦绣杜鹃**Rhododendron pulchrum
    3. 幼枝及叶两面、叶柄被灰色柔毛及黏质腺毛；叶披针形或卵状披针形，长2～6cm；花白色或淡红色 ⋯⋯⋯⋯⋯⋯⋯⋯⋯⋯ **毛白杜鹃**Rhododendron mucronatum

　　1. 皋月杜鹃（山踯躅）Rhododendron indicum (Linn.) Sweet.（青岛等地栽培）（图284）

　　2. 照山白 Rhododendron micranthum Turcz.（分布于鲁中南和胶东山地）（图285）

图284 皋月杜鹃
1.花枝；2.叶片；3.雄蕊；4.雌蕊

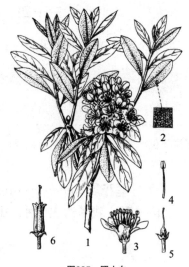

图285 照山白
1.花枝；2.叶片下面放大，示腺鳞；3.花；
4.雄蕊；5.雌蕊；6.果实

3. 毛白杜鹃 *Rhododendron mucronatum* (Blume) G. Don. (青岛等地栽培)(图 286)

4. 迎红杜鹃 (尖叶杜鹃、蓝荆子) *Rhododendron mucronulatum* Turcz. (分布于鲁中南和胶东山地丘陵)(图 287)

图286 毛白杜鹃
1.花枝；2.花纵切；3.雄蕊；4.雌蕊

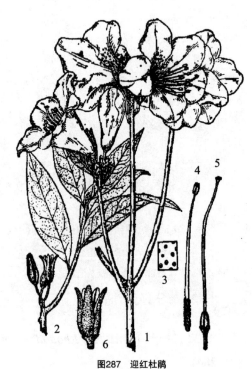

图287 迎红杜鹃
1.花枝；2.果枝；3.叶局部放大，示腺鳞；4.雄蕊；
5.雌蕊；6.果实

4a. 缘毛迎红杜鹃 *Rhododendron mucronulatum* Turcz. var. *ciliatum* Nakai（分布于崂山）

5. 石岩杜鹃（朱砂杜鹃、钝叶杜鹃）*Rhododendron obtusum* (Lindl.) Planch.（青岛、威海等露地栽培，各地温室栽培）

6. 锦绣杜鹃 *Rhododendron pulchrum* Sweet.（临沂、青岛、济南等地栽培）

7. 映山红（杜鹃花）*Rhododendron simsii* Planch.（分布于小珠山、大珠山、五莲山、九仙山）(图288)

（二）越橘属 *Vaccinium* Linn.

约450余种。我国92种；山东1种，引入栽培1种。

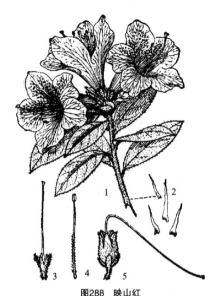

图288 映山红
1.花枝；2.糙毛；3.花萼及雌蕊；4.雄蕊；5.果实

分种检索表

1. 叶缘有细齿，齿端有具腺细刚毛，花萼被腺毛，花冠长3～5mm ·················· 腺齿越橘*Vaccinium oldhamii*
1. 叶全缘或有锯齿，但非腺齿；花萼绿色，光滑无毛，花冠长5～12mm ·················· 蓝莓*Vaccinium corymbosum*

1. 蓝莓 *Vaccinium corymbosum* Linn.（青岛、威海、烟台、日照、泰安等地栽培）(图289)

2. 腺齿越橘 *Vaccinium oldhamii* Miquel（分布于崂山、昆嵛山）(图290)

图289 蓝莓
1.花枝；2.花朵；3.果实

图290 腺齿越橘
1.花枝；2.叶缘放大，示腺齿；3.花；4.花冠展开，示雄蕊；5.雄蕊

三十五、柿树科Ebenaceae

3 属 500 余种。我国 1 属约 60 种；山东 1 属 3 种 1 变种。

（一）柿属 *Diospyros* Linn.

约 400～500 种。我国 60 种；山东 2 种 1 变种，引入栽培 1 种。

分种检索表

1. 乔木，无刺。
  2. 果实成熟时红色至黄色，不为蓝黑色；冬芽顶端钝；叶宽椭圆形至卵状椭圆形。
    3. 小枝及叶柄初有毛，变无毛或近无毛；花、果较大 ················· 柿树*Diospyros kaki*
    3. 小枝及叶柄常密被黄褐色柔毛，叶较小，下面毛较多，花、果亦较小 ·········
    ·· 野柿*Diospyros kaki* var. *sylvesris*
  2. 果实成熟时蓝黑色，被白色蜡粉；冬芽顶端尖，叶长椭圆形，下面被灰色柔毛 ·········
  ·· 君迁子*Diospyros lotus*
1. 灌木，有枝刺；叶菱状倒卵形至卵状菱形，长4～4.5cm，宽2～3cm，基部楔形；果卵球形
·· 老鸦柿*Diospyros rhombifolia*

   1. 柿树 *Diospyros kaki* Thunb. (分布于全省各山地丘陵；各地普遍栽培)(图 291)

   1a. 野柿 (山柿) *Diospyros kaki* Thunb. var. *sylvesris* Makino (分布于崂山、蒙山、昆嵛山；济南栽培)

   2. 君迁子 (软枣) *Diospyros lotus* Linn. (广布于全省各山地丘陵；各地普遍栽培)(图 292)

   3. 老鸦柿 *Diospyros rhombifolia* Hemsl. (泰安、青岛、潍坊等地栽培)(图 293)

图291 柿树
1.花枝；2.雄花；3.雄蕊；4.花冠展开，示雄蕊；5.雌花；6.雌花去花冠，示雌蕊；7.果实

图292 君迁子
1.花枝；2.雄花；3.雄花花冠展开；4.雌花；5.雌花花冠展开；6.果实

图293 老鸦柿
1.果枝；2.雄花；3.雌花

三十六、野茉莉科Styracaceae

约11属180种。我国10属54种；山东3属5种1变种。

分属检索表

1. 果实的一部分或大部分与宿存花萼合生；子房下位或半下位；雄蕊的花丝下部合生。
  2. 伞房状圆锥花序；花梗极短；果皮较薄，脆壳质 ·············白辛树属 *Pterostyrax*
  2. 总状聚伞花序，开展；花梗长；果皮厚，木质 ·········秤锤树属 *Sinojackia*
1. 果实与宿存花萼分离或仅基部稍合生；子房上位；花丝仅基部连合，稀离生······野茉莉属*Styrax*

（一）白辛树属 *Pterostyrax* Sieb. & Zucc.

约 4 种。我国 2 种；山东引入栽培 1 种。

  1. 小叶白辛树 *Pterostyrax corymbosus* Sieb. & Zucc. (青岛午山栽培)(图 294)

（二）秤锤树属 *Sinojackia* Hu

共 5 种，为我国特产；山东引入栽培 1 种。

  1. 秤锤树 *Sinojackia xylocarpa* Hu (青岛、潍坊、东营栽培)(图 295)

（三）野茉莉属 (安息香属) *Styrax* Linn.

约 130 种。我国 31 种；山东 3 种 1 变种。

图294 小叶白辛树
1.花枝；2.花纵切；3.果实

分种检索表

1. 叶同型，互生，椭圆形、长椭圆形或倒卵状椭圆形。
  2. 总状花序有花5～8朵，花大，长2～3cm，花冠裂片长1.6～2.5cm；花梗纤细，长于花。
    3. 花萼、花梗近无毛 ·····野茉莉*Styrax japonica*
    3. 花萼、花梗被明显的星状毛 ···················
    ··· 毛萼野茉莉*Styrax japonica* var. *calycothrix*
  2. 圆锥花序或总状花序具多花，花较小，长9～16mm，花冠裂片长6～8.5mm；花梗短于花 ···
    ··············垂珠花*Styrax dasyanthus*
1. 叶两型：小枝最下两叶较小而近对生，椭圆形或卵形，叶柄长3～5mm；小枝上部的叶互生，宽椭卵形或近圆形，叶柄长1～1.5cm；总状花序有花10～20朵 ··············玉铃花*Styrax obassia*

图295 秤锤树
1.花枝；2.果枝；3.花；4.雄蕊；5.雌蕊

1. 野茉莉 *Styrax japonica* Sieb. & Zucc. (分布于崂山、昆嵛山、伟德山、蒙山；济南、青岛栽培)(图 296)

1a. 毛萼野茉莉 *Styrax japonica* Sieb. & Zucc. var. *calycothrix* Gilg. (分布于崂山、昆嵛山、伟德山)

2. 玉铃花 *Styrax obassia* Sieb. & Zucc. (分布于崂山、昆嵛山、蒙山、五莲山、正棋山；济南、青岛等地栽培)(图 297)

3. 垂珠花 *Styrax dasyanthus* Perkins (据《中国植物志》记载，山东有分布。)(图 298)

图296　野茉莉
1.花枝；2.花；3.花冠展开，示雄蕊着生；4.雌蕊；5.雄蕊；6.果实；7.种子

图297　玉铃花
1.花枝；2.花；3.雌蕊；4.花冠展开，示雄蕊着生；5.果实

图298　垂珠花
1.花枝；2.花；3.果实；4.种子

三十七、山矾科Symplocaceae

1 属约 200 种。我国约 42 种；山东 1 属 2 种。

（一）山矾属 *Symplocos* Jacq.

约 200 种。我国 42 种；山东 2 种。

分种检索表

1. 幼枝、叶片下面和花序密生柔毛，一年生枝灰褐色；果蓝黑色……白檀*Symplocos paniculata*

1. 幼枝、叶下面和花序密生皱曲柔毛，一年生枝紫褐色，果黑色… 华山矾*Symplocos chinensis*

1. 华山矾 *Symplocos chinensis* (Lour.) Druce (分布于青岛、威海、日照、烟台)(图 299)

2. 白檀 *Symplocos paniculata* (Thunb.) Miquel (分布于鲁中南和胶东山地)(图 300)

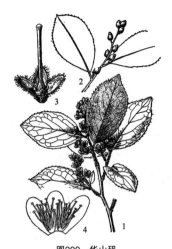

图299 华山矾
1.花枝；2.果枝；3.雌蕊及部分花萼；4.花冠展开，示雄蕊

图300 白檀
1.花枝；2.花冠展开，示雄蕊；3.雌蕊及部分花萼；4.果枝；5.果实

三十八、海桐花科Pittosporaceae

9 属约 250 种。我国 1 属 46 种；山东 1 属 1 种。

（一）海桐花属 *Pittosporum* Banks ex Soland.

约 150 种。我国 46 种；山东引入栽培 1 种。

1. 海 桐 *Pittosporum tobira* (Thunb.) Ait.（山东中南部和东部普遍栽培）(图 301)

【银边海桐 'Variegatum'，叶缘乳白色（各地偶见栽培）】

三十九、绣球科Hydrangeaceae

约 16 属 200 种。中国 11 属约 119 种；山东木本植物 3 属 12 种 3 变种。

图301 海桐
1.果枝；2.花；3.雄蕊；4.雌蕊

分属检索表

1. 花丝扁平，钻形，有时具齿；花序全为孕性花，花萼裂片绝不增大呈花瓣状。

  2. 花瓣4，雄蕊20～40；叶常基出3～5脉；植物体常无星状毛 ┈┈┈ 山梅花属*Philadelphus*

  2. 花瓣5，雄蕊10（12～15）；叶脉羽状；植物体常有星状毛，稀无 ┈┈┈ 溲疏属*Deutzia*

1. 花丝非扁平，线形，无齿；花序全为孕性花或兼具不育花，花萼裂片增大或不增大呈花瓣状 ┈┈┈┈┈┈┈┈┈┈┈┈┈┈┈┈┈ 绣球属*Hydrangea*

（一）溲疏属 *Deutzia* Thunb.

约 60 种。我国约 50 种；山东 4 种 1 变种，引入栽培 2 种 2 变种。

分种检索表

1. 花瓣阔卵形、倒卵形或圆形，花蕾时覆瓦状排列；子房下位。伞房花序多花。
 2. 植物体各部分常无毛，但芽鳞和叶上面有时疏被3～4 (5) 辐线星状毛。
  3. 叶卵形或卵状披针形，上面无毛或疏被3～4 (5) 辐线星状毛；叶柄长2～4mm，花枝上叶柄较短 ·················光萼溲疏*Deutzia glabrata*
  3. 叶阔卵状披针形，两面均无毛；花枝上的叶柄极短或无柄 ··········
          无柄溲疏*Deutzia glabrata* var. *sessilifolia*
 2. 植物体各部分被毛，花萼密被星状毛 ···········**小花溲疏***Deutzia parviflora*
1. 花瓣长圆形或椭圆形，稀卵状长圆形或倒卵形，花蕾时内向镊合状排列，子房下位或半下位。
 4. 圆锥花序，具多花；花萼裂片较萼筒短。
  5. 花枝被毛；叶下面被稍密10～15辐线星状毛。
   6. 花单瓣，白色或略带红晕 ···········**溲疏***Deutzia crenata*
   6. 花重瓣。
    7. 花重瓣，白色 ···········**白花重瓣溲疏***Deutzia crenata* var. *candidissima*
    7. 花重瓣，淡红紫色 ···········**紫花重瓣溲疏***Deutzia crenata* var. *plena*
  5. 花枝无毛；叶下面无毛或被极稀疏8～16辐线星状毛 ·········**黄山溲疏***Deutzia glauca*
 4. 聚伞花序有花1～3朵；花萼裂片较萼筒长。
  8. 叶下面密被7～11辐线星状毛，毛紧贴而细，毛被连续覆盖 ···**大花溲疏***Deutzia grandiflora*
  8. 叶下面疏被5～6辐线星状毛，毛斜而较粗，毛被不连续覆盖 ···**钩齿溲疏***Deutzia baroniana*

  1. 钩齿溲疏 *Deutzia baroniana* Diels. (分布于青岛、泰安、临沂等地)(图 302)

  2. 溲疏 (齿叶溲疏) *Deutzia crenata* Sieb. & Zucc. (青岛、济南、泰安、潍坊等地栽培)(图 303)

图302 钩齿溲疏
1.花枝；2.叶下面，示毛被；3.叶上面，示毛被；4.花去花冠，示花萼和雌蕊；5.花瓣；6.雄蕊

图303 溲疏
1.花枝；2.叶下面，示毛被；3.叶上面，示毛被；4.花去花冠，示花萼和雌蕊；5.花瓣；6.雄蕊

2a. 紫花重瓣溲疏 *Deutzia crenata* Sieb. & Zucc. var. *plena* Rehd. (青岛、潍坊栽培)

2b. 白花重瓣溲疏 *Deutzia crenata* Sieb. & Zucc. var. *candidissima* Rehd. (青岛、潍坊栽培)

3. 光萼溲疏 (崂山溲疏、无毛溲疏) *Deutzia glabrata* Komarov (分布于青岛、烟台、威海等地，主产崂山) (图 304)

3a. 无柄溲疏 *Deutzia glabrata* Komarov var. *sessilifolia* (Pamp.) Zaikon-nikova (分布于崂山、昆嵛山、小珠山)

4. 黄山溲疏 *Deutzia glauca* W. C. Cheng (青岛崂山栽培) (图 305)

5. 大花溲疏 *Deutzia grandiflora* Bunge (分布于鲁中南山地) (图 306)

6. 小花溲疏 *Deutzia parviflora* Bunge (分布于蒙山、崂山等地) (图 307)

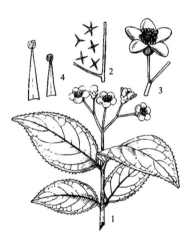

图304　光萼溲疏
1.花枝；2.叶片下面，示星状毛；3.花；4.雄蕊

图305　黄山溲疏
1.花枝；2.叶上面，示毛被；3.叶下面，示毛被；4.花去花冠，示花萼和雌蕊；5.花瓣；6.外轮雄蕊；7.内轮雄蕊；8.果实

图306　大花溲疏
1.花枝；2.星状毛；3.雄蕊；4.雌蕊及花萼；5.蒴果

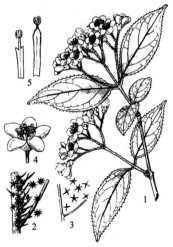

图307　小花溲疏
1.花枝；2.叶片下面，示星状毛；3.叶片上面，示星状毛；4.花；5.雄蕊

（二）绣球属 *Hydrangea* Linn.

约 73 种。我国 33 种；山东引入栽培 3 种。

分种检索表

1. 聚伞花序排成伞房状，近球形，多为不孕花；小枝圆柱形；叶片宽阔。
   2. 叶倒卵形或阔椭圆形，长6～15cm，基部钝圆或阔楔形 ……… 绣球*Hydrangea macrophylla*
   2. 叶卵形至阔卵形，基部常心形 ……… 雪山八仙花*Hydrangea arborescens* 'Annabelle'
1. 聚伞花序排成圆锥状，长8～25cm；小枝较细，稍带方形；叶在上部有时3片轮生，卵形、狭卵形至矩圆形 ……… 圆锥绣球*Hydrangea paniculata*

　　1. 雪山八仙花 *Hydrangea arborescens* Linn. 'Annabelle'（潍坊等地栽培）

　　2. 绣球（八仙花）*Hydrangea macrophylla* (Thunb.) Seringe（全省各地栽培）（图308）

　　3. 圆锥绣球（圆锥八仙花）*Hydrangea paniculata* Sieb.（青岛、临沂、泰安、济南、潍坊等地栽培）（图309）

　　【大花水亚木 'Grandiflora'，花密集，多为不孕花（青岛、临沂等地栽培）】

（三）山梅花属 *Philadelphus* Linn.

约 70 种。我国 22 种；山东引入栽培 3 种。

图308　绣球

图309　圆锥绣球

1.花枝；2.叶片上面放大；3.叶片下面放大，示毛被；4.可孕花；5.果实

分种检索表

1. 花梗和花萼外面无毛或疏被毛。

  2. 叶片两面无毛或偶尔下面脉腋有簇毛，叶柄带紫色；花多少带乳黄色 ⋯⋯⋯⋯⋯⋯⋯⋯⋯⋯⋯⋯⋯⋯⋯⋯⋯⋯⋯⋯⋯⋯⋯⋯⋯⋯⋯太平花*Philadelphus pekinensis*

  2. 叶片下面脉腋有簇毛，有时脉上也有毛，花白色 ⋯⋯西洋山梅花*Philadelphus coronarius*

1. 花梗和花萼外面密被毛；枝条幼时密生柔毛，叶表面疏生、背面密生柔毛⋯⋯⋯⋯⋯⋯⋯⋯⋯⋯⋯⋯⋯⋯⋯⋯⋯⋯⋯⋯⋯⋯⋯⋯⋯⋯⋯⋯⋯⋯⋯山梅花*Philadelphus incanus*

    1. 西洋山梅花 *Philadelphus coronarius* Linn. (青岛、潍坊、泰安、济南栽培)（图 310）

    2. 山梅花 *Philadelphus incanus* Koehne (青岛、泰安、淄博、济南、潍坊等地栽培)（图 311）

    3. 太平花 *Philadelphus pekinensis* Rupr. (全省各地栽培)（图 312）

图310　西洋山梅花
1.花枝；2.花纵切；3.果实及宿存的花萼

图311　山梅花
1.花枝；2.叶背面，示毛被；3.雌蕊；
4.萼片腹面和背面

图312　太平花
1.花枝；2.雌蕊；3.萼片腹面和背面

四十、鼠刺科Iteaceae

1 属约 27 种。我国 15 种，引入栽培 1 种；山东 1 属 1 种。

（一）鼠刺属 *Itea* Linn.

约 27 种。我国 15 种；山东引入栽培 1 种。

图313　北美鼠刺
1.果枝；2.花

1. 北美鼠刺 *Itea virginica* Linn. (青岛栽培)(图 313)

四十一、茶藨子科Grossulariaceae

1 属约 160 种。我国 54 种，引入栽培 5 种；山东 1 属 5 种 2 变种。

（一）茶藨子属 *Ribes* Linn.

约 160 种。我国 54 种，另引入栽培 5 种；山东 2 种 2 变种，引入栽培 3 种。

分种检索表

1. 花两性。
　2. 枝无刺；总状花序具有较多的花。
　　3. 花萼黄绿色或浅红色，萼筒盆形或近钟形；花柱2裂。
　　　4. 枝叶及花萼、果实无腺体；果实成熟时红色。
　　　　5. 叶幼时两面被灰白色平贴短柔毛，下面甚密，成长时渐脱落；花序长7～20cm，具花多达40～50朵；萼片长2～3mm ┄┄┄┄┄ 东北茶藨子*Ribes mandshuricum*
　　　　5. 叶片幼时上面无毛，下面灰绿色，沿叶脉稍有柔毛，仅在脉腋间毛较密；花序较短，长3～8cm；萼片狭小，长1～2mm ┄┄┄┄┄┄┄┄ 光叶东北茶藨子*Ribes mandshuricum* var. *subglabrum*
　　　4. 幼枝、叶下面、花萼、子房和果实被黄色腺体，萼筒近钟形；果实黑色 ┄┄┄┄┄┄┄┄┄┄ 黑茶藨子*Ribes nigrum*
　　3. 花萼黄色；萼筒管形；花柱不裂或仅柱头2裂；总状花序具花5～15朵；花萼、子房和果实均无毛、无腺体，果熟时黑色 ┄┄┄┄┄ 香茶藨子*Ribes odoratum*
　2. 枝在叶下部的节上具1～3枚粗刺，节间常有稀疏针状小刺；叶圆肾形；花1～3朵生叶腋，花萼、花瓣绿白色或染有红色，果实黄绿色或红色，常被柔毛或混生腺毛 ┄┄┄┄┄┄┄┄┄┄ 欧洲醋栗*Ribes reclinatum*
1. 花单性，雌雄异株。
　6. 节上具2枚小刺，节间疏生细刺或无刺；总状花序，雄花序具花7～20朵 ┄┄┄┄┄┄ 美丽茶藨子*Ribes pulchellum*
　6. 枝无刺；伞形花序具花2～9朵，几无总梗，或花数朵簇生 ┄┄┄┄┄┄ 华茶藨*Ribes fasciculatum* var. *chinense*

1. 华茶藨 (大蔓茶藨子) *Ribes fasciculatum* Sieb. & Zucc. var. *chinense* Maxim. (分布于青岛、烟台、潍坊、威海；泰安、济南、潍坊等地栽培) (图 314)

2. 东北茶藨子 (山麻子) *Ribes mandshuricum* (Maxim.) Komarov (分布于鲁中

南及胶东山地)(图 315)

    2a. 光叶东北茶藨子 *Ribes mandshuricum* (Maxim.) Komarov var. *subglabrum* Komarov (分布于崂山、昆嵛山)

    3. 黑茶藨子 *Ribes nigrum* Linn. (泰山桃花源引种栽培)(图 316)

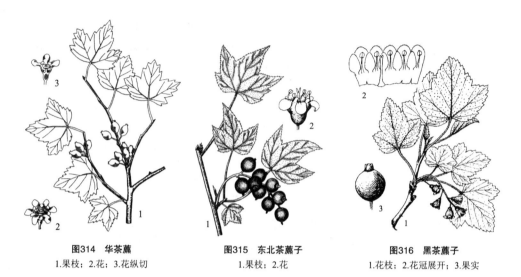

图314　华茶藨
1.果枝；2.花；3.花纵切

图315　东北茶藨子
1.果枝；2.花

图316　黑茶藨子
1.花枝；2.花冠展开；3.果实

    4. 香茶藨子 (黄花茶藨子) *Ribes odoratum* Wendl. (青岛、烟台、淄博、济南、泰安、临沂、聊城、潍坊等地栽培)(图 317)

    5. 美丽茶藨子 *Ribes pulchellum* Turcz. (分布于济宁)(图 318)

    6. 欧洲醋栗 *Ribes reclinatum* Linn. (泰山引种栽培)(图 319)

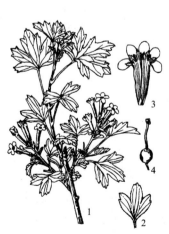

图317　香茶藨子
1.花枝；2.叶片；3.花冠展开；4.雌蕊

图318　美丽茶藨子

图319　欧洲醋栗
1.花枝；2.花；3.花横切；4.果实

四十二、蔷薇科Rosaceae

约95～125属2825～3500种。我国55属950种；山东木本植物29属130种38变种28变型。

分亚科检索表

1. 蓇葖果，稀蒴果；心皮1～5（12），离生或基部合生，子房上位；无或有托叶 ……………
……………………………………………………… 绣线菊亚科Subfam. Spiraeoideae
1. 梨果、瘦果或核果，不开裂，稀成熟后干燥开裂；有托叶。
　2. 心皮1或2～5个合生；梨果或核果。
　　3. 子房下位、半下位；梨果或浆果状，稀小核果状 ……… 苹果亚科Subfam. Maloideaea
　　3. 子房上位；核果 …………………………………………… 李亚科Subfam. Prunoideae
　2. 心皮多数离生；瘦果着生在膨大肉质的花托内或花托上 … 蔷薇亚科Subfam. Rosoideae

Ⅰ. 绣线菊亚科Spiraeoideae

约22属260种。我国8属约99种。山东木本植物5属22种6变种。

分属检索表

1. 果实为蓇葖果，开裂；种子无翅；花形较小，直径不超过2cm。
　2. 心皮5，稀3～4。
　　3. 单叶；伞形、伞形总状、伞房或圆锥花序。
　　　4. 无托叶；心皮离生；蓇葖果不膨大，沿腹缝线开裂；花序伞形、伞形总状、伞房状
　　　　或圆锥状 ……………………………………………………… 绣线菊属Spiraea
　　　4. 有托叶；心皮基部合生；蓇葖果膨大，沿背腹两缝线开裂；花序伞形总状 ………
　　　………………………………………………………………… 风箱果属Physocarpus
　　3. 羽状复叶，有托叶；大型圆锥花序；心皮5，基部合生 ………… 珍珠梅属Sorbaria
　2. 心皮1；单叶，有托叶。圆锥状花序；萼筒杯状；果有1～2种子 … 小米空木属Stephanandra
1. 果实为蒴果；种子有翅；花形较大，直径在2cm以上；单叶，无托叶 … 白鹃梅属Exochorda

（一）白鹃梅属 Exochorda Lindl.
　　4种。我国3种；山东引入栽培2种。

分种检索表

1. 花梗长5～15mm；花瓣基部急缩成短爪；雄蕊15～20；叶柄长5～15mm …………………
………………………………………………………………… 白鹃梅Exochorda racemosa
1. 花梗短或近于无梗；花瓣基部渐狭成长爪；雄蕊25～30；叶柄长15～25mm …………………
………………………………………………………… 红柄白鹃梅Exochorda giraldii

1. 红柄白鹃梅 *Exochorda giraldii* Hesse（潍坊栽培）（图 320）

2. 白鹃梅 *Exochorda racemosa* (Lindl.) Rehd.（全省各地栽培）（图 321）

（二）风箱果属 *Physocarpus* Maxim.

约 20 种。我国 1 种，另引入栽培 1 种；山东引入栽培 1 种。

1. 无毛风箱果 *Physocarpus opulifolius* (Linn.) Maxim.（全省各地栽培）（图 322）

【金叶风箱果 'Lutens'，新叶金黄色（全省各地栽培）；紫叶风箱果 'Summer Wine'，新叶紫色（全省各地栽培）】

图320　红柄白鹃梅
1.花枝；2.果枝；3.花纵切；4.种子

图321　白鹃梅
1.花枝；2.果枝；3.花纵切

图322　无毛风箱果
1.植株上部；2.花序；3.花纵切面

（三）珍珠梅属 *Sorbaria* (Ser.) A. Br. ex Aschers.

约 9 种。我国 3 种；山东引入栽培 2 种。

分种检索表

1. 小叶两面无毛，侧脉15～23对；雄蕊约20枚，与花瓣近等长；花柱稍侧生；萼片长圆形……
………………………………………………… 华北珍珠梅 *Sorbaria kirilowii*

1. 小叶两面有微毛，侧脉12～16对；雄蕊40～50枚，长于花瓣；花柱顶生；萼片三角形……
………………………………………………… 东北珍珠梅 *Sorbaria sorbifolia*

1. 华北珍珠梅（吉氏珍珠梅）*Sorbaria kirilowii* (Regel) Maxim.（全省各地栽培）（图 323）

2. 东北珍珠梅（珍珠梅）*Sorbaria sorbifolia* (Linn.) A. Br.（全省各地栽培）（图 324）

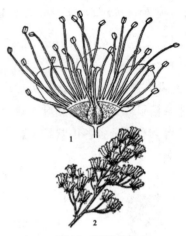

图323　华北珍珠梅
1.花枝；2.花纵切面；3.果实；4.种子

图324　东北珍珠梅
1.部分果序；2.花纵切面，示雄蕊长于花瓣

（四）绣线菊属 *Spiraea* Linn.

共约 100 种。我国 70 种；山东 7 种 5 变种，引入栽培 9 种 1 变种。

分种检索表

1. 花序着生在当年生具叶长枝的顶端，长枝自灌木基部或老枝上发生，或自去年生的枝上发生。
  2. 花序为宽广平顶的复伞房花序，花白色、粉红色或紫色，顶生于当年生直立的新枝上。
    3. 花序无毛，花白色，偶微带红；蓇葖果直立，无毛或在腹缝上有毛。
      4. 小枝、叶柄及叶两面无毛。
        5. 叶基部宽楔形 ·················· 华北绣线菊*Spiraea fritschiana*
        5. 叶基部圆形。
          6. 叶片长卵形，长2.5～8cm，宽1.5～3cm ··············
          ········· 大叶华北绣线菊*Spiraea fritschiana* var. *angulata*
          6. 叶片宽卵形、卵状椭圆形或近圆形，长1.5～3cm，宽1～2cm ··············
          ········ 小叶华北绣线菊*Spiraea fritschiana* var. *parvifolia*
      4. 当年生枝、芽、叶柄、叶两面尤其是下面密被黄褐色长柔毛 ··············
      ············· 长毛华北绣线菊*Spiraea fritschiana* var. *villosa*
    3. 花序被短柔毛，花常粉红色，稀紫红色；蓇葖果成熟时略分开；花萼被稀疏短柔毛。
      7. 叶色正常，绿色。
        8. 叶卵形至卵状椭圆形，长2～8cm，宽1～3cm，边缘有缺刻状重锯齿或单锯齿，上面暗绿色，无毛或沿叶脉微具短柔毛，下面色浅或有白霜，通常沿叶脉有短柔毛 ··········粉花绣线菊*Spiraea japonica*
        8. 叶片长圆披针形，先端短渐尖，基部楔形，边缘具尖锐重锯齿，长5～10cm，上面有皱纹，两面无毛，下面有白霜；花盘不发达 ··············
        ········· 光叶粉花绣线菊*Spiraea japonica* var. *forutunei*

7. 叶黄色或新叶红色 ···················· **布氏绣线菊** *Spiraea × bumalda*
2. 花序为长圆形或金字塔形的圆锥花序,花粉红色 ············ **绣线菊** *Spiraea salicifolia*
1. 花序由去年生枝上的芽发生,着生在有叶或无叶的短枝顶端。
　9. 花序为有总梗的伞形或伞形总状花序,基部常有叶片。
　　10. 叶边有锯齿或缺刻,有时分裂;雄蕊短于花瓣或几与花瓣等长。
　　　11. 叶片、花序和蓇葖果无毛。
　　　　12. 叶片先端急尖。
　　　　　13. 叶片菱状披针形至菱状长圆形,有羽状叶脉 ··· **麻叶绣线菊** *Spiraea cantoniensis*
　　　　　13. 叶片菱状卵形至菱状倒卵形,常3～5裂 ········· **菱叶绣线菊** *Spiraea vanhouttei*
　　　　12. 叶片先端圆钝。
　　　　　14. 叶片近圆形,先端常3裂,基部圆形至亚心形,有显著3～5出脉 ·········
　　　　　···**三裂绣线菊** *Spiraea trilobata*
　　　　　14. 叶片菱状卵形至倒卵形,基部楔形,具羽状叶脉或不显著3出脉 ·········
　　　　　·· **绣球绣线菊** *Spiraea blumei*
　　　11. 叶片下面有毛。
　　　　15. 花序和蓇葖果具毛,叶片上面具稀疏柔毛或无毛。
　　　　　16. 叶片下面密被绒毛。
　　　　　　17. 萼片卵状披针形;叶片菱状卵形至倒卵形,锯齿尖锐,下面密被黄色绒毛
　　　　　　··· **中华绣线菊** *Spiraea chinensis*
　　　　　　17. 萼片三角形或卵状三角形;叶片菱状卵形,锯齿较钝,下面密被白色绒毛
　　　　　　··· **毛花绣线菊** *Spiraea dasyantha*
　　　　　16. 叶片下面被短柔毛;花序被柔毛。
　　　　　　18. 叶片先端较为圆钝,常3裂。
　　　　　　　19. 叶近圆形,基部多为圆形至亚心形,上面无毛 ···················
　　　　　　　··················· **毛叶三裂绣线菊** *Spiraea trilobata* var. *pubescens*
　　　　　　　19. 叶菱状卵形、椭圆形,稀倒卵形,基部楔形,上面具疏柔毛 ···········
　　　　　　　··································· **金州绣线菊** *Spiraea nishimurae*
　　　　　　18. 叶片不分裂,倒卵形或椭圆形,稀卵形,先端稍钝 ···················
　　　　　　　································· **疏毛绣线菊** *Spiraea hirsuta*
　　　　15. 花序无毛;叶片菱状卵形至椭圆形,先端急尖,基部宽楔形;蓇葖果除腹缝外
　　　　全无毛 ································· **土庄绣线菊** *Spiraea pubescens*
　　10. 叶边全缘或仅先端有圆钝锯齿,蓇葖果被毛;雄蕊长于花瓣···**欧亚绣线菊** *Spiraea media*
　9. 花序为无总梗的伞形花序,基部无叶或具极少叶;雄蕊短于花瓣。
　　20. 叶片卵形至长圆状披针形,下面具短柔毛。
　　　21. 花重瓣,直径达1cm ················· **笑靥花** *Spiraea prunifolia*
　　　21. 花单瓣,直径约6mm ·········· **单瓣笑靥花** *Spiraea prunifolia* var. *simpliciflora*
　　20. 叶片线状披针形,无毛 ··················· **珍珠绣线菊** *Spiraea thunbergii*

　　1. 绣球绣线菊 (补氏绣线菊) *Spiraea blumei* G. . Don (分布于泰山、鲁山;青岛、
泰安、济南、潍坊等地栽培)(图 325)

2. 布氏绣线菊 *Spiraea* × *bumalda* Burv. (杂交种，原种山东未见栽培)

【金焰绣线菊 'Gold Flame'，新叶红色 (全省各地栽培)；金山绣线菊 'Gold Mound'，叶黄色，较小 (全省各地栽培)】

3. 麻叶绣线菊 (麻叶绣球) *Spiraea cantoniensis* Lour. (全省各地栽培) (图 326)

4. 中华绣线菊 *Spiraea chinensis* Maxim. (青岛栽培)(图 327)

图325　绣球绣线菊
1.花枝；2.叶片；3.花纵切面；4.雌蕊；5.雄蕊；6.果实

图326　麻叶绣线菊
1.花枝；2.叶片；3.花纵切面；4.果实

图327　中华绣线菊
1.花枝；2.果枝；3.花；4.果实

5. 毛花绣线菊 *Spiraea dasyantha* Bunge (分布于抱犊崮)(图 328)

6. 华北绣线菊 (桦叶绣线菊) *Spiraea fritschiana* Schneid. (广布于鲁中南、胶东山地丘陵)(图 329)

6a. 大叶华北绣线菊 *Spiraea fritschiana* Schneid. var. *angulata* (Schneid.) Rehd. (分布于鲁中南、胶东山地丘陵)

图328　毛花绣线菊
1.花枝；2.果实

图329　华北绣线菊
1.花枝；2.花；3.果实

6b. 小叶华北绣线菊 *Spiraea fritschiana* Schneid. var. *parvifolia* Liou（分布于鲁中南、胶东山地丘陵）

6c. 长毛华北绣线菊 *Spiraea fritschiana* Schneid. var. *villosa* Y. Q. Zhu & D. K. Zang（分布于蒙山、鲁山）

7. 疏毛绣线菊 *Spiraea hirsuta* (Hemsl.) Schneid.（分布于鲁山）(图 330)

8. 粉花绣线菊（日本绣线菊）*Spiraea japonica* Linn. f.（全省各地栽培）(图 331)

8a. 光叶粉花绣线菊 *Spiraea japonica* Linn. f. var. *forutunei* (Planch.) Rehd.（分布于崂山、昆嵛山）(图 332)

图330 疏毛绣线菊
1.花枝；2.果实

图331 粉花绣线菊
1.花枝；2.花纵切面；3.果实

图332 光叶粉花绣线菊.
1.花枝；2.花；3.去掉花冠，展开花萼；4.雄蕊

9. 欧亚绣线菊 *Spiraea media* Schmidt（潍坊栽培）(图 333)

10. 金州绣线菊 *Spiraea nishimurae* Kitag.（分布于泰山、鲁山）(图 334)

11. 笑靥花（李叶绣线菊）*Spiraea prunifolia* Sieb. & Zucc.（全省各地栽培）(图 335)

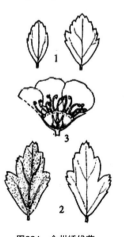

图333 欧亚绣线菊
1.果枝；2.花纵切面；3.果实；4.叶片；5.芽

图334 金州绣线菊
1-2.各种形状的叶片；2.花纵切面

图335 笑靥花
1.花枝；2.花

11a. 单瓣笑靥花 *Spiraea prunifolia* Sieb. & Zucc. var. *simpliciflora* Nakai (青岛、泰安等地栽培)

12. 土庄绣线菊 (柔毛绣线菊) *Spiraea pubescens* Turcz. (分布于鲁中南、胶东山地丘陵)(图 336)

13. 绣线菊 (柳叶绣线菊) *Spiraea salicifolia* Linn. (青岛、济南、潍坊栽培)(图 337)

图336　土庄绣线菊
1.花枝；2.叶片；3.花纵切面；4.果实

图337　绣线菊
1.花枝；2.花纵切面；3.果实

14. 珍珠绣线菊 (喷雪花) *Spiraea thunbergii* Sieb. (济南、泰安、青岛、烟台、潍坊等地栽培)(图 338)

15. 三裂绣线菊 (三桠绣线菊) *Spiraea trilobata* Linn. (分布于鲁中南、胶东山地丘陵)(图 339)

图338　珍珠绣线菊
1.花枝；2.果枝；3.花；4.雌蕊；5.果实

图339　三裂绣线菊
1.花枝；2.雌蕊；3.雄蕊；4.花瓣；5.果实

15a. 毛叶三裂绣线菊 *Spiraea trilobata* Linn. var. *pubescens* Yü (分布于泰山)

16. 菱叶绣线菊 (范氏绣线菊) *Spiraea vanhouttei* (Briot.) Zabel. (青岛、泰安、潍坊等地栽培)(图 340)

（五）小米空木属 *Stephanandra* Sieb.

5 种。我国产 2 种；山东 1 种。

1. 小米空木 (小野珠兰) *Stephanandra incisa* (Thunb.) Zabel (分布于青岛、烟台、潍坊、临沂、日照等地)(图 341)

图340　菱叶绣线菊
1.花枝；2.花纵切面；3.果实

图341　小米空木
1.花枝；2.花纵切面；3.果实；4.种子

Ⅱ. 蔷薇亚科 Rosoideae

约 35 属 1500 种。我国 22 属约 459 种。山东木本植物 5 属 23 种 8 变种 5 变型。

分属检索表

1. 瘦果或小核果，着生在扁平或隆起的花托上。
  2. 托叶常与叶柄连合；雌蕊生在球形或圆锥形花托上；单叶、掌状复叶或羽状复叶。
    3. 小核果相互聚合成聚合果，心皮各含胚珠2枚；茎常有刺；无副萼 …… **悬钩子属** *Rubus*
    3. 瘦果相互分离，着生在干燥的花托上；心皮各有胚珠1枚；无刺，副萼片5，与萼片互生 ……………………………………………………… **委陵菜属** *Potentilla*
  2. 托叶不与叶柄连合；雌蕊4～8，生在扁平或微凹的花托基部；单叶。
    4. 叶互生；花无副萼，黄色，5出；雌蕊5～8，各含胚珠1枚 …… **棣棠花属** *Kerria*
    4. 叶对生；花有副萼，白色，4出；雌蕊4，各含胚珠2枚 …… **鸡麻属** *Rhodotypos*
1. 瘦果，生在杯状或坛状花托里面，花托成熟时肉质而有色泽；雌蕊多数；羽状复叶，极稀单叶；枝常有刺 ……………………………………………… **蔷薇属** *Rosa*

（一）棣棠属 *Kerria* DC.

仅1种，产我国及日本。山东栽培1种1变型。

图342 棣棠
1.花枝；2.花，去掉花瓣；3.雄蕊；4.雌蕊

1. 棣棠 *Kerria japonica* (Linn.) DC. (全省各地栽培)(图 342)

1a. 重 瓣 棣 棠 *Kerria japonica* (Linn.) DC. f. *pleniflora* Schneid. (全省各地栽培)

（二）委陵菜属 *Potentilla* Linn.

约 500 种。我国约 86 种，木本约 3 种；山东引入栽培 1 种。

1. 金露梅 *Potentilla fruticosa* (日照、青岛栽培)(图 343)

（三）鸡麻属 *Rhodotypos* Sieb. & Zucc.

仅 1 种，产我国、日本和朝鲜；山东 1 种。

1. 鸡 麻 *Rhodotypos scandens* (Thunb.) Makino (分布于青岛、威海、烟台；泰安、济南、青岛等地栽培)(图 344)

图343 金露梅
1.花枝；2.叶片；3.花；4.花底面观，示花萼和副萼；5.子房及花柱；6.瘦果

图344 鸡麻
1.花枝；2.果实及宿存的花萼

（四）蔷薇属 *Rosa* Linn.

约 200～250 种。我国 95 种；山东 3 种 1 变种，引入栽培 9 种 7 变种 4 变型。

分种检索表

1. 萼筒坛状；瘦果着生在萼筒边周及基部。
  2. 托叶大部分贴生叶柄上，宿存。
    3. 花柱离生，不外伸或稍外伸，比雄蕊短。
      4. 花单生，无苞片。
        5. 小叶5～15枚；花黄色或淡黄白色。
          6. 小叶具单锯齿，下面无腺点。
            7. 小叶片宽卵形或近圆形，稀椭圆形，下面被稀疏柔毛，边缘锯齿较圆钝；花直径3～4 (5)cm；枝条基部无针刺。
              8. 花重瓣 ·················· 黄刺玫*Rosa xanthina*
              8. 花单瓣 ·········· 单瓣黄刺玫*Rosa xanthina* f. *normalis*
            7. 小叶片卵形、椭圆形或倒卵形，无毛，边缘有锐锯齿；花直径4～5.5cm；枝条基部有时具针刺 ·········· 黄蔷薇*Rosa hugonis*
          6. 小叶具重锯齿，下面密被腺点，9～15枚，稀7枚，椭圆形、椭圆倒卵形至长椭圆形，下面无毛；花淡黄或黄白色，直径2.5～4cm，萼片先端渐尖·········· 樱草蔷薇*Rosa primula*
        5. 小叶5枚，稀7，长圆形，边缘通常有单锯齿；花梗长而弯曲，花常粉或红色、重瓣，花瓣直立重叠如包心菜状 ·········· 百叶蔷薇*Rosa centifolia*
      4. 花多数成伞房花序或单生，均有苞片，小叶5～11枚。
        9. 小枝和皮刺被绒毛；小叶质地较厚，上面有明显褶皱，下面密被绒毛和腺体 ··· 玫瑰*Rosa rugosa*
        9. 小枝和皮刺无毛，稀幼嫩时小枝被稀疏柔毛；小叶质地较薄，上面无褶皱，下面有白霜并有腺点 ·········· 刺玫蔷薇*Rosa davurica*
    3. 花柱外伸。
      10. 花柱合生成柱状，约与雄蕊等长；小叶5～9枚，托叶篦齿状或有不规则锯齿。
        11. 托叶篦齿状；小叶倒卵形至椭圆形，两面或下面有柔毛，托叶有腺毛；花白色或红色，花柱无毛。
          12. 花单瓣。
            13. 圆锥状伞房花序，花白色或略带粉晕，直径2～3cm·**多花蔷薇*Rosa multiflora***
            13. 平顶伞房花序，花粉红或玫瑰红色，直径3～4cm ·············· 粉团蔷薇*Rosa multiflora* var. *cathayensis*
          12. 花重瓣。
            14. 花粉红或深红色。
              15. 花深红色，径约3cm，常6～10朵组成扁平的伞房花序 ·············· 七姊妹*Rosa multiflora* var. *platyphylla*

15. 花淡粉红色，花瓣大而开张 ⋯⋯⋯⋯ 荷花蔷薇*Rosa multiflora* var. *carnea*

　　14. 花白色，直径2～3cm ⋯⋯⋯⋯⋯⋯⋯ 白玉堂*Rosa multiflora* var. *albo-plena*

11. 托叶有不规则的锯齿。

　　16. 花柱被毛；小叶5～7（9），先端圆钝或急尖，花白色，直径2～3cm ⋯⋯⋯

　　　　⋯⋯⋯⋯⋯⋯⋯⋯⋯⋯⋯⋯⋯⋯⋯⋯⋯⋯⋯⋯⋯⋯⋯ 光叶蔷薇*Rosa luciae*

　　16. 花柱无毛；小叶（5）7～9，先端急尖或渐尖；花白色或粉红色，直径3～

　　　　3.5cm ⋯⋯⋯⋯⋯⋯⋯⋯⋯⋯⋯⋯⋯⋯⋯⋯ 伞花蔷薇*Rosa maximowicziana*

　　10. 花柱离生，短于雄蕊；小叶常3～5，托叶全缘⋯⋯⋯⋯⋯⋯ 月季*Rosa chinensis*

2. 托叶钻形，与叶柄分离，早落；小枝光滑无毛，绿色；小叶3～5，长椭圆形至椭圆状披

　　针形，长2～6cm，宽8～18mm；花柱离生，不外伸。

17. 花白色。

　　18. 花重瓣⋯⋯⋯⋯⋯⋯⋯⋯⋯⋯⋯⋯⋯⋯⋯⋯⋯⋯⋯⋯⋯⋯ 木香*Rosa banksiae*

　　18. 花单瓣⋯⋯⋯⋯⋯⋯⋯⋯⋯⋯⋯⋯⋯ 单瓣木香*Rosa banksiae* var. *normalis*

17. 花黄色，香气淡。

　　19. 花单瓣⋯⋯⋯⋯⋯⋯⋯⋯⋯⋯⋯ 单瓣黄木香*Rosa banksiae* f. *lutescens*

　　19. 化重瓣⋯⋯⋯⋯⋯⋯⋯⋯⋯⋯⋯⋯⋯ 黄木香*Rosa banksiae* f. *lutea*

1. 萼筒杯状，瘦果着生在基部突起的花托上；花柱离生、不外伸；小叶9～15，椭圆形，稀倒

　　卵形，长1～2cm，宽6～12mm，有细锐锯齿，两面无毛，叶轴和叶柄有散生小皮刺；花粉

　　红色。

20. 花重瓣 ⋯⋯⋯⋯⋯⋯⋯⋯⋯⋯⋯⋯⋯⋯⋯⋯⋯⋯⋯⋯⋯ 缫丝花*Rosa roxburghii*

20. 花单瓣 ⋯⋯⋯⋯⋯⋯⋯⋯⋯⋯⋯⋯⋯ 单瓣缫丝花*Rosa roxburghii* f. *normalis*

图345　木香花
1.花枝；2.花纵切面；3.果实

1. 木香花 *Rosa banksiae* Ait.（全省各地栽培）（图345）

　　1a. 单瓣木香 *Rosa banksiae* Ait. var. *normalis* Regel.（全省各地栽培，枣庄抱犊崮处于野生状态）

　　1b. 单瓣黄木香 *Rosa banksiae* Ait. f. *lutescens* Voss（全省各地栽培）

　　1c. 黄木香 *Rosa banksiae* Ait. f. *lutea* (Lindl.) Rehd（全省各地栽培）

　　2. 百叶蔷薇 *Rosa centifolia* Linn.（全省各地零星栽培）（图346）

　　3. 月季花 *Rosa chinensis* Jacq.（全省各地普遍栽培）（图347）

　　3a. 月月红（紫月季）*Rosa chinensis* Jacq. var. *semperflorens* Koehne（全省各地栽培）

图346　百叶蔷薇

图347　月季花
1.花枝；2.果实(蔷薇果)；3.果实纵切面；4.瘦果

3b. 绿月季 *Rosa chinensis* Jacq. var. *viridiflora* Dipp. (全省各地栽培)

3c. 小月季 *Rosa chinensis* Jacq. var. *minima* Voss. (全省各地栽培)

4. 刺玫蔷薇 (山刺玫) *Rosa davurica* Pall. (潍坊植物园有栽培)(图 348)

5. 黄蔷薇 *Rosa hugonis* Hemsl. (济南、泰安栽培)(图 349)

6. 光叶蔷薇 *Rosa luciae* Franch. & Roch. (青岛、济南、泰安栽培)(图 350)

7. 伞花蔷薇 *Rosa maximowicziana* Regel. (分布于昆嵛山、崂山)(图 351)

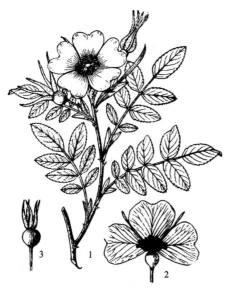

图348　刺玫蔷薇
1.花枝；2.花；3.果实

图349　黄蔷薇
1.花枝；2.果实

图350 光叶蔷薇
1.花枝；2.果枝；3.花；4.果实纵切面，示瘦果

8. 多花蔷薇（野蔷薇）*Rosa multiflora* Thunb.（广布于全省各山区；各地普遍栽培）（图352）

8a. 粉团蔷薇 *Rosa multiflora* Thunb. var. *cathayensis* Rehd. & Wils.（全省各地栽培）

8b. 七姊妹（十姐妹）*Rosa multiflora* Thunb. var. *platyphylla* Thory（全省各地栽培）

8c. 荷花蔷薇 *Rosa multiflora* Thunb. var. *carnea* Thory（全省各地栽培）

8d. 白玉堂 *Rosa multiflora* Thunb. var. *albo-plena* Yü & Ku（全省各地栽培）

9. 樱草蔷薇 *Rosa primula* Boulenger（潍坊植物园有栽培）

图351 伞花蔷薇
1.花枝；2.去掉部分花萼、花冠和雄蕊的花

图352 多花蔷薇
1.花枝；2.花纵切面；3.果实

10. 缫丝花（刺梨）*Rosa roxburghii* Tratt.（泰安、青岛等地栽培）

10a. 单瓣缫丝花 *Rosa roxburghii* Tratt. f. *normalis* Rehd. & Wils.（泰安青岛、德州、烟台等地栽培）（图353）

11. 玫瑰 *Rosa rugosa* Thunb.（分布于烟台、威海海滨；全省各地栽培）（图354）

12. 黄刺玫 *Rosa xanthina* Lindl.（全省各地栽培）（图355）

12a. 单瓣黄刺玫 *Rosa xanthina* Lindl. f. *normalis* Rehd. & Wils.（全省各地栽培）

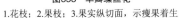

图353 单瓣缫丝花
1.花枝；2.果枝；3.果实纵切面，示瘦果着生

图354 玫瑰
1.花枝；2.果实

图355 黄刺玫
1.花枝；2.果实

（五）悬钩子属 *Rubus* Linn.

约 700 余种，中国约 208 种；山东 6 种，引入栽培 2 种。

分种检索表

1. 复叶。
  2. 羽状或三出复叶，小叶3～7枚。
    3. 植株无腺毛，有时有腺毛但非锈红色。
      4. 圆锥花序或伞房状、总状花序。
        5. 小叶3～5（7）枚；花序伞房状或总状。
          6. 小叶3，偶5，菱状圆形至宽倒卵形 ·················· 茅莓*Rubus parvifolius*
          6. 小叶3～5，偶7，卵形或卵圆形 ·················· 覆盆子*Rubus idaeus*
        5. 小叶3枚；顶生圆锥花序，侧生者近总状；叶柄有长柔毛、疏刺和短腺毛 ······
                                      刺毛白叶莓*Rubus spinulosoides*
      4. 花常1～2朵，顶生或腋生，花径2～3cm；小叶5～7枚，卵状披针形或披针形，边缘
        有尖锐锯齿，枝叶有黄色腺点 ·················· 空心泡*Rubus rosaefolius*
    3. 植株密生锈红色腺毛，三出复叶 ·················· 多腺悬钩子*Rubus phoenicolasius*
  2. 掌状复叶，小叶5枚，有时枝条上部的具3枚小叶 ·················· 欧洲黑莓*Rubus fruticosus*
1. 单叶。
  7. 少数叶3浅裂（不育枝上），叶卵形或卵状披针形，三出脉 ····· 山莓*Rubus corchorifolius*
  7. 叶3～5掌状分裂，宽卵形至近圆形，五出脉 ·················· 牛叠肚*Rubus crataegifolius*

1. 山莓 *Rubus corchorifolius* Linn. f. (分布于崂山)(图 356)

2. 牛叠肚 (山楂叶悬钩子) *Rubus crataegifolius* Bunge (分布于全省各山地丘陵)(图 357)

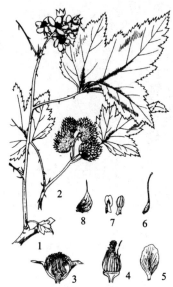

图356　山莓
1.果枝；2.叶片局部放大；3.花；4.雌蕊群；5.雌蕊

图357　牛叠肚
1.花枝；2.果枝；3.花纵切面；4.雌蕊群；5.花瓣；6.雌蕊；7.雄蕊；8.一个雌蕊的纵切

3. 欧洲黑莓 *Rubus fruticosus* Linn. (全省各地栽培，临沂塔山逸生)(图 358)

4. 覆盆子 (树莓) *Rubus idaeus* Linn. (分布于济南)(图 359)

5. 茅莓 *Rubus parvifolius* Linn. (分布于全省各山地丘陵)(图 360)

图358　欧洲黑莓
1.植株上部，带有花序和果实；
2.雌蕊

图359　覆盆子
1.植株中部的叶；2.植株上部；3.花；
4.花瓣；5.瘦果

图360　茅莓

6. 多腺悬钩子 *Rubus phoenicolasius* Maxim. (分布于山东半岛)(图 361)

7. 空心泡 *Rubus rosaefolius* Smith (青岛植物园栽培)

8. 刺毛白叶莓 *Rubus spinulosoides* Metc. (分布于崂山)(图 362)

图361　多腺悬钩子
1.花枝；2.果实

图362　刺毛白叶莓

Ⅲ. 苹果亚科 Maloideae

约 20 ～ 28 属 940 ～ 1100 种。我国 16 属 275 种。山东 14 属 59 种 12 变种 2 变型。

分属检索表

1. 心皮熟时坚硬骨质；梨果内有1～5骨质小核。
　2. 叶有锯齿或裂片，稀近全缘；枝条常有刺。
　　3. 叶缘有细锯齿或近全缘，不分裂；心皮5，每心皮具成熟胚珠2枚。
　　　4. 常绿灌木，有枝刺；复伞房花序，果实小型 ·················· **火棘属** *Pyracantha*
　　　4. 落叶小乔木，常无刺；花常单生枝顶，果实大，成熟时顶端微开裂 **欧楂属** *Mespilus*
　　3. 叶缘多为羽状分裂或有粗重锯齿；心皮1～5，每心皮具成熟胚珠1枚 ··· **山楂属** *Crataegus*
　2. 叶全缘，枝无刺；心皮2～5，全部或大部分与萼筒合生，成熟时为小梨果状 ···········
　　　···**栒子属** *Cotoneaster*
1. 心皮熟时纸质、软骨质或革质；梨果1～5室，每室种子1至数粒。
　5. 复伞房花序或圆锥花序，有花多朵。
　　6. 单叶或复叶，落叶性；总花梗及花梗无瘤状突起。
　　　7. 单叶，花萼有腺体 ························· **腺肋花楸属** *Aronia*
　　　7. 单叶或复叶，花萼无腺体 ······················ **花楸属** *Sorbus*
　　6. 单叶，常绿性，稀落叶性但总花梗及花梗常有瘤状突起。
　　　8. 心皮全部合生，子房下位。
　　　　9. 果期萼片宿存；花序圆锥状稀总状；心皮 (2) 3～5；侧脉直出 ··· **枇杷属** *Eriobotrya*
　　　　9. 果期萼片脱落；花序总状稀圆锥状；心皮2 (3)；侧脉弯曲 ··· **石斑木属** *Rhaphiolepis*

8. 心皮一部分离生，子房半下位；伞形、伞房或复伞房花序 ·········· 石楠属 *Photinia*

5. 伞形或总状花序，有时花单生。

10. 各心皮内含种子1～2。

11. 子房和果实2～5室，每室2胚珠；花序伞形总状或近伞形；萼片宿存或脱落。

12. 花柱离生；果实常有多数石细胞 ······················ 梨属 *Pyrus*

12. 花柱基部合生；果实多无石细胞 ···················· 苹果属 *Malus*

11. 子房和果实有不完全的6～10室，每室1胚珠；花序总状，稀单花；萼片宿存······
·· 唐棣属 *Amelanchier*

10. 各心皮内含种子3至多数。

13. 花柱基部合生；枝条常具刺；果期萼片脱落；叶有锯齿，稀近全缘；花单生或簇生 ····································· 木瓜属 *Chaenomeles*

13. 花柱离生；枝条无刺；果期萼片宿存；叶全缘；花单生············ 榅桲属 *Cydonia*

（一）唐棣属 *Amelanchier* Medic.

25 种。我国 2 种；山东引入栽培 1 种。

1. 东亚唐棣 *Amelanchier asiatica* (Sieb. & Zucc.) Endl. ex Walp. (青岛栽培) (图 363)

（二）腺肋花楸属 (涩楠属) *Aronia* Medik.

约 28 种，我国不产。山东引入栽培 1 种。

1. 黑涩楠 *Aronia melanocarpa* (Michaux) Spach (烟台海阳栽培)(图 364)

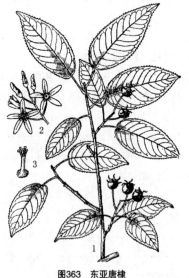

图363　东亚唐棣
1.果枝；2.花序的一部分；3.花柱

图364　黑涩楠
1.花枝；2.花纵切；3.果实

（三）木瓜属 *Chaenomeles* Lindl.

5 种。我国 4 种，引入 1 种；山东引入栽培 4 种。

分种检索表

1. 枝有刺；花簇生，萼片全缘或近全缘、直立；叶缘锯齿齿尖无腺；托叶肾形或耳形。
　　2. 小枝平滑，二年生枝无疣状突起；果实中型到大型，直径5~8cm，成熟期迟。
　　　　3. 叶片卵形至长椭圆形，幼时下面无毛或有短柔毛，叶缘有尖锐锯齿；花柱基部无毛或稍有毛 ·· 贴梗海棠*Chaenomeles speciosa*
　　　　3. 叶片椭圆形或披针形，幼时下面密被褐色绒毛，叶缘有刺芒状锯齿；花柱基部常被柔毛或绵毛 ·· 木瓜海棠*Chaenomeles cathayensis*
　　2. 小枝粗糙，二年生枝有疣状突起；果实小型，直径3~4cm；叶片倒卵形至匙形，叶缘锯齿圆钝；花柱无毛 ·· 日本木瓜*Chaenomeles japonica*
1. 枝无刺，常有棘状短枝；花单生，萼片有齿、反折；叶有刺芒状锯齿，齿尖有腺；托叶卵状披针形 ·· 木瓜*Chaenomeles sinensis*

　　1. 木瓜海棠（毛叶木瓜、木桃）*Chaenomeles cathayensis* (Hemsl.) Schneid. (临沂、泰安、济南、青岛、莱芜、潍坊等地栽培)(图365)

　　2. 日本木瓜（倭木瓜、倭海棠）*Chaenomeles japonica* Lindl. (泰安、青岛、临沂、潍坊等地栽培)(图366)

　　3. 木瓜（木李）*Chaenomeles sinensis* (Thouin) Koehne. (全省各地栽培)(图367)

　　4. 贴梗海棠（皱皮木瓜）*Chaenomeles speciosa* (Sweet) Nakai (全省各地栽培) (图368)

图365　木瓜海棠

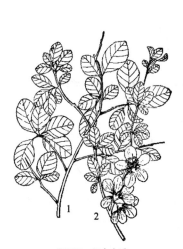

图366　日本木瓜
1.枝叶；2.花枝

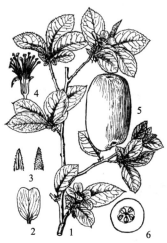

图367　木瓜
1.花枝；2.花瓣；3.萼片先端，示内外毛被
4.花纵切(去掉花冠)；5.果实；6.果实横切

图368　贴梗海棠
1.花枝；2.叶枝，示托叶；3.花纵切；4.果实；5.果实横切

（四）栒子属 *Cotoneaster* B. Ehrh.

约 90 种。我国约 59 种；山东 2 种，引入栽培 6 种。

分种检索表

1. 花单生或组成稀疏的聚伞花序，花朵常在20以下。
  2. 花多数3～15，极稀到20朵；叶片中等大小，长1～6cm。
    3. 花瓣粉红色，开花时直立。
      4. 叶片下面密被绒毛或短柔毛。
        5. 萼筒外面无毛或有稀疏柔毛 ·················· 山东栒子*Cotoneaster schantungensis*
        5. 萼筒外面密被绒毛或短柔毛 ·················· 西北栒子*Cotoneaster zabelii*
      4. 叶片下面无毛或具稀疏柔毛，先端多急尖；花2～5朵；果实椭圆形或倒卵形，小核
        2～3 ·················· 灰栒子*Cotoneaster acutifolius*
    3. 花瓣白色，在开花时平铺展开；果实红色 ·················· 水栒子*Cotoneaster multiflorus*
  2. 花单生，稀2～3 (7) 朵簇生；叶片较小，一般长不足2cm，先端圆钝或急尖。
    6. 常绿灌木，花瓣白色，开花时平铺展开；果实2～3小核，稀4～5。
      7. 萼筒外被绒毛；叶先端急尖，下面密被绒毛；花3～5朵，少数单生 ··················
        ·················· 黄杨叶栒子*Cotoneaster buxifolius*
      7. 萼筒外被疏柔毛；叶先端圆钝，稀微凹或急尖，下面被疏柔毛；花单生，稀2～3朵
        ·················· 小叶栒子*Cotoneaster microphyllus*
    6. 落叶灌木；花瓣红色，开花时直立；果实3小核，稀2 ··· 平枝栒子*Cotoneaster horizontalis*
1. 密集的复聚伞花序，花多在20朵以上；花瓣白色，开花时平铺展开；叶狭椭圆形至卵状披针形，长3.5～8 (12) cm，先端急尖或圆钝，常有刺尖；果实椭圆形，直径4～5mm，红色，小核2 ·················· 耐寒栒子*Cotoneaster frigidus*

1. 灰栒子 *Cotoneaster acutifolius* Turcz. (青岛黄岛栽培)(图 369)
2. 黄杨叶栒子 *Cotoneaster buxifolius* Lindl. (青岛黄岛栽培)(图 370)

图369 灰栒子
1.花枝；2.果枝；3.花；4.花纵切

图370 黄杨叶栒子
1.果枝；2.花纵切面；3.果实横切面；4.果实纵切面；5.果实

3. 耐寒栒子 *Cotoneaster frigidus* Wall. ex Lindl. (青岛黄岛栽培)(图 371)

4. 平枝栒子 (铺地蜈蚣) *Cotoneaster horizontalis* Decne. (全省各地栽培)(图 372)

5. 小叶栒子 *Cotoneaster microphyllus* Wall. ex Lindl. (青岛黄岛栽培)(图 373)

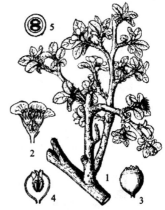

图371　耐寒栒子
1.果枝；2.花纵切面；3.果实；4.果实横切面

图372　平枝栒子
1.果枝；2.花枝；3.果实纵切面；4.果实横切面；5.花；6.花纵切

图373　小叶栒子
1.果枝；2.花纵切；3.果实；4.果实纵切；5.果实横切

6. 水栒子 *Cotoneaster multiflorus* Bunge (济南、青岛、泰安、潍坊栽培)(图 374)

7. 山东栒子 *Cotoneaster schantungensis* Klotz. (分布于济南南部山区)

8. 西北栒子 *Cotoneaster zabelii* Schneid. (分布于鲁中南、胶东山地丘陵)(图 375)

图374　水栒子
1.果枝；2.花纵切；3.果实横切

图375　西北栒子
1.花枝；2.花纵切；3.果实；4.果实横切

（五）山楂属 *Crataegus* Linn.

约 1000 余种。我国 18 种；山东 5 种 1 变种，引入 1 种 1 变种。

分种检索表

1. 叶片浅裂或不分裂，侧脉伸至裂片先端，裂片分裂处无侧脉。
  2. 花梗及总花梗外被柔毛或绒毛。
    3. 叶顶端有缺刻或3～5浅裂，下面具稀疏柔毛；果实小核内面两侧平滑 ·············
··· 野山楂Crataegus cuneata
    3. 叶两侧有3～5对裂片，两面被柔毛；果实小核内面两侧有凹痕 ·············
··· 毛山楂Crataegus maximowiczii
  2. 花梗及总花梗均无毛。
    4. 叶片菱状卵形、宽卵形，稀椭圆卵形至倒卵形，羽状浅裂。
      5. 叶两面微有短柔毛，叶柄长1.5～2cm ················· 辽宁山楂Crataegus sanguinea
      5. 叶上面无毛或近于无毛，下面被稀疏柔毛，叶柄长7～10mm，有狭翼 ·············
··· 光叶山楂Crataegus dahurica
    4. 叶片倒卵形，顶端3浅裂，基部楔形；叶柄长1.5～3cm，约为叶片长度的一半；复伞房
花序有花7～18朵 ······················· 山东山楂Crataegus shandongensis
1. 叶片羽状3～5深裂，侧脉有的伸到裂片先端，有的伸到裂片分裂处，叶基截形或宽楔形；
果实球形，红色，小核3～5。
  6. 叶片较小而薄，分裂较深，枝刺多。
    7. 叶片下面疏被毛 ·································· 山楂Crataegus pinnatifida
    7. 叶片较狭窄，下面无毛 ················· 秃山楂Crataegus pinnatifida var. pilosa
  6. 叶片大而厚，长6～10cm，宽4～7cm，分裂较浅，枝刺少 ·············
··· 山里红Crataegus pinnatifida var. major

    1. 野山楂 Crataegus cuneata Sieb. & Zucc. (分布于临沂、泰安、济南等地)
(图 376)
    2. 毛山楂 Crataegus maximowiczii Schneid. (青岛中山公园栽培)(图 377)

图376　野山楂
1.花枝；2.花纵切；3.果实；4.果实横切；5.果核

图377　毛山楂
1.花枝；2.花纵切；3.果实；4.果实横切

3. 山楂 *Crataegus pinnatifida* Bunge (分布于全省各山区；各地栽培)(图 378)

3a. 山里红 *Crataegus pinnatifida* Bunge var. *major* N. E. Br. (全省各地普遍栽培)

3b. 秃山楂 *Crataegus pinnatifida* Bunge var. *pilosa* Schneid. (分布于泰安、临沂、青岛等地)

4. 辽宁山楂 *Crataegus sanguinea* Pall. (分布于鲁山、泰山)(图 379)

5. 山东山楂 *Crataegus shandongensis* F. Z. Li & W. D. Peng (分布于枣庄、泰安) (图 380)

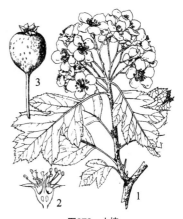

图378　山楂
1.花枝；2.花纵切；3.果实

图379　辽宁山楂
1.果枝；2.叶片；3.托叶；4.花纵切

图380　山东山楂
1.花枝；2.花纵切；3.果实

6. 光叶山楂 *Crataegus dahurica* Koehne ex Schneid. (分布于枣庄抱犊崮)

（六）榅桲属 *Cydonia* Mill.

仅 1 种，原产中亚细亚。我国引入栽培；山东有栽培。

1. 榅桲 (木梨) *Cydonia oblonga* Mill. (临沂、菏泽、泰安、青岛、淄博等地栽培) (图 381)

（七）枇杷属 *Eriobotrya* Lindl.

约 30 种。我国 14 种；山东引入栽培 1 种。

1. 枇杷 *Eriobotrya japonica* (Thunb.) Lindl. (临沂、泰安、日照、枣庄、青岛、菏泽、济宁、济南等地栽培)(图 382)

图381　榅桲

1.花枝；2.果枝；3.花纵切；4.果实纵切

图382　枇杷

1.花枝；2.花纵切，示雄蕊群和子房下位；3.果实；4.果核

（八）苹果属 *Malus* Mill.

约55种。我国26种；山东4种2变种，引入栽培9种3变种1变型。

分种检索表

1. 叶片不分裂（极稀萌枝的叶偶有分裂），在芽中呈席卷状。

　2. 萼片脱落；花柱3～5；果实较小，直径多在1.5cm以下。

　　3. 萼片披针形，比萼筒长。

　　　4. 花柱5或4。

　　　　5. 嫩枝无毛或被短柔毛，细弱；叶片最初有短柔毛，以后多数脱落近于无毛；花白色。

　　　　　6. 叶柄、叶脉、花梗和萼筒外部均光滑无毛；果实近球形。

　　　　　　7. 小枝直立或斜展 ························· 山荆子*Malus baccata*

　　　　　　7. 小枝下垂 ················· 垂枝山荆子 *Malus baccata* f. *gracilis*

　　　　　6. 叶柄、叶脉、花梗和萼筒外部常有稀疏柔毛；果实椭圆形或倒卵形 ············
　　　　　　 ················· 毛山荆子*Malus manshurica*

　　　　5. 嫩枝和叶片下面常被绒毛或柔毛；叶边有尖锐锯齿；花粉红色；果实近球形，萼
　　　　　洼下陷；萼片脱落，少数宿存 ··········· 西府海棠*Malus micromalus*

　　　4. 花柱3，稀4；萌生叶片有时分裂，叶缘锯齿大而稍钝 ·····························
　　　　　 ··············· 平邑甜茶*Malus hupehensis* var. *mengshanensis*

　3. 萼片三角卵形，与萼筒等长或稍短。

　　8. 萼片先端渐尖或急尖；花柱3，稀4；果实椭圆形或近球形。

　　　9. 花径3.5～4cm，果实直径约1cm，叶缘锯齿尖锐 ····· 湖北海棠*Malus hupehensis*

　　　9. 花径不足2cm，果实直径约0.6cm；叶缘锯齿较钝 ··············
　　　　　 ··············· 泰山海棠*Malus hupehensis* var. *taiensis*

　　8. 萼片先端圆钝；花柱4或5；果实梨形或倒卵形。

　　　10. 花单瓣。

　　　　11. 花粉红色或带紫色 ················· 垂丝海棠*Malus halliana*

11. 花白色 ······························· 白花垂丝海棠*Malus halliana* var. *spontanea*

   10. 花重瓣，一般为粉红、粉白或带紫红色 ···**重瓣垂丝海棠***Malus halliana* var. *parkmanii*

2. 萼片宿存，稀脱落；花柱（4）5；果形较大，直径常在（1.5）2cm以上。

   12. 萼片先端渐尖，比萼筒长。

     13. 叶边有钝锯齿；果实扁球形或球形，先端常有隆起，萼洼下陷。

       14. 叶片先端急尖，表面光滑；叶边锯齿稍深，小枝、冬芽及叶片上毛茸较多。

         15. 果肉白色或黄白色 ······················ 苹果*Malus pumila*

         15. 果肉红色 ··················红肉苹果*Malus pumila* var. *niedzwetzkyana*

       14. 叶片先端钝或近圆形，表面凹凸不平，边缘有不规则粗圆锯齿，有时微有分裂

                           ······················ 大鲜果*Malus sulardii*

     13. 叶边锯齿常较尖锐；果实卵形，先端渐狭，不或稍隆起，萼洼微突。

       16. 果形较大，果梗中长；叶片下面密被短柔毛 ··············· 花红*Malus asiatica*

       16. 果形较小，果梗细长；叶片下面仅在叶脉具短柔毛或近无毛··· 楸子*Malus prunifolia*

   12. 萼片先端急尖，比萼筒短或等长；果梗细长。

     17. 果实较小，直径1.5～2cm；萼片宿存或脱落。

       18. 叶片基部宽楔形或近圆形；叶柄长1.5～2cm；果实黄色，基部梗洼隆起，萼片

         宿存 ······························· 海棠花*Malus spectabilis*

       18. 叶片基部渐狭成楔形；叶柄长2～3.5cm；果实红色，基部梗洼下陷，萼片宿存

         或脱落 ···························· 西府海棠*Malus micromalus*

     17. 果实较大，直径2～2.5cm；萼片脱落，稀宿存·········· 八棱海棠*Malus* × *robusta*

1. 叶片常3～5浅裂（稀不分裂），在芽中呈对折状；果实近球形，萼片脱落。

   19. 花柱3～4，萌生枝上的叶常分裂，花枝上的叶有锯齿 ··········· 三叶海棠*Malus sieboldii*

   19. 花柱通常4～5，叶一般不分裂，花枝上的叶近全缘 ········ 珠美海棠*Malus* × *zumi*

1. 花红（槟子、沙果）*Malus asiatica* Nakai（全省各地栽培）(图383)

2. 山荆子（山定子）*Malus baccata* Borkh.（分布于鲁中及胶东山地；泰安、济南、潍坊等地栽培）(图384)

2a. 垂枝山荆子 f. *gracilis* Rehd.（济南栽培）

3. 垂丝海棠 *Malus halliana* (Voss) Koehne（全省各地栽培）(图385)

3a. 白花垂丝海棠 *Malus halliana* (Voss) Koehne. var. *spontanea* Rehd.（潍坊、青岛栽培）

3b. 重瓣垂丝海棠 *Malus halliana* (Voss) Koehne. var. *parkmanii* Rehd.（全省各地栽培）

4. 湖北海棠（甜茶）*Malus hupehensis* (Pamp.) Rehd.（广布于鲁中南及胶东山地丘陵）(图386)

图383 花红
1.花枝；2.果实

图384 山荆子
1.花枝；2.果枝；3.花纵切；4.雄蕊；
5.果实纵切；6.果实横切

图385 垂丝海棠
1.花枝；2.花纵切

图386 湖北海棠
1.花枝；2.果枝；3.花纵切；4.果
实横切；5.果实纵切

4a. 平邑甜茶 *Malus hupehensis* (Pamp.)Rehd. var. *mengshanensis* G. Z. Qian & W. H. Shao (分布于蒙山)

4b. 泰山海棠 *Malus hupehensis* (Pamp.)Rehd. var. *taiensis* G. Z. Qian (分布于泰山)

5. 毛山荆子 (毛山定子) *Malus manshurica* (Maxim.) Kom. (分布于崂山；泰安、青岛等地栽培)(图 387)

6. 西府海棠 (小果海棠) *Malus micromalus* Makino (全省各地栽培)(图 388)

7. 楸子 (海棠果、奈子) *Malus prunifolia* (Willd.) Borkh. (泰安、青岛、潍坊等地栽培)(图 389)

8. 苹果 *Malus pumila* Mill. (全省各地栽培)(图 390)

图387 毛山荆子
1.花枝；2.果枝；3.花纵切；4.果
实横切

图388 西府海棠

图389 楸子
1.花枝；2.果实

8a. 红肉苹果 *Malus pumila* Mill. var. *niedzwetzkyana* Schneid. (泰安、临沂、青岛等地少量栽培)

9. 八棱海棠 *Malus* × *robusta* (Carr.) Rehd. (青岛、潍坊栽培)

10. 三叶海棠 *Malus sieboldii* (Regel.) Rehd. (分布于胶东山区)(图 391)

图390 苹果
1.花枝；2.果实

图391 三叶海棠
1.果枝；2.花纵切；3.果实横切

11. 海棠花 *Malus spectabilis* Borkh. (全省各地普遍栽培)(图 392)

12. 大鲜果 (苏纳德苹果) *Malus sulardii* (Bailey) Britt. (烟台、青岛、泰安等地栽培)

13. 珠美海棠 *Malus* × *zumi* (Matsum.) Rehd. (东营栽培)

（九）欧楂属 *Mespilus* Linn.

仅 1 种，分布于欧洲中部。我国引入栽培，山东有栽培。

1. 欧楂 (西洋山楂) *Mespilus germinica* Linn. (青岛中山公园栽培)(图 393)

图392 海棠花
1.花枝；2.花枝；3.花纵切，去的花瓣

图393 欧楂
1.花枝；2.果枝；3.花纵切；4.果实横切

（十）石楠属 *Photinia* Lindl.

约 60 余种。我国 43 种；山东 1 种 1 变种，引入栽培 4 种。

分种检索表

1. 常绿乔木或灌木。
  2. 无枝刺。
    3. 叶绿色。
      4. 叶长椭圆形至倒卵状长椭圆形，长8～22cm，叶柄长2～4cm ··· 石楠*Photinia serratifolia*
      4. 叶椭圆形至倒卵状椭圆形，长5～10cm，叶柄长0.5～1.5cm ··· 光叶石楠*Photinia glabra*
    3. 叶红紫色，尤其以春叶为甚 ·················· 红叶石楠*Photinia fraseri*
  2. 有枝刺；叶长椭圆形、倒卵形至倒披针形，长5～10（15）cm，宽2～5cm，先端渐尖，叶
    缘有腺齿，叶柄长0.8～1.5cm ·············· 椤木石楠*Photinia bodinieri*
1. 落叶灌木。
  5. 叶片倒卵形或长圆倒卵形，两面初有白色长柔毛，后上面逐渐脱落几无毛，下面叶脉有
    柔毛；伞房花序有花10～20朵，花径7～12mm；果实稍有柔毛 ··· 毛叶石楠*Photinia villosa*
  5. 叶片椭圆形或长圆椭圆形，老叶无毛；伞房花序有花5～8朵，稀达15朵；花直径
    1～1.5cm；果实无毛 ·············· 庐山石楠*Photinia villosa* var. *sinica*

1. 椤木石楠 *Photinia bodinieri* Lévl.（泰安、青岛等地栽培）(图394)

2. 红叶石楠 *Photinia fraseri* Dress（临沂、青岛、潍坊、枣庄等地栽培）

3. 光叶石楠 *Photinia glabra* (Thunb.) Maxim.（青岛栽培）(图395)

4. 石楠 *Photinia serratifolia* (Desf.) Kalkman（全省各地栽培）(图396)

5. 毛叶石楠 *Photinia villosa* (Thunb.) DC.（分布于青岛、烟台、威海）(图397)

5a. 庐山石楠 *Photinia villosa* (Thunb.) DC. var. *sinica* Rehd. & Wils.（分布于崂山）

图394　椤木石楠
1.花枝；2.果实

图395　光叶石楠
1.果枝；2.花

图396　石楠
1.果枝；2.花；3.花纵切；4.果实；
5.果实纵切和横切

图397　毛叶石楠
1.花枝；2.果实

（十一）火棘属 *Pyracantha* Roem.

约 10 种。我国 7 种；山东引入栽培 4 种。

分种检索表

1. 叶绿色，无乳黄色斑纹，秋季也不变红色。
  2. 叶下面无毛或近无毛。
    3. 叶倒卵形至倒卵状长椭圆形，先端钝圆或微凹，有时有短尖头 ······················
    ······················ 火棘*Pyracantha fortuneana*
    3. 叶长椭圆形至倒披针形，先端尖而常有小刺头 ········ 细圆齿火棘*Pyracantha crenulata*
  2. 叶长矩圆形至倒披针状矩圆形，下面被绒毛，锯齿少，近全缘 ······················
    ······················ 窄叶火棘*Pyracantha angustifolia*
1. 叶有乳黄色斑纹，冬季叶片变红色，倒卵状长圆形，先端圆钝，有圆钝锯齿······················
  ······················ 小丑火棘*Pyracantha coccinea* 'Hadequin'

1. 窄叶火棘 *Pyracantha angustifolia* (Franch.) Schneid. (青岛栽培)(图 398)

2. 小丑火棘 *Pyracantha coccinea* M. Roem. 'Hadequin' (青岛栽培)

3. 细圆齿火棘 (火把果) *Pyracantha crenulata* (D. Don) M. Roemer (青岛、济南等地栽培)(图 399)

4. 火棘 *Pyracantha fortuneana* (Maxim.) Li (全省各地栽培)(图 400)

图398　窄叶火棘
1.果枝；2.叶片；3.花；4.果实

图399　细圆齿火棘
1.花枝；2.果实

图400　火棘
1.花枝；2.果实

（十二）梨属 *Pyrus* Linn.

约25种。我国15种；山东7种2变型，引入栽培1种1变种。

分种检索表

1. 果实上有萼片宿存；花柱3～5。
　2. 叶边有带刺芒尖锐锯齿，刺芒或长或短。
　　3. 叶长5～10cm，叶缘锯齿刺芒长；花柱5枚；果黄色，直径2～6cm，果梗长1～2cm······
　　　　······················· 秋子梨*Pyrus ussuriensis*
　　3. 叶长4～7cm，叶缘锯齿刺芒短；花柱多为4枚；果褐色，直径1.5～2.5cm，果梗长
　　　　1.5～3cm ···················· 河北梨*Pyrus hopeiensis*
　2. 叶边有圆钝锯齿。
　　4. 果实褐色；花柱3～4，果实3～4室，直径1.5～2.5cm；叶片卵状披针形，长
　　　　10～15cm，宽3～5cm，上面无毛，下面微有长柔毛·········· 崂山梨*Pyrus trilocularis*
　　4. 果实黄绿色，倒卵形或近球形；叶片椭圆形至卵形 ······西洋梨*Pyrus communis* var. *sativa*
1. 果实上萼片多数脱落或少数部分宿存；花柱2～5。
　5. 叶边有不带刺芒的尖锐锯齿或圆钝锯齿；花柱2～4（5）；果实褐色。
　　6. 叶边有尖锐锯齿。
　　　7. 果实近球形，2～3室，直径0.5～1cm；幼枝、花序和叶片下面均被绒毛 ··········
　　　　　···················· 杜梨*Pyrus betulaefolia*
　　　7. 果实球形或卵形，3～4室，直径2～2.5cm；幼枝、花序和叶片下面具绒毛，不久脱
　　　　　落 ························ 褐梨*Pyrus phaeocarpa*
　　6. 叶边有圆钝锯齿；花柱2～3；叶片、花序均无毛。
　　　8. 梨果直径约1cm。
　　　　9. 叶宽卵形至卵形，稀长椭卵形 ··············· 豆梨*Pyrus calleryana*
　　　　9. 叶卵状披针形或长圆披针形，锯齿浅钝或全缘 ·········
　　　　　···············柳叶豆梨*Pyrus calleryana* f. *lanceolata*
　　　8. 梨果直径约1.5～2cm ············· 大果豆梨*Pyrus calleryana* f. *macrocarpa*
　5. 叶边具有带刺芒的尖锐锯齿；花柱4～5。
　　10. 果实黄色；叶片基部宽楔形 ··············· 白梨*Pyrus bretschneideri*
　　10. 果实褐色；叶片基部圆形或近心形 ············· 沙梨*Pyrus pyrifolia*

图401 杜梨
1.果枝；2.花纵切；3.花瓣；
4.雄蕊；5.果实横切

1. 杜梨（棠梨）*Pyrus betulaefolia* Bunge（全省各地分布及栽培）(图401)

2. 白梨（梨树）*Pyrus bretschneideri* Rehd.（全省各地普遍栽培，也有野生）(图402)

3. 豆梨 *Pyrus calleryana* Decne.（分布于鲁中南及胶东山地丘陵；各地栽培）(图403)

3a. 柳叶豆梨 *Pyrus calleryana* Decne. f. *lanceolata* Rehd.（分布于蒙山）

3b. 大果豆梨*Pyrus calleryana* Decne. f. *macrocarpa* D. K. Zang（分布于蒙山、塔山）

4. 西洋梨 (洋梨) *Pyrus communis* Linn. var. *sativa* (DC.) DC. (全省各地栽培)
(图 404)

图402　白梨

1.花枝；2.叶缘放大吗，示锯齿；
3.花；4.花纵切，去掉花瓣；5.果
实；6.果实横切

图403　豆梨

1.花枝；2.果枝；3.花纵切；4.果
实纵切；5.果实横切

图404　西洋梨

1.花枝；2.果枝；3.花纵切

5. 河北梨 *Pyrus hopeiensis* Yü (分布于崂山)(图 405)

6. 褐梨 *Pyrus phaeocarpa* Rehd. (分布于鲁中南和胶东山地丘陵，鲁南、鲁西
有栽培)(图 406)

7. 崂山梨 *Pyrus trilocularis* D. K. Zang & P. C. Huang (分布于崂山上清宫、明
霞洞)(图 407)

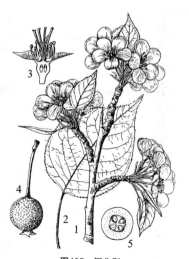

图405　河北梨

1.花枝；2.叶片；3.花纵切；4.果实；
5.果实横切

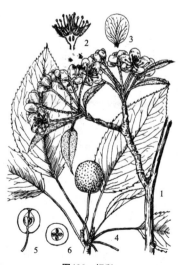

图406　褐梨

1.花枝；2.花纵切；3.花瓣；4.果枝；
5.果实纵切；6.果实横切

图407　崂山梨

1.果枝；2.果实；3.果实横切

8. 沙梨（酥梨）*Pyrus pyrifolia* (Burm. f.) Nakai（全省各地栽培）（图408）

9. 秋子梨（花盖梨）*Pyrus ussuriensis* Maxim.（分布于崂山等地；胶东、鲁中南、鲁西等地栽培）（图409）

（十三）石斑木属 *Rhaphiolepis* Lindl.

约15种。我国7种；山东引入栽培1种。

1. 厚叶石斑木 *Rhaphiolepis umbellata* (Thunb.) Makino（青岛中山公园、威海荣成等地栽培）（图410）

图408 沙梨
1.花枝；2.果枝；3.枝叶

图409 秋子梨
1.果枝；2.果实横切

图410 厚叶石斑木
1.花枝；2.花；3.花纵切

（十四）花楸属 *Sorbus* Linn.

约100种。我国67种；山东5种3变种。

分种检索表

1. 单叶。
 2. 叶缘有锯齿，不分裂；叶片长5～12cm，宽3～6cm ·············· 水榆花楸*Sorbus alnifolia*
 2. 叶缘有缺刻状浅裂。
  3. 果实卵形或椭圆形，无棱、沟 ·············· 裂叶水榆花楸*Sorbus alnifolia* var. *lobulata*
  3. 果实球形，具5条纵沟 ·············· 棱果水榆花楸*Sorbus alnifolia* var. *angulata*
1. 羽状复叶。
 4. 小叶（4）5～7对，长圆状披针形，一般宽不及2cm。
  5. 冬芽外面被白色柔毛或至少在先端有柔毛；托叶较宽大，卵形或半圆形，有粗锯齿。
   6. 总花梗和花梗无毛或仅幼时有疏柔毛；花柱3或5；果实成熟时红色、白色或黄色。
    7. 果实成熟时红色，顶部萼洼下陷；花柱5 ·············· 泰山花楸*Sorbus taishanensis*
    7. 果实成熟时白色或黄色，顶部萼洼平；花柱3 ·············· 北京花楸*Sorbus discolor*
   6. 总花梗、花梗、冬芽密被白色绒毛，小枝幼时有绒毛；花柱3；果实成熟时红色··············
     ·············· 花楸树*Sorbus pohuashanensis*
  5. 冬芽鳞片通常无毛；托叶条状披针形，膜质，早落；总花梗及花梗无毛或仅有稀疏白色柔毛；花柱4～5；果实成熟时白色或有时带红晕 ········ 湖北花楸*Sorbus hupehensis*
 4. 小叶3～4对，长圆形，宽2～3cm ·············· 少叶花楸*Sorbus hupehensis* var. *paucijuga*

1. 水榆花楸 (水榆) *Sorbus alnifolia* (Sieb. & Zucc.) K. Koch (分布于鲁中南、胶东山地丘陵)(图 411)

1a. 裂叶水榆花楸 *Sorbus alnifolia* (Sieb. & Zucc.) K. Koch var. *lobulata* Rehd. (分布于蒙山、崂山、泰山)

1b. 棱果水榆花楸 *Sorbus alnifolia* (Sieb. & Zucc.) K. Koch var. *angulata* S. B. Liang (分布于鲁山)(图 412)

图411 水榆花楸
1.果枝；2.花枝；3.花；4.果实；5.果实横切

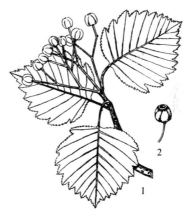

图412 棱果水榆花楸
1.果枝；2.果实

2. 北京花楸 (白果花楸) *Sorbus discolor* (Maxim.) Maxim. (分布于崂山) (图 413)

3. 湖北花楸 *Sorbus hupehensis* Schneid. (分布于昆嵛山、崂山)(图 414)

图413 北京花楸
花枝；2.果枝；3.花纵切，去掉花瓣；4.花瓣；5.果实纵
；6.果实横切

图414 湖北花楸
1.花枝；2.果实

3a. 少叶花楸 *Sorbus hupehensis* Schneid. var. *paucijuga* (D. K. Zang & P. C. Huang) L. T. Lu (分布于崂山)(图 415)

4. 花楸树 (百花山花楸) *Sorbus pohuashanensis* (Hance) Hedl. (分布于鲁中南和胶东山地)(图 416)

5. 泰山花楸 *Sorbus taishanensis* F. Z. Li & X. D. Chen (分布于泰山)(图 417)

图415　少叶花楸
1.果枝；2.果实

图416　花楸树
1.花枝；2.果枝；3.花纵切；4.花瓣；
5.雌蕊；6.雄蕊

图417　泰山花楸
1.枝叶；2.果枝

Ⅳ. 李亚科 Prunoideae

10 属约 400 种。我国 9 属约 117 种。山东 5 属 27 种 12 变种 21 变型。

分属检索表

1. 幼叶多为席卷式，少数为对折式；果实有沟，外面被毛或被蜡粉。
  2. 侧芽单生，顶芽缺；果核常光滑或有不明显孔穴。
    3. 子房和果实常被短柔毛；花无柄或有短柄，花先叶开 ·············· 杏属 *Armeniaca*
    3. 子房和果实均光滑无毛，常被蜡粉；花常有柄，花叶同开 ··········李属 *Prunus*
  2. 侧芽常 3 枚并生，两侧为花芽，具顶芽；子房和果实常被短柔毛，极稀无毛；果核常有孔穴，极稀光滑；叶片为对折式 ·············· 桃属 *Amygdalus*
1. 幼叶常为对折式，果实无沟，不被蜡粉；枝有顶芽。
  4. 花单生或少数组成短总状或伞房状花序，基部常有明显苞片 ·············· 樱属 *Cerasus*
  4. 花 10 朵至多朵组成总状花序，花序梗上常有叶片，稀无叶 ·············· 稠李属 *Padus*

（一）桃属 *Amygdalus* Linn.

40 种。我国 12 种；山东 3 种，引入栽培 1 种 3 变种 12 变型。

分种检索表

1. 果实成熟时干燥无汁，开裂。
  2. 萼筒宽钟形；叶片叶片宽椭圆形至倒卵形，先端常3裂，边缘具粗锯齿或重锯齿，被短柔毛；花梗长4～8mm。
    3. 花萼5枚，花单瓣 ·························· 榆叶梅*Amygdalus triloba*
    3. 花萼通常10枚。
      4. 花重瓣，粉红色 ·········· 重瓣榆叶梅*Amygdalus triloba* f. *multiplex*
      4. 花瓣与萼片各10枚；叶片下面无毛 ········ 弯枝榆叶梅*Amygdalus triloba* f. *petzoldii*
  2. 萼筒圆筒形；叶披针形或椭圆披针形，幼时被疏柔毛，老时无毛；花梗长2～4mm ·····
             ·········· 扁桃*Amygdalus communis*
1. 果实成熟时肉质多汁，不开裂，稀具干燥的果肉。
  5. 叶片卵状披针形，两面无毛，叶边具细锐锯齿；冬芽无毛；花萼无毛。
    6. 花粉红色 ·························· 山桃*Amygdalus davidiana*
    6. 花白色或鲜玫瑰红色。
      7. 花白色或淡绿色，开花早 ·········· 白花山桃*Amygdalus davidiana* f. *alba*
      7. 花鲜玫瑰红色 ·········· 红花山桃*Amygdalus davidiana* f. *rubra*
  5. 叶片长圆披针形或倒卵状披针形，下面脉腋常具短柔毛，叶边锯齿较钝；冬芽密生毛；花萼被短柔毛 (桃*Amygdalus persica*)。
    8. 枝条不下垂，直立或斜展。
      9. 枝条节间正常，树形较高大。
        10. 树冠开张。
          11. 叶片绿色。
            12. 花单色，白色、粉红或深红色。
              13. 花红色或粉红色。
                14. 花粉红色。
                  15. 花单瓣。
                    16. 果实有毛。
                      17. 果实卵形 ·········· 桃*Amygdalus persica*
                      17. 果实扁平，两端凹入呈柿饼状 ··········
                      ·········· 蟠桃*Amygdalus persica* var. *compressa*
                  16. 果实光滑无毛 ····· 油桃*Amygdalus persica* var. *aganonucipersica*
                  15. 花粉红色，重瓣 ·········· 碧桃*Amygdalus persica* f. *duplex*
                14. 花深红或鲜红色 ·········· 绛桃*Amygdalus persica* f. *camelliaeflora*
              13. 花白色。
                18. 花单瓣 ·········· 白桃*Amygdalus persica* f. *alba*
                18. 花重瓣 ·········· 白碧桃*Amygdalus persica* f. *albo-plena*
            12. 花复色，一树开两色花甚至一朵花或一个花瓣中两色 ··········
              ·········· 洒金碧桃*Amygdalus persica* f. *versicolor*
         11. 叶片紫红色，上面多皱折；花粉红或深红色，单瓣或重瓣 ··········
            ·········· 紫叶桃*Amygdalus persica* f. *atropurpurea*
        10. 树冠塔型或狭圆锥形，枝条分枝角度小 ··· 塔型碧桃*Amygdalus persica* f. *pyramidalis*
      9. 树形矮小，枝条粗短，节间短 ·········· 寿星桃*Amygdalus persica* var. *densa*
    8. 枝条下垂，花有红、粉、白等色 ·········· 垂枝碧桃*Amygdalus persica* f. *pendula*

1. 扁桃 *Amygdalus communis* Linn.（青岛、烟台、泰安、济南等地栽培）（图418）

2. 山桃 *Amygdalus davidiana* (Carr.) C. de Vos（全省各地栽培）（图419）

2a. 白花山桃 *Amygdalus davidiana* (Carr.) C. de Vos f. *alba* (Carr.) Rehd.（青岛、泰安、济南、德州等地栽培）

2b. 红花山桃 *Amygdalus davidiana* (Carr.) C. de Vos f. *rubra* (Carr.) Rehd.（青岛、泰安、济南栽培）

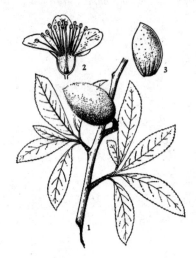

图418　扁桃
1.果枝；2.花纵切；3.果核

图419　山桃
1.花枝；2.果枝；3.花纵切，去掉花瓣；4.果核

图420　桃
1.花枝；2.果枝；3.果核

3. 桃 *Amygdalus persica* Linn.（全省各地普遍栽培）（图420）

3a. 寿星桃 *Amygdalus persica* Linn. var. *densa* Makino（全省各地普遍栽培）

3b. 油桃 *Amygdalus persica* Linn. var. *aganonucipersica* Schubler & Martens（全省各地果园栽培）

3c. 蟠桃 *Amygdalus persica* Linn. var. *compressa* (Loud.) Yü & Lu（全省各地果园栽培）

3d. 绛桃 *Amygdalus persica* Linn. f. *camelliaeflora* (Van Houtte) Dipp.（全省各地普遍栽培）

3e. 碧桃 *Amygdalus persica* Linn. f. *duplex* Rehd. (全省各地普遍栽培，有菊花桃 'Kikumomo' 等品种)

3f. 白桃 *Amygdalus persica* Linn. f. *alba* Schneid. (全省各地普遍栽培)

3g. 白碧桃 *Amygdalus persica* Linn. f. *albo-plena* Schneid. (全省各地普遍栽培)

3h. 洒金碧桃 *Amygdalus persica* Linn. f. *versicolor* (Sieb.) Voss. (全省各地普遍栽培)

3i. 紫叶桃 *Amygdalus persica* Linn. f. *atropurpurea* Schneid. (全省各地普遍栽培)

3j. 塔型碧桃 *Amygdalus persica* Linn. f. *pyramidalis* Dipp. (全省各地普遍栽培，有照手白 'Teruteshiro'、照手姬 'Terutemhime'、照手红 'Terutebeni' 等品种)

3k. 垂枝碧桃 *Amygdalus persica* Linn. f. *pendula* (全省各地普遍栽培)

4. 榆叶梅 *Amygdalus triloba* (Lindl.) Ricker (分布于抱犊崮、崂山、济南佛峪等地；全省各地栽培) (图 421)

4a. 重瓣榆叶梅 *Amygdalus triloba* (Lindl.) Ricker f. *multiplex* (Bunge) Rehd. (全省各地栽培)

4b. 鸾枝榆叶梅 (兰枝) *Amygdalus triloba* (Lindl.) Ricker f. *petzoldii* (K. Koch.) Bailey (全省各地栽培)

（二）杏属 *Armeniaca* Mill.

8 种。我国产 7 种；山东 1 种 1 变种，引入栽培 2 种 2 变种 6 变型。

图421　榆叶梅
1.花枝；2.果枝；3.花纵切

分种检索表

1. 小枝紫红色或红褐色；叶片宽卵形或圆卵形，先端急尖至短渐尖，叶边有圆钝锯齿；果核平滑或表面稍粗糙，无蜂窝状孔穴。
　2. 叶柄长2～3.5cm，叶宽卵形或圆卵形；萼片花后反折。
　　3. 叶片长5～10cm，基部圆形或近心形；花单生于一芽内 ········ 杏*Armeniaca vulgaris*
　　3. 叶片长4～6cm，基部宽楔形或楔形；花常2朵生于一芽内 ·········
　　········· 野杏*Armeniaca vulgaris* var. *ansu*
　2. 叶柄长1.8～2.1cm，叶椭圆形至倒卵状椭圆形；萼片不反折 ··· 李梅杏*Armeniaca limeixing*
1. 小枝绿色；叶卵形至广卵形，先端长渐尖或尾尖，叶边具尖锯齿；果核具蜂窝状孔穴 (梅*Armeniaca mume*)。
　4. 小枝直立或斜出。
　　5. 花萼红褐色至绛紫色。
　　　6. 花单色。
　　　　7. 花白色至粉红色。

8. 花重瓣或半重瓣。
　9. 花半重瓣至重瓣，粉红色 ·················· 宫粉梅*Armeniaca mume* f. *alphandii*
　9. 花重瓣，白色，萼绛紫色 ·················· 玉碟梅*Armeniaca mume* f. *albo-plena*
8. 花单瓣、碟形，纯白、水红、肉色或桃红等色 ···江梅*Armeniaca mume* f. *simpliciflora*
7. 花紫红色，碟形，单瓣、半重瓣或重瓣 ·········朱砂梅*Armeniaca mume* f. *purpurea*
6. 花单瓣至重瓣，在一棵树上同时开近白色、粉红色与白底红条或白底红斑点的各色
花朵 ·············· 洒金梅*Armeniaca mume* f. *versicolor*
5. 花萼绿色，花碟形，单瓣至半重瓣，白色 ········ 绿萼梅*Armeniaca mume* f. *viridicalyx*
4. 小枝下垂 ·················· 照水梅*Armeniaca mume* var. *pendula*

图422 梅
1.花枝；2.果枝；3.花纵切；4.果实纵切，
示果核

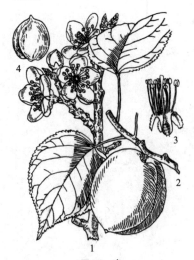

图423 杏
1.花枝；2.果枝；3.花纵切，去掉花瓣；
4.果核

1. 李梅杏 Armeniaca limeixing J. Y. Zhang & Z. M. Wang (据 Flora of China，山东有栽培)

2. 梅 Armeniaca mume Sieb. (全省各地栽培) (图 422)

2a. 照水梅 Armeniaca mume Sieb. var. *pendula* Sieb. (青岛、泰安、济南等地栽培)

2b. 杏梅 Armeniaca mume Sieb. var. *bungo* Makino (全省各地栽培)

2c. 江梅 Armeniaca mume Sieb. f. *simpliciflora* T. Y. Chen (青岛、泰安等地栽培)

2d. 宫粉梅 Armeniaca mume Sieb. f. *alphandii* (Carr.) Rehd. (青岛、泰安、济南等地栽培)

2e. 玉碟梅 Armeniaca mume Sieb. f. *albo-plena* (Bailey) Rehd. (青岛、泰安等地栽培)

2f. 洒金梅 Armeniaca mume Sieb. f. *versicolor* T. Y. Chen & H. H. Lu (青岛、泰安等地栽培)

2g. 绿萼梅 Armeniaca mume Sieb. f. *viridicalyx* (Makino) T. Y. Chen (青岛、泰安、济南等地栽培)

2h. 朱砂梅 Armeniaca mume Sieb. f. *purpurea* (Makino) T. Y. Chen (青岛等地栽培)

3. 杏 Armeniaca vulgaris Lam. (分布于全省各地；常见栽培)(图 423)

3a. 野杏 Armeniaca vulgaris Lam. var. *ansu* (Maxim.) Yü & Lu (分布于鲁中南、胶东山地丘陵)

（三）樱属 *Cerasus* Mill.

120 余种。我国 45 种，另引入多种；山东 7 种 3 变种，引入栽培 5 种 2 变种 2 变型。

分种检索表

1. 腋芽单生；花序多伞形或伞房总状，稀单生；叶柄一般较长。
  2. 萼片反折。
    3. 花序上有大形绿色苞片，果期宿存，或伞形花序基部有叶。
      4. 叶片无毛，长叶7cm，叶柄长1.5～5cm；内面芽鳞直立；花序基部有少数叶状苞片；果味酸 ·················· 欧洲酸樱桃 *Cerasus vulgaris*
      4. 叶片下面多少有柔毛，长达15cm，叶柄长达7cm；内面芽鳞反折；花序基部无叶状苞片；果甜 ················· **欧洲甜樱桃** *Cerasus avium*
    3. 花序上苞片为褐色，果期脱落；叶片卵形或长圆状卵形，长5～12cm，宽3～5cm，边有尖锐重锯齿；花序伞房状或近伞形，先叶开放；核果红色，直径0.9～1.3cm ····· ··················· **樱桃** *Cerasus pseudocerasus*
  2. 萼片直立或开张。
    5. 花梗及萼筒被柔毛，至少花梗被柔毛。
      6. 萼筒基部膨大、颈部缩小呈壶型；侧脉直出，多达10～14对；伞形花序有花2～3朵。
        7. 枝条斜展 ·················· **大叶早樱** *Cerasus subhirtella*
        7. 枝条下垂 ············ **垂枝大叶早樱** *Cerasus subhirtella* var. *pendula*
      6. 萼筒管状，先端略扩大；叶片侧脉微弯，6～10对。
        8. 叶片卵状椭圆形至倒卵椭圆形，先端渐尖至尾尖。
          9. 花叶同放，花萼近无毛；野生植物 ······ **毛山樱** *Cerasus serrulata* var. *pubescens*
          9. 花先叶开放，花萼有柔毛；栽培植物 ·················· **日本樱花** *Cerasus yedoensis*
        8. 叶倒卵形或近圆形，先端平截，偶有尖头；花序有花1～2朵 ·················· ··················· **崂山樱花** *Cerasus laoshanensis*
    5. 花梗及萼筒无毛。
      10. 乔木，枝条较细；萼筒细长，近管状或上部渐扩大。
        11. 果熟时紫黑色，直径8～10mm，叶无毛 ·········· **山樱花** *Cerasus serrulata*
        11. 果熟时鲜红色，直径4~7mm；叶背面沿脉和脉腋有毛 ················· **泰山野樱花** *Cerasus serrulata* var. *taishanensis*
      10. 小乔木，枝条粗壮；萼筒宽大，常呈倒三角形，栽培植物·················· ··················· **日本晚樱** *Cerasus serrulata* var. *lannesiana*
1. 腋芽三个并生，中间为叶芽，两侧为花芽。
  12. 萼片反折，萼筒杯状或陀螺状，长宽近相等；伞形花序有1～4花，花梗明显。
    13. 叶片中部以下最宽，卵形或卵状披针形，先端渐尖至急尖，基部圆形；花柱无毛。
      14. 花梗长5～10mm，叶片卵形或卵状披针形；叶柄长2～3mm ··· **郁李** *Cerasus japonica*
      14. 花梗长1～2cm，叶片卵形、卵圆形，锯齿较深，叶柄长3～5mm ·················· ··················· **长梗郁李** *Cerasus japonica* var. *nakaii*
    13. 叶片中部或中部以上最宽，基部楔形至宽楔形。

15.叶片下面无毛或仅脉腋有簇毛，先端急尖或渐尖。
  16.叶片中部或近中部最宽，卵状长圆形或长圆披针形；花柱基部有疏柔毛或无毛。
    17.花单瓣 ·································· **麦李**Cerasus glandulosa
    17.花重瓣。
      18.花粉红色 ·············· **粉花重瓣麦李**Cerasus glandulosa f. sinensis
      18.花白色 ·············· **白花重瓣麦李**Cerasus glandulosa f. albo-plena
  16.叶片中部以上最宽，倒卵状长圆形或倒卵状披针形；花柱无毛 ··········
    ······································ **欧李**Cerasus humilis
15.叶下面密生绒毛或微硬毛或仅脉上被疏柔毛，网脉十分显著；叶先端圆钝··········
  ······································ **毛叶欧李**Cerasus dictyoneura
12.萼片直立或开展，萼筒管状，长大于宽；花梗短，长1.5~2.5mm；叶片卵状椭圆形或倒卵状椭圆形，上面疏被、下面密被绒毛 ·············· **毛樱桃**Cerasus tomentosa

1. 欧洲甜樱桃 (大樱桃) *Cerasus avium* (Linn.) Moench (全省各地栽培)(图 424)

2. 毛叶欧李 *Cerasus dictyoneura* (Diels.) Yü (分布于泰山、徂徕山、五莲山、济南南部山区)(图 425)

3. 麦李 *Cerasus glandulosa* (Thunb.) Lois. (分布于鲁中南、胶东山地丘陵)(图 426)

3a. 粉花重瓣麦李 *Cerasus glandulosa* (Thunb.) Lois. f. *sinensis* (Pers.) Koehne (全省各地栽培)

3b. 白花重瓣麦李 *Cerasus glandulosa* (Thunb.) Lois. f. *albo-plena* Koehne (全省各地栽培)

图424 欧洲甜樱桃
1.花枝；2.果枝；3.花纵切；4.果核

图425 毛叶欧李
1.花枝；2.叶片；3.果实

图426 麦李
1.花枝；2.果枝；3.花纵切，去掉花瓣

4. 欧李 *Cerasus humilis* (Bunge) Sok (分布于鲁中南、胶东山地丘陵)(图 427)

5. 郁李 *Cerasus japonica* (Thunb.) Lois. (广泛分布于胶东山区)(图 428)

【重瓣郁李 'Multiplex'，花粉红色，重瓣 (全省各地栽培)；红花重瓣郁李 'Rose-plena'，花玫瑰红色，重瓣 (全省各地栽培)】

5a. 长梗郁李 *Cerasus japonica* (Thunb.) Lois. var. *nakaii* (Levl.) Yü & Li (分布于崂山)

6. 崂山樱花 *Cerasus laoshanensis* D. K. Zang (分布于崂山)

7. 樱桃 *Cerasus pseudocerasus* (Lindl.) G. Don (全省各地栽培)(图 429)

图427　欧李
1.花枝；2.果枝；3.花纵切；4.果实

图428　郁李
1.花枝；2.果枝；3.花纵切，去掉花瓣；4.果核

图429　樱桃
1.花枝；2.果枝

8. 山樱花 *Cerasus serrulata* (Lindl.) G. Don ex London (分布于鲁中南和胶东山地丘陵；各地也常见栽培)(图 430)

8a. 日本晚樱 *Cerasus serrulata* (Lindl.) G. Don ex London var. *lannesiana* (Carr.) Makino (全省各地普遍栽培)(图 431)

8b. 毛山樱 *Cerasus serrulata* (Lindl.) G. Don ex London var. *pubescens* (Makino) Yü & Li (分布于昆嵛山、崂山、蒙山、泰山等地)(图 432)

8c. 泰山野樱花 *Cerasus serrulata* (Lindl.) G. Don ex London var. *taishanensis* Y. Zhang & C. D. Shi (分布于泰山)

图430　山樱花
1.花枝；2.叶片；3.花纵切，去掉花瓣；4.果实纵切，示果核

9. 大叶早樱（日本早樱）*Cerasus subhirtella* (Miquel) Sok.（济南、烟台、青岛、潍坊等地栽培）(图 433)

9a. 垂枝大叶早樱 *Cerasus subhirtella* (Miquel) Sok. var. *pendula* (Tanaka) T. T. Yü & C. L. Li（潍坊等地栽培）

10. 毛樱桃 *Cerasus tomentosa* (Thunb.) Wall.（分布于鲁中南、胶东山地丘陵；各地栽培）(图 434)

11. 日本樱花（东京樱花）*Cerasus yedoensis* (Mats.) Yü & Li（全省各地栽培）(图 435)

12. 欧洲酸樱桃 *Cerasus vulgaris* Mill.（烟台、威海、青岛等地栽培）(图 436)

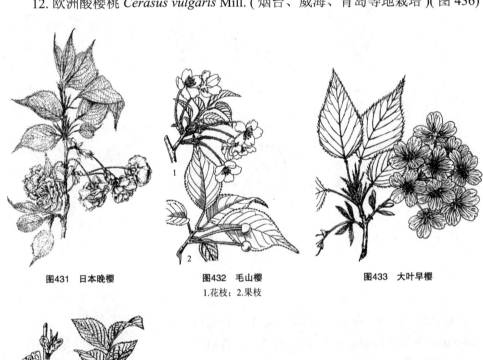

图431　日本晚樱

图432　毛山樱
1.花枝；2.果枝

图433　大叶早樱

图434　毛樱桃
1.花枝；2.果枝；3.花纵切；4.雄蕊；
5.果核

图435　日本樱花
1.枝叶；2.花枝

图436　欧洲酸樱桃
1.花枝；2.果枝；3.花纵切；4.果实
及实纵切

（四）稠李属 *Padus* Mill.

20 余种。我国产 16 种；山东 1 种 1 变种，引入栽培 2 种。

分种检索表

1. 花序基部有叶；叶片下面无腺体。
  2. 叶绿色。
    3. 叶下面无毛或仅脉腋有毛，花序无毛 ·················· 稠李 *Padus avium*
    3. 小枝和总状花序、花梗和总花梗均被短柔毛 ········ 北亚稠李 *Padus avium* var. *asiatica*
  2. 叶紫色，栽培植物 ············· 紫叶稠李 *Padus virginiana* 'Canada Red'
1. 花序基部无叶；叶片下面有紫褐色腺体 ················· 斑叶稠李 *Padus maackii*

    1. 稠李 *Padus avium* Mill.（分布于崂山、昆嵛山、泰山等地；各地栽培）（图 437）

    1a. 北亚稠李 *Padus avium* Mill. var. *asiatica* (Kom.) T. C. Ku & B. Barth.（分布于胶东山区）

    2. 斑叶稠李（山桃稠李）*Padus maackii* (Rupr.) Kom（潍坊栽培）（图 438）

    3. 紫叶稠李 *Padus virginiana* (Linn.) Borkh. 'Canada Red'（全省各地栽培）

图437　稠李
1.花枝；2.去掉花瓣的花；3.花纵切，去掉花瓣；4.花瓣；
5.雌蕊；6.雄蕊

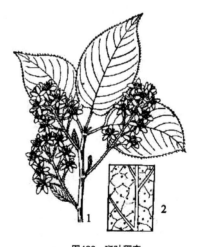

图438　斑叶稠李
1.花枝；2.叶片下面局部放大

（五）李属 *Prunus* Linn.

30 余种。我国产 7 种；山东引入栽培 5 种 1 变型。

分种检索表

1. 叶片紫红色，新叶最为明显。
  2. 叶椭圆形至椭圆状卵形，或倒卵形；枝条从不为棘刺状；花浅粉红色至近白色，单瓣。
    3. 小乔木，叶片暗紫色或暗紫红色，先端渐尖或短渐尖，有时圆钝 ………………………
     ……………………………………………… 紫叶李*Prunus cerasifera* f. *atropurpurea*
    3. 灌木，叶片紫红色，较亮，先端多圆钝 ………………… 紫叶矮樱*Prunus* × *cistena*
  2. 叶卵形或卵状椭圆形；枝条有时呈棘刺状；花深粉红色，重瓣 …美人梅*Prunus* × *blireiana*
1. 叶绿色。
  4. 小枝无毛，叶两面均无毛或下面沿主脉有稀疏柔毛或脉腋有髯毛。
    5. 侧脉与主脉成45°角；枝条开张，小枝褐色；叶倒卵状椭圆形或倒卵状披针形，长
     3～7cm ………………………………………………………… 李*Prunus salicina*
    5. 侧脉直出呈弧形，基部与主脉呈锐角，尤其在叶片基部更明显；枝条直立，树冠塔形，
     小枝灰绿色；叶长圆状披针形、长圆状倒卵形，长7～10cm ……… 杏李*Prunus simonii*
  4. 小枝嫩时密毛，后渐稀疏，灰绿褐色；叶椭圆形或倒卵形，下面密被短毛 ……………
     ……………………………………………………………… 欧洲李*Prunus domestica*

  1. 美人梅 *Prunus* × *blireiana* Andr.（全省各地栽培）

  2. 紫叶李 *Prunus cerasifera* Ehrh. f. *atropurpurea* (Jacq.) Rehd.（全省各地栽培）
（图439）

  3. 紫叶矮樱 *Prunus* × *cistena* N. E. Hansen ex Koehne（济南、青岛、德州、
泰安等地栽培）

  4. 欧洲李（西洋李）*Prunus domestica* Linn.（青岛、临沂、烟台、泰安、潍坊、
济南等地栽培）（图440）

图439 紫叶李
1.花枝；2.果枝

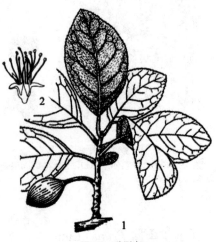

图440 欧洲李
1.果枝；2.花纵切，去掉花瓣

5. 李 *Prunus salicina* Lindl. (全省各地栽培)(图 441)

6. 杏李 (红李) *Prunus simonii* Carr. (济南、潍坊、临沂、泰安等地栽培) (图 442)

四十三、含羞草科Mimosaceae

约 56 属 2800 种。我国 17 属约 66 种；山东 1 属 2 种。

（一）合欢属 *Albizia* Durazz.

约 120 ～ 140 种。我国 14 种，另引入栽培 2 种；山东 2 种。

图441 李
1.花枝；2.果枝

分种检索表

1. 羽片4～12对，各有小叶10～30对，小叶长6～12mm，宽1～4mm；花丝粉红色 ……………… 合欢*Albizia julibrissin*

1. 羽片2～4对，各有小叶5～14对，小叶长1.5～4.5cm，宽7～20mm；花丝黄白色 ……………… 山合欢*Albizia kalkora*

1. 合欢 *Albizia julibrissin* Durazz. (全省各地普遍栽培，也有野生)(图 443)

2. 山合欢 *Albizia kalkora* (Roxb.) Prain. (广布于鲁中南、胶东山地丘陵；济南等地栽培)(图 444)

图442 杏李
1.枝叶；2.果核

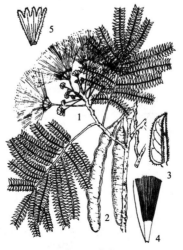

图443 合欢
1.花枝；2.果枝；3.小叶；4.雄蕊和雌蕊；5.花冠

图444 山合欢
1.花枝；2.花；3.果实

四十四、云实科 (苏木科) Caesalpiniaceae

约 180 属 3000 种。我国连引入栽培的有 21 属约 113 种 4 亚种 12 变种。山东木本植物 4 属 9 种 1 变型。

分属检索表

1. 一至二回羽状复叶。
  2. 花杂性或雌雄异株；落叶乔木。
    3. 植株无刺；花较大，组成顶生的圆锥花序；荚果肥厚肿胀 ······ 肥皂荚属 *Gymnocladus*
    3. 植株常具枝刺；花较小，组成侧生的穗形总状花序；荚果较扁平 ····· 皂荚属 *Gleditsia*
  2. 花两性；植株通常具皮刺，多为攀援灌木 ···········云实属 *Caesalpinia*
1. 单叶全缘；花于老干上簇生或成总状花序；果腹缝具狭翅···········紫荆属 *Cercis*

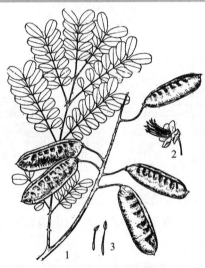

图445 云实
1.果枝；2.花，去掉花瓣；3.雄蕊

（一）云实属 *Caesalpinia* Linn.

约 100 种。我国 18 种，另引入栽培 5 种；山东引入栽培 1 种。

1. 云 实 *Caesalpinia decapetala* (Roth) Alston (青岛、济南、泰安、潍坊等地栽培)(图 445)

（二）紫荆属 *Cercis* Linn.

约 11 种。我国 5 种，引入栽培 2 种；山东引入栽培 3 种 1 变型。

分种检索表

1. 丛生灌木或小乔木，花常簇生于老枝或茎干上。
  2. 叶有毛，至少下面基部有簇生毛，幼时更明显，叶多为掌状7出脉 ·················
  ························ 加拿大紫荆 *Cercis canadensis*
  2. 叶两面无毛，长6～14cm，先端急尖，基部心形，常为掌状5出脉，偶7出。
    3. 花紫红色 ················ 紫荆 *Cercis chinensis*
    3. 花白色 ················ 白花紫荆 *Cercis chinensis* f. *alba*
1. 高大乔木；叶下面基部有簇生毛；花淡紫红色，7～14朵簇生或着生于一短总梗上 ···
  ························ 巨紫荆 *Cercis gigantean*

1. 加拿大紫荆 *Cercis canadensis* Linn. (全省各地普遍栽培)(图 446)

【紫叶加拿大紫荆 'Forest Pansy'，叶紫红色，以新叶显著 (全省各地普遍栽培)】

2. 紫荆 (满条红) *Cercis chinensis* Bunge (全省各地普遍栽培)(图 447)

2a. 白花紫荆 *Cercis chinensis* Bunge f. *alba* Hsu (济南、青岛、潍坊、德州等地栽培)

3. 巨紫荆 *Cercis gigantean* W. C. Cheng & Keng f. (泰安、青岛、济南、潍坊、临沂等地栽培)

图446　加拿大紫荆
1.果枝；2.花

图447　紫荆
1.花枝；2.枝叶；3.花；4.花瓣；5.雌蕊；6.雄蕊；7.果实

（三）皂荚属 *Gleditsia* Linn.

约 16 种。我国 5 种，另引入 1 种；山东 3 种，引入栽培 1 种。

分种检索表

1. 小叶较大，一般长2.5cm以上，边缘具不规则锯齿或近全缘；荚果长6cm以上，具种子多颗。
　2. 小叶3～10对，卵形或椭圆形，顶端钝或微凹；子房无毛或仅缝线处和基部被柔毛。
　　3. 枝刺断面扁，至少基部如此；小叶上面网脉不明显，全缘或具疏浅钝齿；子房无毛；荚果扁，不规则扭转或弯曲作镰刀状 ·················· 山皂荚*Gleditsia japonica*
　　3. 枝刺断面圆；小叶上面网脉明显凸起，边缘具细密锯齿；子房于缝线处和基部被柔毛；荚果肥厚，不扭转，劲直或指状稍弯呈猪牙状 ·················· 皂荚*Gleditsia sinensis*
　2. 小叶11～18对，椭圆状披针形，顶端急尖；子房被灰白色绒毛 ··················
　　················· 美国皂荚*Gleditsia triacanthos*
1. 小叶长6～24mm，全缘；荚果长3～6cm，具1～3颗种子 ········· 野皂荚*Gleditsia microphylla*

1. 山皂荚 *Gleditsia japonica* Miquel（全省各地分布或栽培）（图 448）

2. 野皂荚 *Gleditsia microphylla* Gordon ex Y. T. Lee（分布于枣庄、泰安、济南、淄博等地）（图 449）

图448　山皂荚
1.花枝；2.枝刺；3.果实

图449　野皂荚
1.果枝；2.花萼展开，示雄蕊；3.雄蕊

3. 皂荚（皂角）*Gleditsia sinensis* Lam.（全省各地分布及栽培）（图 450）

4. 美国皂荚 *Gleditsia triacanthos* Linn.（济南、潍坊栽培）（图 451）

【金叶皂荚 'Sunburst'，新叶金黄色（青岛胶州栽培）】

（四）肥皂荚属 *Gymnocladus* Lam.

约 3 ～ 4 种。我国 1 种，引入栽培 1 种；山东引入栽培 1 种。

1. 北美肥皂荚 *Gymnocladus dioicus* K. Koch.（泰安、济南、青岛等地栽培）（图 452）

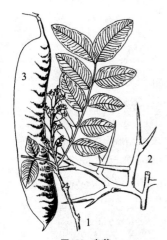

图450　皂荚
1.花枝；2.果枝；3.花纵切，去掉花瓣；
4.花瓣；5.果实纵切；6.果实横切；果核

图451　美国皂荚
1.花枝；2.枝刺；3.花序；4.雄花；5.雌花；
6.果实；7.种子

图452　北美肥皂荚
1.枝条冬态；2.叶片；3.小叶；4.两性花
纵切；5.雄花纵切；6.果实

四十五、蝶形花科 Fabaceae

约 440 属 12000 种。我国包括常见引进栽培的共有 128 属 1372 种 183 变种、变型。山东木本植物 13 属 36 种 1 亚种 4 变种 7 变型。

分属检索表

1. 花丝全部分离，或在近基部处部分连合，花药同型。
  2. 落叶性；奇数羽状复叶，托叶小或无。
    3. 荚果呈念珠状 ·· 槐属 *Sophora*
    3. 荚果扁平，长椭圆形至线形，无翅或沿腹缝延伸成狭翅 ········· 马鞍树属 *Maackia*
  2. 常绿灌木，单叶或三出复叶；托叶小，与叶柄合生 ········· 沙冬青属 *Ammopiptanthus*
1. 花丝全部或大部分连合成雄蕊管，雄蕊单体或二体，二体时对旗瓣的 1 枚花丝与其余合生的 9 枚分离或部分连合，花药同型、近同型或两型。
  4. 花药同型或近同型，即不分成背着和底着，也不分成长短交互而生。
    5. 奇数羽状复叶或 3 出复叶。
      6. 小叶对生，稀互生但枝叶被丁字毛、雄蕊药隔顶端有腺体或毛。
        7. 花具旗瓣、翼瓣和龙骨瓣，雄蕊 10，二体，或单体雄蕊而为藤本植物。
          8. 植物体无丁字毛；药隔顶端无附属物。
            9. 二体雄蕊。
              10. 奇数羽状复叶；总状花序下垂；荚果有多少种子。
                11. 直立乔灌木；柄下芽；托叶常变为刺 ··················· 刺槐属 *Robinia*
                11. 木质藤本；非柄下芽；无托叶刺 ··················· 紫藤属 *Wisteria*
              10. 三出复叶；荚果通常仅 1 荚节，有 1 种子。
                12. 苞片通常脱落，内具 1 花，花梗在花萼下具关节；龙骨瓣近镰刀形，尖锐 ···杭子梢属 *Campylotropis*
                12. 苞片宿存，内具 2 花，花梗不具关节；龙骨瓣直，钝 ················
                ·· 胡枝子属 *Lespedeza*
            9. 单体雄蕊，藤本；羽状 3 小叶 ··························· 葛属 *Pueraria*
          8. 植物体被丁字毛；药隔顶端常有腺体或毛；小叶对生或互生··· 木蓝属 *Indigofera*
        7. 花仅旗瓣，无翼瓣和龙骨瓣，雄蕊 10，花丝基部连合 ········· 紫穗槐属 *Amorpha*
      6. 小叶互生，羽状复叶 ······································· 黄檀属 *Dalbergia*
    5. 偶数羽状复叶；小叶全缘，对生，或因叶轴缩短而呈假掌状排列 ··· 锦鸡儿属 *Caragana*
  4. 花药两型，即背着与底着交互，有时长短交互排列；三出复叶，子房具柄··· 毒豆属 *Laburnum*

（一）沙冬青属 *Ammopiptanthus* S. H. Cheng

仅 1 种，产中国、蒙古、吉尔吉斯斯坦和哈萨克斯坦；山东有栽培。

1. 沙冬青 *Ammopiptanthus mongolicus* (Maxim. ex Kom.) S. H. Cheng（东营盐生植物园栽培）(图 453)

（二）紫穗槐属 *Amorpha* Linn.

约 15 种。我国引入 1 种，山东有栽培。

1. 紫穗槐 (棉槐) *Amorpha fruticosa* Linn. (全省各地普遍栽培)(图 454)

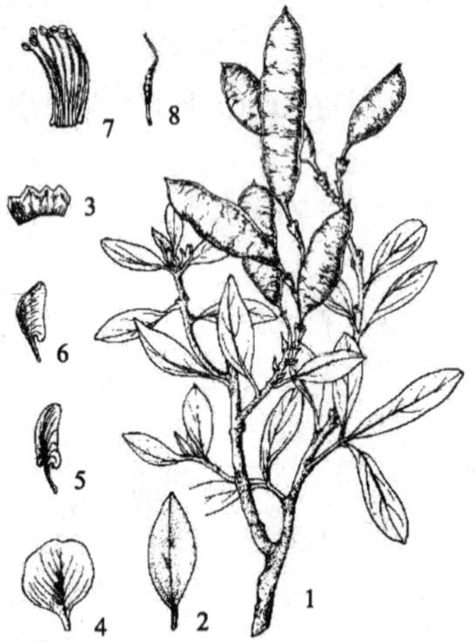

图453　沙冬青

1.果枝；2.小叶；3.花萼；4.旗瓣；5.翼瓣；6.龙骨瓣；7.雄蕊；8.雌蕊

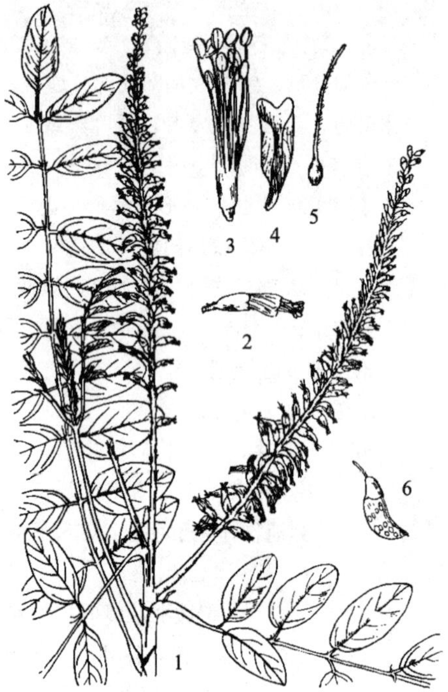

图454　紫穗槐

1.花枝；2.花；3.雄蕊；4.旗瓣；5.雌蕊；6.果实

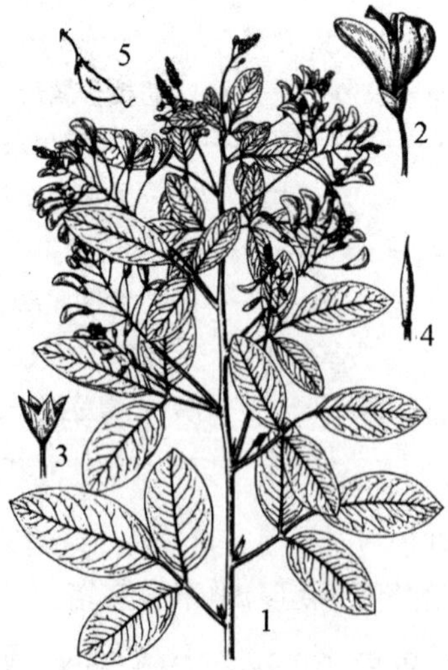

图455　杭子梢

1.花枝；2.花；3.花萼；4.雌蕊；5.果实

（三）杭子梢属 *Campylotropis* Bunge

约 37 种。我国 32 种；山东 1 种。

1. 杭子梢 *Campylotropis macrocarpa* (Bunge) Rehd. (分布于抱犊崮、蒙山、仰天山、济南南部山区；青岛栽培)(图 455)

（四）锦鸡儿属 *Caragana* Fabr.

约 100 种。我国约 66 种；山东 5 种，引入栽培 1 种。

分种检索表

1. 羽状复叶有小叶2对。
  2. 叶轴缩短，小叶呈假掌状排列。
    3. 枝叶近无毛。
      4. 旗瓣阔倒卵形或近圆形；花冠黄色；花梗关节在上部 ········ **黄刺条**Caragana frutex
      4. 旗瓣长椭圆状倒卵形，花冠黄色并常带淡红、紫红色，凋谢时变为红色；花梗关节在中部以上 ·············· **红花锦鸡儿**Caragana rosea
    3. 枝叶、果实均被密的白色柔毛，小叶倒卵形，长3～18mm ············· **毛掌叶锦鸡儿**Caragana leveillei
  2. 小叶呈羽状排列，倒卵形至长圆状倒卵形，长1～3.5cm；花黄色并常带红晕 ············· **锦鸡儿**Caragana sinica
1. 羽状复叶有小叶4～10对。
  5. 小叶长仅3～10mm，宽2～8mm，花梗长约1cm，近中部具关节 ············· **小叶锦鸡儿**Caragana microphylla
  5. 小叶长1～2.5cm，宽5～13mm，花梗长2～5cm，关节在上部 ············· **树锦鸡儿**Caragana arborescens

1. 树锦鸡儿 *Caragana arborescens* Lam.（济南、潍坊栽培）（图456）

2. 黄刺条 *Caragana frutex* (Linn.) C. Koch.（分布于济南、泰安、青岛、烟台、临沂、枣庄；青岛栽培）（图457）

3. 毛掌叶锦鸡儿 *Caragana leveillei* Kom.（分布于济南、青岛、枣庄、泰安）（图458）

图456 树锦鸡儿
1.花枝；2.果实

图457 黄刺条
1.花枝；2.复叶

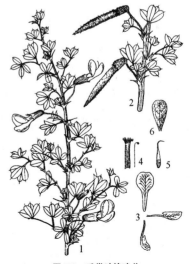

图458 毛掌叶锦鸡儿
1.花枝；2.果枝；3.旗瓣、翼瓣、龙骨瓣；
4.雄蕊；5.雌蕊；6.小叶

图459 小叶锦鸡儿
1.花枝；2.花萼展开；3.旗瓣、翼瓣、
龙骨瓣；4.果实

4. 小叶锦鸡儿 *Caragana microphylla* Lam. (分布于全省各主要山区；青岛、潍坊栽培)(图 459)

5. 红花锦鸡儿 *Caragana rosea* Turcz. (济南、泰安、青岛、烟台、临沂、潍坊分布及栽培)(图 460)

6. 锦鸡儿 (金雀花) *Caragana sinica* Rehd. (分布于崂山、泰山、济南等地；各地常见栽培)(图 461)

（五）黄檀属 *Dalbergia* Linn. f.

约 100 ~ 120 种。我国约 28 种，另引入栽培 1 种；山东 1 种。

1. 黄檀 *Dalbergia hupeana* Hance (分布于枣庄、临沂及胶东山地丘陵；泰安、青岛、济南等地栽培)
(图 462)

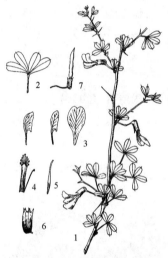

图460 红花锦鸡儿
1.花枝；2.复叶；3.旗瓣、翼瓣、龙骨
瓣；4.雄蕊；5.雌蕊；6.花萼；7.果实

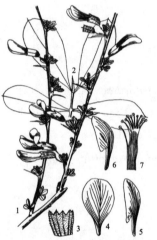

图461 锦鸡儿
1.花枝；2.复叶；3.花萼展开；4-6.旗
瓣、翼瓣、龙骨瓣；7.雄蕊

图462 黄檀
1.果枝；2.叶片先端；3.旗瓣、翼
瓣、龙骨瓣；4.花；5.雄蕊；6.种子

（六）木蓝属 *Indigofera* Linn.

约 750 种。我国 77 种，引入栽培 2 种；山东 2 种 1 变型。

分种检索表

1. 复叶叶轴长5~10cm，小叶宽卵形或椭圆形，长1.5~3.5cm；总状花序与叶近等长。
　2. 花冠淡紫红色；枝叶带紫红色 ·················吉氏木蓝*Indigofera kirilowii*
　2. 花冠白色，枝叶绿色 ·············白花吉氏木蓝*Indigofera kirilowii* f. *alba*
1. 复叶叶轴长1~4cm，小叶长圆形或倒卵状长圆形，长0.5~2cm；总状花序长于叶 ·········
　·····················**本氏木蓝***Indigofera bungeana*

1. 本氏木蓝 (河北木兰、铁扫帚) *Indigofera bungeana* Walp. (分布于济南、青岛、泰安、淄博等地 ; 济南、东营等地栽培)(图 463)

2. 花木蓝 (吉氏木蓝) *Indigofera kirilowii* Maxim. ex Palibin (分布于鲁中南、胶东山地丘陵)(图 464)

2a. 白花吉氏木蓝 *Indigofera kirilowii* Maxim. ex Palibin f. *alba* D. K. Zang (分布于烟台、威海)

图463　本氏木蓝
1.花枝；2.花；3.花萼；4.旗瓣、翼瓣、龙骨瓣；5.雄蕊

图464　花木蓝
1.花枝；2.果实；3.旗瓣、翼瓣、龙骨瓣；4.雄蕊和花萼

（七）毒豆属 *Laburnum* Fabr.

2 种，产欧洲、北非、西亚 ; 山东引入栽培 1 种。

1. 苏格兰金链树 *Laburnum alpinum* (Mill.) Bercht. & J. Presl (泰安、青岛、济宁、潍坊、东营等地栽培)

（八）胡枝子属 *Lespedeza* Michx.

约 60 种。我国 25 种 ; 山东 12 种，引入栽培 1 种 1 亚种。

分种检索表

1. 无闭锁花。
　2. 花序比叶长或与叶近等长。
　　3. 花红紫色，稀近白色。
　　　4. 花萼深裂，萼裂片长于萼筒，侧生萼裂片狭卵形至狭三角形，先端渐尖，长达4mm；小叶先端急尖至渐尖，稀稍钝。
　　　　5. 侧生萼裂片为萼筒长度的1～1.5倍 ················ 日本胡枝子*Lespedeza thunbergii*
　　　　5. 侧生萼裂片与萼筒等长或稍短；花冠长达花萼的3～4倍 ················
　　　　················ 美丽胡枝子*Lespedeza thunbergii* subsp. *formosa*
　　　4. 花萼浅裂，侧生萼裂片卵形至三角形或狭卵形，先端尖或短渐尖，稀钝，长不及2.5mm；小叶先端通常钝圆或凹 ················ 胡枝子*Lespedeza bicolor*

3. 花淡黄绿色，长约10mm，旗瓣近圆形；小叶卵状椭圆形，长3～7cm，宽1.5～2.5cm，
　　上面鲜绿色，光滑无毛，下面灰绿色，密被贴生毛 ·····绿叶胡枝子*Lespedeza buergeri*

2. 花序比叶短，近无总花梗；小叶宽卵形、卵状椭圆形或倒卵形，长1.5～4.5cm，宽
　　1～3cm；荚果长不及1cm ··········　**短梗胡枝子*Lespedeza cyrtobotrya***

1. 有闭锁花。

6. 总花梗粗壮。

7. 花萼裂片披针形或三角形，花萼长不及花冠之半；小叶狭披针形、披针形、长圆状披
　　针形或线状楔形。

8. 小叶较宽，长为宽的5倍以下。

9. 小叶倒披针形、线状长圆形或长圆形，先端稍尖或钝圆、微凹。

10. 小叶倒披针形或线状长圆形，长1.5～3.5cm，宽3～7mm，先端稍尖或钝圆；
　　旗瓣不反卷 ··········　　**尖叶胡枝子*Lespedeza juncea***

10. 小叶长圆形或倒卵状长圆形，长1～2（2.5）cm，宽5～10mm，先端钝圆或微
　　凹；旗瓣反卷 ··········**阴山胡枝子*Lespedeza inschanica***

9. 小叶楔形或线状楔形，先端截形或近截形 ··········**截叶胡枝子*Lespedeza cuneata***

8. 小叶较狭，长约为宽的10倍；荚果长圆状卵形 ·····**长叶胡枝子*Lespedeza caraganae***

7. 花萼裂片狭披针形，花萼为花冠长的1/2以上。

11. 植株被粗硬毛或柔毛。

12. 茎通常基部多分枝；花序明显超出叶；小叶狭长圆形，稀椭圆形至宽椭圆形，
　　长8～15mm，宽3～5mm ··········　**牛枝子*Lespedeza potaninii***

12. 茎单一或数个簇生；花序与叶近等长；小叶长圆形或狭长圆形，长2～5cm，宽
　　5～16mm ··········　　**达呼里胡枝子*Lespedeza davurica***

11. 植株密被黄褐色绒毛；小叶质厚，椭圆形或卵状长圆形；闭锁花簇生于叶腋呈球
　　形 ··········　　　**绒毛胡枝子*Lespedeza tomentosa***

6. 总花梗纤细。

13. 花紫色；总花梗稍粗，不为毛发状 ··········　**多花胡枝子*Lespedeza floribunda***

13. 花黄白色；总花梗毛发状 ··········　　　**细梗胡枝子*Lespedeza virgata***

图465　胡枝子
1.花枝；2.果实

1. 胡枝子 *Lespedeza bicolor* Turcz.（分布于全省各主要山区；青岛、济南、泰安、东营等地栽培）(图465)

2. 绿叶胡枝子 *Lespedeza buergeri* Miquel（枣庄栽培）(图466)

3. 长叶胡枝子（长叶铁扫帚）*Lespedeza caraganae* Bunge（分布于济南、泰安、枣庄、青岛等地）(图467)

4. 截叶胡枝子（截叶铁扫帚）*Lespedeza cuneata* G. Don（分布于枣庄、泰安、临沂、济南、潍坊、青岛、烟台）(图468)

5. 短梗胡枝子 *Lespedeza cyrtobotrya* Miquel（分布于泰安、青岛、临沂、济南）(图469)

图466　绿叶胡枝子

1.花枝；2.花萼展开；3.旗瓣；4.翼瓣、龙骨瓣；5.雄蕊和雌蕊；6.果实

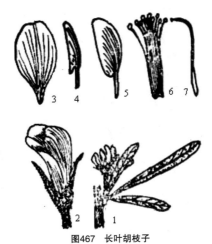

图467　长叶胡枝子

1.花枝；2.花；3-5.旗瓣、翼瓣、龙骨瓣；6.雄蕊；7.雌蕊

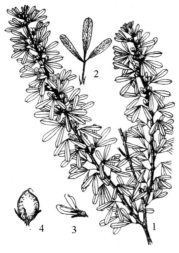

图468　截叶胡枝子

1.花枝；2.三出复叶；3.花；4.果实

图469　短梗胡枝子

1.花枝；2.花萼展开；3.旗瓣、翼瓣、龙骨瓣；4.雄蕊；5.雌蕊；5 果实

6. 达呼里胡枝子（兴安胡枝子）*Lespedeza davurica* (Laxmann) Schindl.（分布于全省各山地丘陵）(图 470)

7. 多花胡枝子 *Lespedeza floribunda* Bunge（分布于全省各山地丘陵）(图 471)

8. 阴山胡枝子（白指甲花）*Lespedeza inschanica* (Maxim.) Schindl.（分布于全省各山地丘陵）(图 472)

9. 尖叶胡枝子（尖叶铁扫帚）*Lespedeza juncea* (Linn. f.) Pers.（分布于胶东山地丘陵、济南）(图 473)

10. 牛枝子 *Lespedeza potaninii* V. N. Vassiljev（据中国植物志记载，山东有分布。)(图 474)

图470 达呼里胡枝子
1.花枝；2.花萼展开；3.旗瓣、翼瓣、龙骨瓣；4.雄蕊；5.果实

图471 多花胡枝子
1.植株下部；2.花枝；3.花萼展开；4.旗瓣、翼瓣、龙骨瓣；5.雄蕊和雌蕊；6.果实

图472 阴山胡枝子
1.花枝；2.花；3.旗瓣、翼瓣、龙骨瓣；4.雄蕊；5.雌蕊；6.三出复叶

11. 日本胡枝子 *Lespedeza thunbergii* (DC.) Nakai（据 Flora of China，山东有分布。）

11a. 美丽胡枝子 *Lespedeza thunbergii* (DC.) Nakai subsp. *formosa* (Vog.) H. Ohashi（青岛中山公园栽培）（图 475）

图473 尖叶胡枝子
1.花枝；2.花；3.花萼展开；4.旗瓣、翼瓣、龙骨瓣；5.雄蕊；6.果实

图474 牛枝子
1.花枝；2.果实

图475 美丽胡枝子
1.花枝；2.复叶；3.花

12. 绒毛胡枝子（毛胡枝子、山豆花）*Lespedeza tomentosa* (Thunb.) Sieb.（分布于全省各山地丘陵）（图 476）

13. 细梗胡枝子 *Lespedeza virgata* (Thunb.) DC.（分布于蒙山、塔山、泰山、祖徕山、崂山、昆嵛山、威海、济南等地）（图 477）

（九）马鞍树属 *Maackia* Rupr. & Maxim.

共 12 种。我国 7 种；山东 1 种。

1. 朝鲜槐（怀槐、高丽槐）*Maackia amurensis* Rupr. & Maxim.（分布于胶东山地，主产崂山；济南、潍坊等地栽培）(图 478)

图476　绒毛胡枝子
1.花枝；2.小叶放大，示毛被；3.花；4.旗瓣、翼瓣、龙骨瓣；5.雄蕊；6.雌蕊；7.果实

图477　细梗胡枝子
1.植株；2.小枝放大，示毛被；3.小叶放大，四毛被；4.花；5.旗瓣、翼瓣、龙骨瓣；6.雄蕊；7.雌蕊

图478　朝鲜槐
1.果枝；2.花；3.去掉花冠的花

（十）葛属 *Pueraria* DC.

约 20 种。我国 10 种；山东 2 变种。

分种检索表

1. 花冠紫色，花萼紫色或淡紫色；苞片短于小苞片；旗瓣直径约8mm ……………… **葛麻姆**Pueraria montana var. lobata
1. 花冠白色，花萼黄白色；苞片长于小苞片；旗瓣直径约10～12mm … **白花葛藤**Pueraria montana var. zulaishanensis

1. 葛藤（葛）*Pueraria montana* (Lour.) Merrill（原变种山东不产）

1a. 葛麻姆 *Pueraria montana* (Lour.) Merrill var. *lobata* (Willd.) Maesen & S. M. Almeida ex Sanjappa & Predeep（广布于全省各山地丘陵）(图 479)

1b. 白花葛藤 *Pueraria montana* (Lour.) Merrill var. *zulaishanensis* D. K. Zang（分布于祖徕山）

图479　葛麻姆
1.花枝；2.果枝；3.旗瓣、翼瓣、龙骨瓣；4.雄蕊；5.花萼展开

（十一）刺槐属 *Robinia* Linn.

约 10 种。我国引入栽培 2 种；山东引入栽培 2 种 3 变型。

分种检索表

1. 小枝、花序轴、花梗被平伏细柔毛；具托叶刺，稀无；小叶长椭圆形；花冠白色或红色；荚果平滑。
　2. 托叶刺硬而较多，树冠椭圆状倒卵形至倒卵形。
　　3. 花白色 ·· 刺槐 *Robinia pseudoacacia*
　　3. 花粉红色，较小，长 1.5～2cm ··········· 红花刺槐 *Robinia pseudoacacia* f. *decaisneana*
　2. 托叶刺稀少，为很小的软刺，分枝密，树冠近于球形；开花稀少 ·················
　　·· 伞刺槐 *Robinia pseudoacacia* f. *umbraculifera*
1. 小枝、花序轴、花梗密被刺毛及腺毛；无托叶刺；小叶长圆形至近圆形；花冠玫瑰红色；荚果具糙硬腺毛 ·· 毛刺槐 *Robinia hispida*

1. 毛刺槐（江南槐）*Robinia hispida* Linn.（全省各地栽培）（图 480）

2. 刺槐（洋槐）*Robinia pseudoacacia* Linn.（全省各地普遍栽培）（图 481）

【曲枝刺槐 'Tortuosa'，小枝扭曲如龙游状（青岛、枣庄、泰安、临沂、潍坊等地栽培）；金叶刺槐 'Frisia'，叶金黄色（潍坊栽培）】

2a. 无刺槐 *Robinia pseudoacacia* Linn. f. *inermis* (Mirb.) Rehd.（青岛中山公园、济南栽培）

图480 毛刺槐
1.花枝；2.花萼展开；3.旗瓣、翼瓣、龙骨瓣；4.雄蕊；5.雌蕊

图481 刺槐
1.花枝；2.果枝；3.托叶刺；4.去掉花冠的花；5.旗瓣、翼瓣、龙骨瓣

2b. 伞刺槐 *Robinia pseudoacacia* Linn. f. *umbraculifera* (DC.) Rehd. (青岛市区栽培)

2c. 红花刺槐 *Robinia pseudoacacia* Linn. f. *decaisneana* (Carr.) Voss (青岛、泰安、潍坊栽培)【香花槐 'Idaho'，花大而色深，深粉红至紫红色 (全省各地普遍栽培)】

（十二）槐属 *Sophora* Linn.

约 70 种。我国 21 种；山东 2 种 1 变种，引入栽培 1 种 1 变种 3 变型。

分种检索表

1. 无托叶刺。
  2. 乔木或灌木状，叶柄下芽或近柄下芽，芽鳞不显著；小枝绿色或金黄色；小叶 (3)7~17 枚。
    3. 枝条不蟠曲，小枝不下垂。
      4. 小叶 7~17 枚，卵形至卵状披针形，长 2.5~5cm。
        5. 花黄绿色 ·················· 国槐 *Sophora japonica*
        5. 翼瓣和龙骨瓣玫瑰紫色，花期迟 ·········· 堇花槐 *Sophora japonica* var. *violacea*
      4. 羽状复叶仅有小叶 3~5 枚，簇生；小叶大，顶生小叶常 3 圆裂，侧生小叶下部有大裂片 ················ 五叶槐 *Sophora japonica* f. *oligophylla*
    3. 枝条蟠曲，小枝常弯曲下垂。
      6. 枝和小枝均下垂，并向不同方向弯曲盘悬，形似龙爪，树冠呈伞形 ···················· 龙爪槐 *Sophora japonica* f. *pendula*
      6. 主枝健壮，向水平方向伸展，小枝细长，下垂 ··· 杂蟠槐 *Sophora japonica* f. *hybrida*
  2. 半灌木；小叶 17~25 片。
    7. 小枝及叶初被柔毛，后脱落近无毛 ·············· 苦参 *Sophora flavescens*
    7. 小枝及叶始终密被白色柔毛 ············ 毛苦参 *Sophora flavescens* var. *kronei*
1. 托叶针刺状，枝端有时为棘刺状；花白色或蓝白色，小枝与叶轴被平伏柔毛；小叶长 5~8 (12) mm ···················· 白刺花 *Sophora davidii*

---

1. 白刺花 (马蹄针) *Sophora davidii* (Franch.) Skeels (分布于鲁中南山区；泰安、青岛、济南、潍坊等地栽培)(图 482)

2. 苦参 (地槐) *Sophora flavescens* Ait. (分布于全省各山地丘陵)(图 483)

2a. 毛苦参 *Sophora flavescens* Ait. var. *kronei* (Hance) C. Y. Ma (分布于抱犊崮、泰山、昆嵛山、济南云梯山等地)

3. 国槐 (槐) *Sophora japonica* Linn. (全省各地普遍栽培)(图 484)

图482　白刺花
1.花枝；2.花；3.果实

图483　苦参
1.花枝；2.果实；3.旗瓣、翼瓣、龙骨瓣；4.去掉花冠的花；5.小叶

图484　国槐
1.果枝；2.花序；3.旗瓣、翼瓣、龙骨瓣；4.去掉花冠的花

3a. 堇花槐 *Sophora japonica* Linn. var. *violacea* Carr. (聊城、泰安、青岛等地栽培)

3b. 五叶槐 (蝴蝶槐) *Sophora japonica* Linn. f. *oligophylla* Franch. (全省各地偶见栽培)

3c. 龙爪槐 (倒垂槐) *Sophora japonica* Linn. f. *pendula* Hort. (全省各地普遍栽培)

3d. 杂蟠槐 *Sophora japonica* Linn. f. *hybrida* Carrière (青岛等地栽培)

（十三）紫藤属 *Wisteria* Nutt.

共有 6 种。我国 4 种，引入栽培 2 种；山东引入栽培 4 种。

分种检索表

1. 茎左旋；花序长10～35cm；小叶4～6对。
　2. 老叶两面均有毛，下面尤明显；花萼青色或白色。
　　3. 花白色，花序短，长10～20cm，花序轴密被黄色绒毛；叶被平伏短毛，下面或被绢毛；小枝疏被毛，后变无毛 ·················· 白花藤*Wisteria venusta*
　　3. 花萼青色，花序长约30cm，花序轴密被暗灰色长柔毛；叶被长柔毛，下面尤密；小枝密被毛 ·················· 藤萝*Wisteria villosa*
　2. 老叶秃净或稀被毛；花紫色，长2～2.5cm，花梗长2～3cm，旗瓣先端截形，无毛，最下1枚萼齿长于两侧萼齿 ·················· 紫藤*Wisteria sinensis*
1. 茎右旋，花序长30～90cm；小叶6～9对；花自下而上顺序开放，长1.5～2cm，淡紫色至蓝紫色 ·················· 多花紫藤*Wisteria floribunda*

1. 多花紫藤 *Wisteria floribunda* DC. (青岛栽培)(图 485)

2. 紫藤 (藤萝) *Wisteria sinensis* (Sims) Sweet (全省各地普遍栽培)(图 486)

图485 多花紫藤
1.花枝；2.去掉花冠的花；3-5.旗瓣、翼瓣、龙骨瓣；6.果
实；7.种子

图486 紫藤
1.花枝；2.果实；3.花；4.雄蕊

3. 白花藤 *Wisteria venusta* Rehd. & Wils. (青岛中山公园栽培)(图 487)

4. 藤萝 *Wisteria villosa* Rehd. (全省各地栽培)(图 488)

图487 白花藤
1.花枝；2.去掉花冠的花；3-5.旗瓣、翼瓣、龙骨瓣

图488 藤萝
1.花枝；2.果实；3-5.旗瓣、翼瓣、龙骨瓣；4.雄蕊

四十六、胡颓子科Elaeagnaceae

3 属 90 种。我国 2 属约 74 种；山东 2 属 7 种 1 亚种。

分属检索表

1. 花单性，雌雄异株，花萼2裂，雄蕊4，2枚与花萼裂片互生，2枚与花萼裂片对生⋯⋯⋯⋯
⋯⋯⋯⋯⋯⋯⋯⋯⋯⋯⋯⋯⋯⋯⋯⋯⋯⋯⋯⋯⋯⋯⋯⋯⋯⋯⋯ 沙棘属 *Hippophae*

1. 花两性或杂性，花萼4裂，雄蕊4，与花萼裂片互生⋯⋯⋯⋯⋯ 胡颓子属 *Elaeagnus*

（一）胡颓子属 *Elaeagnus* Linn.

约90种。我国67种；山东3种，引入栽培4种。

分种检索表

1. 常绿灌木，常多少呈攀援状；秋冬季开花。
  2. 花柱无毛，稀疏生极少数星状柔毛；常有枝刺，稀无刺但叶片狭窄、不为宽卵形至阔椭圆形。
    3. 花柱无毛；侧脉6～9对，与中脉开展成50～60度角；幼枝密被锈色鳞片。
      4. 枝刺顶生或腋生；叶椭圆形或阔椭圆形，稀矩圆形，两端钝形或基部圆形，侧脉上面显著凸起，下面不甚明显；萼在子房上骤收缩⋯⋯⋯⋯ 胡颓子*Elaeagnus pungens*
      4. 无刺或具刺；叶卵形或卵状椭圆形，稀长椭圆形，顶端渐尖或长渐尖，基部圆形，侧脉上面明显或微凹下，下面凸起；萼筒在子房上不明显收缩⋯⋯⋯⋯⋯⋯
        ⋯⋯⋯⋯⋯⋯⋯⋯⋯⋯⋯⋯⋯⋯⋯⋯⋯⋯⋯⋯ 蔓胡颓子*Elaeagnus glabra*
    3. 花柱疏生星状柔毛；叶披针形至长椭圆形，侧脉8～12对，与中脉开展成45度角；幼枝密被银白色和淡黄褐色鳞片；萼筒在子房上骤收缩 ⋯ 披针叶胡颓子*Elaeagnus lanceolata*
  2. 花柱被白色星状毛；枝无刺；叶宽卵形、阔椭圆形至近圆形，长4～9cm，侧脉与中脉开展成60～80度角；萼筒钟形，在裂片下面开展，在子房上骤收缩 ⋯⋯⋯⋯⋯⋯⋯
    ⋯⋯⋯⋯⋯⋯⋯⋯⋯⋯⋯⋯⋯⋯⋯⋯ 大叶胡颓子*Elaeagnus macrophylla*
1. 落叶性；春夏开花。
  5. 叶宽2～3.5cm，枝叶有银白色和褐色鳞片；果红色或橙红色。
    6. 小枝银灰色或淡褐色，常具刺；花萼筒远较裂片长；果近球形，径5～7mm ⋯⋯⋯
      ⋯⋯⋯⋯⋯⋯⋯⋯⋯⋯⋯⋯⋯⋯⋯⋯⋯⋯⋯⋯ 牛奶子*Elaeagnus umbellata*
    6. 小枝红褐色，常无刺，花萼筒与裂片近等长；果卵圆形至椭圆形
      ⋯⋯⋯⋯⋯⋯⋯⋯⋯⋯⋯⋯⋯⋯⋯⋯⋯⋯⋯ 木半夏*Elaeagnus multiflora*
  5. 叶椭圆状披针形至狭披针形，长4～6cm，宽8～11mm，小枝、花序、果、叶背与叶柄密生银白色鳞片；果黄色⋯⋯⋯⋯⋯⋯⋯⋯⋯⋯⋯⋯⋯ 沙枣*Elaeagnus angustifolia*

1. 沙枣（桂香柳）*Elaeagnus angustifolia* Linn.（济南、青岛、泰安、济宁、东营、德州、潍坊等地栽培）(图489)

2. 蔓胡颓子 *Elaeagnus glabra* Thunb.（青岛植物园栽培）(图490)

3. 披针叶胡颓子 *Elaeagnus lanceolata* Warb ex Diels（济南泉城公园栽培）(图491)

图489　沙枣
1.花枝；2.花纵切；3.雌蕊；4.果实

图490　蔓胡颓子
1.花枝；2.花纵切

图491　披针叶胡颓子
1.果枝；2.花及纵切

4. 大叶胡颓子 (圆叶胡颓子) *Elaeagnus macrophylla* Thunb. (分布于威海刘公岛、崂山海滨及沿海岛屿)(图 492)

5. 木半夏 *Elaeagnus multiflora* Thunb. (分布于胶东山地丘陵)(图 493)

6. 胡颓子 *Elaeagnus pungens* Thunb. (泰安、青岛、潍坊等地栽培)(图 494)

7. 牛奶子 *Elaeagnus umbellata* Thunb. (分布于全省各山地丘陵)(图 495)

图492　大叶胡颓子
1.果枝；2.叶下面放大，示腺鳞；
3.花被展开，示雄蕊；4.果实

图493　木半夏
1.花枝；2.叶下面放大，示腺鳞；3.花；
4.花纵切；5.雄蕊；6.雌蕊；7.果实

图494　胡颓子
1.花枝；2.腺鳞放大；3.花；
4.花被展开；5.雄蕊

图495　牛奶子
1.花枝；2.果枝；3.花；4.花被展开，示雄蕊；5.雄蕊；6.雌蕊

图496　中国沙棘
1.果枝；2.雄花纵切；3.雌花；4.雌花纵
切；5.果实

（二）沙棘属 Hippophae Linn.

7种，我国均产；山东引入栽培1亚种。

1. 中国沙棘（沙棘）*Hippophae rhamnoides* Linn. subsp. *sinensis* Rousi（鲁西北沿黄沙区、滨海、鲁中南山区栽培）（图496）

四十七、千屈菜科Lythraceae

31属650种。我国10属43种；山东木本植物1属3种2变种。

（一）紫薇属 *Lagerstroemia* Linn.

55种。我国15种，引入栽培2种；山东引入栽培3种2变种。

分种检索表

1. 花萼外面无毛或有微小柔毛，萼裂片间无附属体或不明显；叶无毛或下面稍被毛；侧脉3～10对。
　2. 花径3～4cm以上，花萼长7～10mm；蒴果长1～1.2cm；叶椭圆形、阔矩圆形或倒卵形。
　　3. 花冠蓝紫色至红色、紫红色。
　　　4. 萼红色、淡红色；花冠红色 ……………………………… 紫薇*Lagerstroemia indica*
　　　4. 萼筒内侧黄白色；花冠檐部蓝紫色至紫色 ……翠薇*Lagerstroemia indica* var. *rubra*
　　3. 花冠白色 ……………………………………… 银薇*Lagerstroemia indica* var. *alba*
　2. 花径约1cm，花萼长不及5mm；蒴果长6～8mm；叶矩圆形或矩圆状披针形 …………
　　　　………………………………………………… 南紫薇*Lagerstroemia subcostata*
1. 花萼外面密被柔毛，有棱12条，花萼裂片间有明显附属体；叶椭圆形至长椭圆形，长6～16cm，宽2.5～7cm，下面密被柔毛或绒毛；侧脉10～17对 …福建紫薇*Lagerstroemia limii*

图497　紫薇
1.果枝；2.花

1. 紫薇（百日红）*Lagerstroemia indica* Linn.（全省各地普遍栽培）（图497）

1a. 银薇 *Lagerstroemia indica* Linn. var. *alba* Nichols.（全省各地栽培）

1b. 翠薇 *Lagerstroemia indica* Linn. var. *rubra* Lavallee（全省各地栽培）

2. 福建紫薇（浙江紫薇）*Lagerstroemia limii* Merr.（泰安、青岛、济南等地栽培）（图498）

3. 南紫薇 *Lagerstroemia subcostata* Koehne（泰安、青岛、德州等地栽培）（图499）

图498 福建紫薇
1.花枝；2.果枝；3.花；4.花萼；5.雌蕊

图499 南紫薇
1.花枝；2.果枝；3.叶片局部放大；
4.花；5.果实

四十八、瑞香科Thymelaeaceae

48 属约 650 种。我国 9 属 115 种；山东木本植物 3 属 3 种。

分属检索表

1. 下位花盘环状偏斜或杯状，边缘全缘或浅裂至深裂，或一侧发达，花序为头状花序或数花簇生，稀穗状或总状花序；叶多为互生，稀对生。

  2. 花柱长，柱头圆柱状线形，其上密被疣状突起；头状花序 ·········· 结香属 *Edgeworthia*

  2. 花柱及花丝极短或近于无，柱头头状，较大；头状花序或短穗状花序 ·· 瑞香属 *Daphne*

1. 下位花盘鳞片状或狭舌状，总状、圆锥或穗状花序，稀头状花序；叶多为对生，少互生 ···

       ·· 荛花属 *Wikstroemia*

（一）瑞香属 *Daphne* Linn.

约 95 种。我国 52 种；山东 1 种。

1. 芫花 *Daphne genkwa* Sieb. & Zucc. (分布于全省各山地丘陵)(图 500)

（二）结香属 *Edgeworthia* Meisn.

5 种。我国 4 种；山东引入栽培 1 种。

1. 结香 *Edgeworthia chrysantha* Lindl. (青岛、泰安、济南等地栽培)(图 501)

（三）荛花属 *Wikstroemia* Endl.

约 70 种。我国 49 种；山东 1 种。

图500 芫花
1.枝叶；2.花枝；3.叶；4.花被展开，示雄蕊；5.雌蕊

1. 河朔荛花 *Wikstroemia chamaedaphne* Meisn. (分布于平阴、肥城、梁山等山地丘陵)(图 502)

图501　结香
1.枝条(带有未开放的花序)；2.花；3.花展开，示雄蕊；
4.雌蕊

图502　河朔荛花
1.花枝；2.花展开，示雄蕊

四十九、石榴科Punicaceae

1属2种。我国引入栽培1种，山东有栽培。

（一）石榴属 *Punica* Linn.

2种。我国引入栽培1种，山东有栽培，常见8变种。

分种检索表

1. 大灌木或小乔木。
　2. 花红色、黄色或杂有复色。
　　3. 花单色，红色或黄色。
　　　4. 花红色，单瓣或重瓣。
　　　　5. 花单瓣 ·· 石榴*Punica granatum*
　　　　5. 花重瓣 ·····················重瓣红石榴*Punica granatum* var. *pleniflora*
　　　4. 花黄色，单瓣或重瓣 ········· 黄石榴*Punica granatum* var. *flavescens*
　　3. 花瓣有红色和黄白色条纹 ·········· 玛瑙石榴*Punica granatum* var. *legrellei*
　2. 花白色。
　　6. 花单瓣，果实黄白色 ···············白石榴*Punica granatum* var. *albescens*
　　6. 花重瓣 ····························· 重瓣白石榴*Punica granatum* var. *multiplex*
1. 矮生灌木，枝条细柔，叶片、花朵、果实均小。
　7. 花单瓣，可结实。
　　8. 果实成熟时粉红色 ················· 月季石榴*Punica granatum* var. *nana*
　　8. 果实成熟时紫黑色 ················· 墨石榴*Punica granatum* var. *nigra*
　7. 花红色，重瓣，通常不结实 ·········· 重瓣月季石榴*Punica granatum* var. *plena*

1. 石榴 *Punica granatum* Linn. (全省各地普遍栽培)(图 503)

1a. 白石榴 *Punica granatum* Linn. var. *albescens* DC. (青岛、潍坊等地栽培)

1b. 黄石榴 *Punica granatum* Linn. var. *flavescens* Sweet. (潍坊等地栽培)

1c. 玛瑙石榴 *Punica granatum* Linn. var. *legrellei* van Houtte. (青岛、潍坊等地栽培)

1d. 墨石榴 *Punica granatum* Linn. var. *nigra* Hort. (青岛、潍坊等地栽培)

1e. 月季石榴 *Punica granatum* Linn. var. *nana* (Linn.) Pers. (青岛、威海、济南等地栽培)

1f. 重瓣白石榴 *Punica granatum* Linn. var. *multiplex* Sweet. (青岛、威海、济南等地栽培)

1g. 重瓣红石榴 *Punica granatum* Linn. var. *pleniflora* Hayne (青岛、威海、济南、潍坊等地栽培)

1h. 重瓣月季石榴 *Punica granatum* Linn. var. *plena* Voss. (潍坊等地栽培)

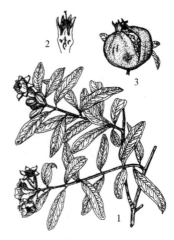

图503 石榴
1.花枝；2.花纵切，去掉花冠；3.果实

五十、八角枫科Alangiaceae

1 属约 21 种。我国 11 种；山东 1 属 1 种 1 变种。

（一）八角枫属 *Alangium* Lamarck

约 21 种。我国 11 种；山东 1 种 1 变种。

分种检索表

1. 花序有花7～30（50）朵；雄蕊6～8，花瓣披针形，长1～1.5cm ⋯ 八角枫*Alangium chinense*
1. 花序通常有花3～5朵；雄蕊12，花瓣线形，长3～3.5cm，宽约2.5mm ⋯⋯⋯⋯⋯⋯⋯⋯⋯⋯⋯⋯⋯⋯⋯⋯⋯ 三裂瓜木*Alangium platanifolium* var. *trilobum*

1. 八角枫 *Alangium chinense* (Lour.) Harms (分布于崂山、昆嵛山、抱犊崮、莲台山等地)(图 504)

2. 三裂瓜木 *Alangium platanifolium* (Sieb. & Zucc.) Harms var. *trilobum* (Miquel) Ohwi (分布于崂山、昆嵛山、艾山等地)(图 505)

图504 八角枫
1.花枝；2.叶；3.花；4.雌蕊；5.雄蕊；6.果实

图505 三裂瓜木
1.花枝；2.花；3.雌蕊；4.雄蕊；5.果实

五十一、蓝果树科Nyssaceae

5属30种。我国3属10种；山东3属3种。

图506 喜树
1.花枝；2.雄花；3.雌花；4.果序；5.果实

（一）喜树属 Camptotheca Decne
1～2种，为我国特产；山东引入栽培1种。

1. 喜树 Camptotheca acuminata Decne（青岛、泰安、烟台、临沂、济南等地栽培）（图506）

（二）珙桐属 Davidia Baillon
仅有1种，为我国特产。山东有栽培。

1. 珙桐 Davidia involucrata Baillon（烟台昆嵛山栽培）（图507）

（三）蓝果树属（紫树属）Nyssa Linn.
约12种。我国7种，引入栽培1种；山东引入栽培1种。

1. 蓝果树 (紫树) *Nyssa sinensis* Oliv. (青岛、烟台昆嵛山栽培)(图 508)

图507　珙桐
1.花枝；2.果实

图508　蓝果树
1.花枝；2.果枝；3.雄花；4.雄蕊

五十二、山茱萸科Cornaceae

15 属约有 119 种。我国有 9 属约 60 种。山东 2 属 12 种 1 变种。

分属检索表

1. 花单性异株，子房1室；直立圆锥花序；叶对生 ·············· **桃叶珊瑚属** *Aucuba*

1. 花两性；子房2室；伞形、伞房花序聚伞花序或头状花序；叶对生或互生 ··· **山茱萸属***Cornus*

（一）桃叶珊瑚属 *Aucuba* Thunb.

约 10 种，我国均产；山东引入栽培 2 种 1 变种。

分种检索表

1. 叶革质或亚革质，常为长椭圆形、卵状长椭圆形，稀阔披针形，叶缘上半部具2～6对疏锯
齿或近于全缘，有时有黄色斑点；花紫红色。

  2. 叶绿色，无斑点 ·······································**青木***Aucuba japonica*

  2. 叶面布满大小不等的黄色斑点 ·············**花叶青木***Aucuba japonica* var. *variegata*

1. 叶厚革质或革质，绿色，常为椭圆形或阔椭圆形，稀倒卵状椭圆形，具5～8对锯齿或腺状
齿，有时为粗锯齿；花黄绿色，稀紫红色 ·············**桃叶珊瑚***Aucuba chinensis*

1. 桃叶珊瑚 *Aucuba chinensis* Benth. (青岛栽培)(图 509)

2. 青木 (东瀛珊瑚) *Aucuba japonica* Thunb. (青岛栽培)(图 510)

2a. 花叶青木 (洒金东瀛珊瑚) *Aucuba japonica* Thunb. var. *variegata* Dombrain
(青岛等地栽培)

图509 桃叶珊瑚
1.果枝；2.雄花；3.雌花，去掉花瓣

图510 青木
1.雌花枝；2.雄花枝；3.雌花；4.雄花；5.果实

（二）山茱萸属 *Cornus* Linn.

约 55 种。我国 25 种。山东 2 种，引入栽培 7 种。

分种检索表

1. 叶互生或对生；伞房状聚伞花序，无总苞片；核果球形或近于球形。
 2. 叶对生；核果球形或近于卵圆形，稀椭圆形；核的顶端无孔穴。
  3. 果实成熟时紫黑色至黑色。
   4. 花柱顶端粗壮而略呈棍棒形。
    5. 侧脉 3～5 对，叶较小，长 4～12cm，宽 1.7～5.3cm。
     6. 乔木；叶椭圆形、长圆状椭圆形或阔卵形，下面无乳头状突起，密被灰白色
      贴生短柔毛 ·················· **毛梾** *Cornus walteri*
     6. 灌木或小乔木；叶椭圆形或卵状椭圆形，下面密被乳头状突起并有疏生白色
      卷曲毛 ·················· **欧洲红瑞木** *Cornus sanguinea*
    5. 侧脉 5～8 对；叶阔卵形或卵状长圆形，稀椭圆形，长 9～16cm，宽 3.5～8.8cm，
     下面有乳头状突起，沿叶脉有贴生的淡褐色短柔毛 ··· **梾木** *Cornus macrophylla*
   4. 花柱圆柱形，有时上部稍粗壮；树皮块状剥落，内皮绿白色；叶椭圆形或卵状椭
    圆形，长 6～12cm，宽 2～5.5cm，下面密被白色乳头状突起及平贴短柔毛········
    ···················· **光皮梾木** *Cornus wilsoniana*
  3. 果实成熟时白色或略带浅蓝色。
   7. 小枝红色 ···················· **红瑞木** *Cornus alba*
   7. 小枝黄色 ·················· **金枝梾木** *Cornus sericea* 'Flaviramea'
 2. 叶互生并常集生枝顶，广卵形，侧脉 6～8 对；果球形，核顶端有方形孔穴··············
  ···················· **灯台树** *Cornus controversa*
1. 叶对生；伞形花序或头状花序，有芽鳞状或花瓣状的总苞片。
 8. 伞形花序，有绿色芽鳞状总苞片；核果长椭圆形 ·············· **山茱萸** *Cornus officinale*
 8. 头状花序，有白色花瓣状总苞片；核果聚合为头状 ··· **四照花** *Cornus kousa* subsp. *chinensis*

1. 红瑞木 *Cornus alba* Linn. (全省各地普遍栽培)(图 511)

【金叶红瑞木 'Aurea'，叶黄色 (潍坊等地栽培) 】

2. 山茱萸 *Cornus officinale* Sieb. & Zucc. (全省各地普遍栽培)(图 512)

3. 灯台树 *Cornus controversa* Hemsl. (全省各地普遍栽培)(图 513)

图511　红瑞木
1.花枝；2.花；3.雌蕊；4.雄蕊；5.果实

图512　山茱萸
1.花枝；2.果枝；3.花

图513　灯台树
1.花枝；2.叶；3.叶下面局部放大；4.花；
5.雌蕊；6.果实；7.果核，示顶端的孔穴

4. 四照花 *Cornus kousa* F. Buerger ex Hance subsp. *chinensis* (Osborn) Q. Y. Xiang
(青岛、临沂、烟台、泰安、济南、潍坊等地栽培)(图 514)

5. 梾木 *Cornus macrophylla* Wallich (分布于鲁南山区；青岛等地栽培)(图 515)

6. 欧洲红瑞木 *Cornus sanguinea* Linn. (青岛植物园引种栽培)(图 516)

7. 毛梾 (车梁木) *Cornus walteri* Wanger. (分布于全省各大山区；各地常栽培)
(图 517)

图514　四照花
1.花枝；2.果枝；3.一朵花

图515　梾木
1.果枝；2.叶下面局部放大；3.花；4.果实

图516　欧洲红瑞木
1.花枝；2.花；3.果实

8. 光皮梾木 *Cornus wilsoniana* Wanger. (临沂、青岛、潍坊等地栽培)(图 518)

9. 金枝梾木 *Cornus sericea* Linn. 'Flaviramea' (偶见栽培)(图 519)

图517　毛梾
1.果枝；2.叶片局部放大；3.花；4.雄蕊

图518　光皮梾木
1.花枝；2.花

图519　金枝梾木

五十三、桑寄生科Loranthaceae

约 60 ～ 68 属约 700 ～ 950 种。我国 8 属 51 种；山东 1 属 1 种。

（一）桑寄生属 *Loranthus* Jacq.

约 10 种。我国 6 种；山东 1 种。

1. 北桑寄生 *Loranthus tanakae* Franch. & Savat. (分布于淄博、潍坊、济南、临沂等地)(图 520)

五十四、槲寄生科Viscaceae

约 7 属约 350 种。我国 3 属 18 种；山东 1 属 1 种。

（一）槲寄生属 *Viscum* Linn.

约 70 种。我国 12 种；山东 1 种。

1. 槲寄生 *Viscum coloratum* (Kom.) Nakai (分布于临沂、淄博、青岛等地)(图 521)

图520　北桑寄生
1.花枝；2.果枝；3.花；4.果实

图521　槲寄生
1.果枝；2.花序；3.果实

五十五、卫矛科Celastraceae

97 属约 1194 种。我国 13 属约 190 种，引入栽培 1 属 2 种；山东 3 属 12 种
1 变型。

分属检索表

1. 蒴果开裂，种子外被红色或黄色肉质假种皮。
   2. 叶对生，稀轮生兼互生；花4～5数，子房4～5室 ·············· 卫矛属 *Euonymus*
   2. 叶互生；花5数，子房3室 ··················· 南蛇藤属*Celastrus*
1. 翅果，具3膜质翅包围果体；种子无假种皮 ·············· 雷公藤*Tripterygium*

（一）南蛇藤属 *Celastrus* Linn.

约 30 种。我国约 25 种；山东 3 种。

分种检索表

1. 小枝无棱，髓心充实，不为片状；花序腋生或兼有顶生。
   2. 小枝无钩状刺；叶缘锯齿不呈纤毛状 ··············· 南蛇藤*Celastrus orbiculatus*
   2. 小枝上最外一对芽鳞宿存，并特化成坚硬钩刺，长1.5～2.5mm，在一年生小枝上芽鳞刺
     最为明显；叶缘具纤毛状细锯齿或锯齿，齿端常成细硬刺状 ···········
     ··················· 刺苞南蛇藤*Celastrus flagellaris*
1. 小枝常具4～6纵棱，髓心片状分隔；聚伞圆锥花序仅顶生；叶长方阔椭圆形、阔卵形、圆
   形，长7～17cm，宽5～13cm，先端圆阔 ·············· 苦皮藤*Celastrus angulatus*

    1. 苦皮藤 *Celastrus angulatus* Maxim.
(分布于抱犊崮、郯城清泉寺、蒙山、烟
台龙口等地；济南等地栽培)(图 522)

    2. 刺苞南蛇藤 *Celastrus flagellaris* Rupr.
(分布于枣庄、泰安、烟台等地)(图 523)

    3. 南蛇藤 *Celastrus orbiculatus* Thunb.
(广布于全省各山地丘陵；泰安、济南等
地栽培)(图 524)

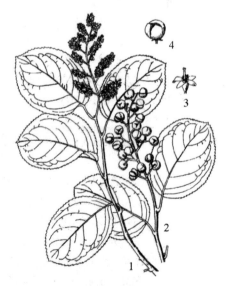

图522 苦皮藤
1.花枝；2.花序；3.果实

图523 刺苞南蛇藤
1.花枝；2.果枝

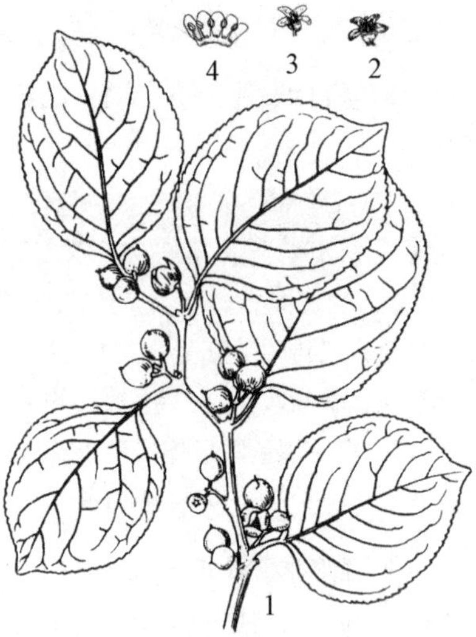

图524 南蛇藤
1.果枝；2.两性花；3.雌花4.花冠展开，示雄蕊

（二）卫矛属 *Euonymus* Linn.

约130种。我国约90种；山东5种1变型，引入栽培3种。

分种检索表

1. 蒴果无翅状延展物。

  2. 冬芽较圆阔而短，长4～8mm，较少达到10mm；花药2室，有花丝。

    3. 果实发育时，心皮各部等量生长，蒴果近球状，果裂时果皮内层常突起成假轴；小枝外皮常有细密瘤点。

      4. 攀援灌木，偶近直立；茎枝具气生根。

        5. 花黄绿色，直径7～8mm；果皮有深色细点；叶倒卵形或阔椭圆形，长4～6cm，宽2～3.5cm ·············· **胶州卫矛***Euonymus kiautschovicus*

        5. 花白绿色，直径6mm；果皮光滑无细点；叶椭圆形、长方椭圆形或长倒卵形，宽窄变异较大，可窄至近披针形。

          6. 叶卵状椭圆形、卵形 ·············· **扶芳藤***Euonymus fortunei*

          6. 叶较小而狭窄，常为狭卵形、卵状披针形至披针形 ·············· ············· **小叶扶芳藤***Euonymus fortunei* f. *minimus*

      4. 直立灌木，茎枝无气生根；叶倒卵形或椭圆形，长3～5cm，宽2～3cm，先端圆阔或急尖，蒴果径约8mm，淡红色 ·············· **大叶黄杨***Euonymus japonicus*

    3. 果实发育时心皮顶端生长迟缓，其余部分生长超过顶端，果实呈现浅裂至深裂状；果裂时果皮内外层一般不分离，果内无假轴；小枝外皮一般平滑无瘤突。

      7. 蒴果上端呈浅裂至半裂状；叶柄较长，长8mm以上；蒴果倒圆心状，4棱。

        8. 小枝常具4列木栓翅；叶柄长8～15mm；叶长椭圆形或椭圆状倒披针形 ········· ·············· **栓翅卫矛***Euonymus phellomanus*

8. 小枝无木栓翅；叶柄长1～3.5cm；叶卵形至卵状椭圆形或狭椭圆形……………………………………………………………………………… 丝棉木*Euonymus maackii*

7. 蒴果深裂，仅基部连合；小枝常具2～4列纵向的阔木栓翅；叶柄极短，长1～3mm，叶倒卵形或倒卵状长椭圆形，长2～7cm ………… 卫矛*Euonymus alatus*

2. 冬芽细长，长达1cm；花药1室，无花丝；叶卵形至卵状长椭圆形，长4～8cm，宽2.5～5cm；蒴果近球状，红色，果序梗细长下垂 ………… 垂丝卫矛*Euonymus oxyphyllus*

1. 蒴果心皮背部向外延伸成长达1.2～1.5cm的翅；叶披针形或窄长卵形，长4～7cm，宽1.5～2cm；花序细柔，果序下垂 ………… 陕西卫矛*Euonymus schensiana*

　　1. 卫矛（鬼羽箭）*Euonymus alatus* (Thunb.) Sieb.（分布于鲁中南和胶东山地丘陵；各地常栽培）(图525)

　　2. 扶芳藤 *Euonymus fortunei* (Turcz.) Hand.-Mazz.（全省各地普遍栽培）(图526)

　　【红边扶芳藤 'Roseo-marginata'，叶缘粉红色（各地偶见栽培）；银边扶芳藤 'Argentes-marginata'，叶缘绿白色（各地偶见栽培）；金边扶芳藤 'Emerald's Gold'，叶缘黄色（各地偶见栽培）】

　　2a. 小叶扶芳藤 *Euonymus fortunei* (Turcz.) Hand.-Mazz. f. *minimus* (Simon-Louis) Rehd.（分布全省各主要山地；常见栽培）

　　3. 大叶黄杨（冬青卫矛、正木）*Euonymus japonicus* Thunb.（全省各地普遍栽培）(图527)

　　【银边大叶黄杨 'Albo-marginatus'，叶片有乳白色窄边（各地偶见栽培）；金边大叶黄杨 'Ovatus Aureus'，叶片有宽的黄色边缘（各地偶见栽培）；金心大叶黄杨 'Aureus'，叶片从基部起沿中脉有不规则的金黄色斑块，但不达边缘（各地偶见栽培）；斑叶大叶黄杨 'Viridi-variegatus'，叶面有深绿色和黄色斑点（各

图525　卫矛
1.花枝，小枝具木栓翅；2.果枝；3.花

图526　扶芳藤
1.花枝；2.果枝

图527　大叶黄杨
1.花枝；2.果枝；3.花；4.去掉花瓣的花，示花盘、雄蕊、雌蕊；5.雄蕊

地偶见栽培】

4. 胶州卫矛 *Euonymus kiautschovicus* Loes.（分布于鲁中南、胶东山地丘陵；各地栽培）(图 528)

5. 丝棉木（白杜、桃叶卫矛）*Euonymus maackii* Rupr.（分布于鲁中南、胶东山地丘陵；全省各地栽培）(图 529)

图528　胶州卫矛
1.花枝；2.果枝

图529　丝棉木
1.果枝；2.花；3.果实

6. 垂丝卫矛 *Euonymus oxyphyllus* Miquel（分布于全省各大山区）(图 530)

7. 栓翅卫矛 *Euonymus phellomanus* Loes.（分布于枣庄、泰安、济南等地；青岛栽培）(图 531)

8. 陕西卫矛 *Euonymus schensiana* Maxim.（青岛栽培）(图 532)

图530　垂丝卫矛
1.花枝；2.果实

图531　栓翅卫矛
1.花枝；2.果实

图532　陕西卫矛
1.花枝；2.果枝

（三）雷公藤 *Tripterygium* Hook. f.

仅有 1 种，分布于东亚；山东有栽培。

1. 雷 公 藤 *Tripterygium wilfordii* Hook. f.
(临沂等地栽培)(图 533)

五十六、冬青科Aquifoliaceae

3 属约 500 ～ 600 种。我国 1 属 204 种；
山东 1 属 5 种 1 变种。

（一）冬青属 *Ilex* Linn.

约 500 ～ 600 种。我国 204 种；山东引
入栽培 7 种 1 变种。

图533　雷公藤
1.花枝；2.花；3.雄蕊；4.果实

分种检索表

1. 叶缘有锯齿，不为大刺齿。
　2. 灌木；叶较小，长1～2.5cm，背面有腺点。
　　3. 叶椭圆形至长倒卵形，叶面较平整 ·················· 齿叶冬青*Ilex crenata*
　　3. 叶倒卵形、倒卵状椭圆形，叶面呈龟甲状 ········· 龟甲冬青*Ilex crenata* var. *nummularia*
　2. 乔木；叶较大，长5～18cm。
　　4. 叶厚革质，卵状长椭圆形至椭圆形，长10～18cm，干后黑色 ··· 大叶冬青*Ilex latifolia*
　　4. 叶薄革质，长椭圆形至披针形，长5～11cm，干后呈红褐色，叶柄常淡紫红色 ······
　　　　　　　　　　　　　　　　　　　　　　　　　　　　············· 冬青*Ilex chinensis*
1. 叶有刺齿或近全缘。
　5. 叶缘有尖硬大刺齿1～2对或几乎全缘 ·················枸骨*Ilex cornuta*
　5. 叶缘具3～10对刺状牙齿 ··············· 华中刺叶冬青*Ilex centrochinensis*

1. 华 中 刺 叶 冬 青 *Ilex
centrochinensis* S. Y. Hu (潍坊昌
邑栽培)(图 534)

2. 冬 青 *Ilex chinensis* Sims
(青岛、泰安、临沂、潍坊等地
栽培)(图 535)

3. 枸 骨 *Ilex cornuta* Lindl.
(全省各地栽培)(图 536)

【无刺枸骨 'Fortunei'，叶全
缘，无刺齿 (全省各地栽培)】

图534　华中刺叶冬青
1.果枝；2.果核

图535　冬青
1.花枝；2.果枝；3.花；
4.果实；5.果核

4. 齿叶冬青 (波缘冬青、钝齿冬青) *Ilex crenata* Thunb. (青岛、济南等地栽培)（ 图 537）

4a. 龟甲冬青 *Ilex crenata* Thunb. var. *nummularia* Yatabe (青岛、临沂、济南、泰安、潍坊、日照等地栽培)

5. 大叶冬青 *Ilex latifolia* Thunb. (青岛、临沂、枣庄等地栽培)(图 538)

图536　枸骨
1.果枝；2.不同叶形；3.雄花；4.果核

图537　齿叶冬青
1.果枝；2.花

图538　大叶冬青
1.花枝；2.果枝；3.雄花；4.果实；5.果核

五十七、黄杨科Buxaceae

4 属约 70 种。我国 3 属 28 种；山东 2 属 4 种 1 变种。

分属检索表

1. 叶互生，大多数上半部有齿牙；绝大多数具离基三出脉；雌花生花序下方；果实多少带肉质，近核果状 ······························ **板凳果属***Pachysandra*
1. 叶对生，全缘，羽状脉；雌花单生于花序顶端；果实为室背裂开的蒴果········· **黄杨属***Buxus*

（一）黄杨属 *Buxus* Linn.

约 100 种。我国约 17 种；山东引入栽培 3 种 1 变种。

分种检索表

1. 叶椭圆形或倒卵形、椭圆状矩圆形。
　2. 叶椭圆形或倒卵形、倒卵状椭圆形，宽8～20mm。
　　3. 叶倒卵形至倒卵状椭圆形，中部以上最宽；侧脉明显 ················ **黄杨***Buxus sinica*

3. 叶椭圆形至卵状椭圆形，中部或中下部最宽；两面侧脉不明显 ··········
···················· 锦熟黄杨*Buxus sempervirens*

2. 叶椭圆状矩圆形，长10～15mm，宽6～8mm，侧脉不明显，边缘向下强反曲 ··········
···················· 朝鲜黄杨*Buxus sinica* var. *insularis*

1. 叶倒披针形至倒卵状披针形，狭长················ 雀舌黄杨*Buxus bodinieri*

1. 雀舌黄杨 *Buxus bodinieri* Lévl. (全省各地栽培)(图 539)

2. 锦熟黄杨 *Buxus sempervirens* Linn. (青岛等地曾有栽培)

3. 黄杨 (小叶黄杨、瓜子黄杨) *Buxus sinica* (Rehd. & E. H. Wilson) W. C. Cheng (全省各地栽培)(图 540)

3a. 朝鲜黄杨 *Buxus sinica* (Rehd. & E. H. Wilson) W. C. Cheng var. *insularis* M. Cheng (青岛港东等地有栽培)

（二）板凳果属 *Pachysandra* A. Michaux

3 种。我国 2 种；山东引入栽培 1 种。

1. 富贵草 (顶花板凳果) *Pachysandra terminalis* Sieb. & Zucc. (东营有栽培)(图 541)

图539　雀舌黄杨
1.花枝；2.花序；3-4.叶形变化；5.雌蕊；
6.雄花纵切，示退化雌蕊；7.果实

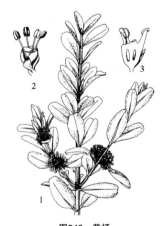

图540　黄杨
1.花枝；2.雄花；3.雌蕊纵切

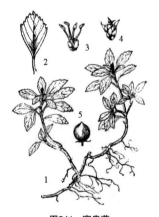

图541　富贵草
1.植株；2.叶；3.雄花；4.雌花；5.果实

五十八、大戟科Euphorbiaceae

约 322 属 8910 种。我国包括引入共约 75 属 406 种；山东木本植物 9 属 11 种。

分属检索表

1. 子房每室2颗胚珠；叶柄和叶片均无腺体。
　2. 单叶；植物体无白色或红色液汁；有花瓣和花盘，或只有花瓣或花盘。
　　3. 花无花瓣；花药外向。
　　　4. 花具有花盘，碟状或盘状，全缘或分裂；蒴果3裂或不裂而呈浆果状 ┈┈┈┈┈┈
　　　　┈┈┈┈┈┈┈┈┈┈┈┈┈┈┈┈┈┈┈┈┈┈┈┈┈┈┈┈┈┈**白饭树属**_Flueggea_
　　　4. 花无花盘；蒴果具多条纵沟，开裂为3～15个2瓣裂的分果爿 ┈**算盘子属** _Glochidion_
　　3. 花具有花瓣和花盘；花药内向；子房和蒴果均3室，蒴果成熟时开裂为3个2裂的分果爿
　　　┈┈┈┈┈┈┈┈┈┈┈┈┈┈┈┈┈┈┈┈┈┈┈┈┈┈┈┈┈┈**雀舌木属**_Leptopus_
　2. 三出复叶；植物体具有红色或淡红色液汁；无花瓣和花盘；果不分裂 ┈**重阳木属**_Bischofia_
1. 子房每室1颗胚珠；叶柄上部或叶片基部通常具有腺体。
　5. 蒴果；无花瓣。
　　6. 植株无乳汁管组织。
　　　7. 雄蕊4～8枚，花丝基部合生成盘状，花药背着；果皮平滑或具小疣 ┈┈┈┈┈┈
　　　　┈┈┈┈┈┈┈┈┈┈┈┈┈┈┈┈┈┈┈┈┈┈┈┈┈┈┈┈**山麻杆属**_Alchornea_
　　　7. 雄蕊多数，花丝分离，花药近基着，蒴果常具软刺或颗粒状腺体 ┈ **野桐属**_Mallotus_
　　6. 植株具有乳汁管组织；雄蕊在花蕾中通常直立。
　　　8. 叶柄有狭翼；种子无蜡质层 ┈┈┈┈┈┈┈┈┈┈┈┈┈┈**白木乌桕属**_Neoshirakia_
　　　8. 叶柄无翼；种子有假种皮状的蜡质层 ┈┈┈┈┈┈┈┈┈┈┈┈┈┈**乌桕属**_Triadica_
　5. 核果；花瓣5，子房3～8室；雄蕊在花蕾中内向弯曲 ┈┈┈┈┈┈┈┈**油桐属**_Vernicia_

（一）山麻杆属 _Alchornea_ Sw.

约50种。我国8种；山东引入栽培1种。

1. 山麻杆 _Alchornea davidii_ Franch. (济南、泰安、枣庄、青岛等地栽培)(图542)

（二）重阳木属 (秋枫属) _Bischofia_ Blume

2种，我国均产；山东引入栽培1种。

1. 重阳木 _Bischofia polycarpa_ (Lévl.) Airy-Shaw (青岛、泰安、临沂、济南、潍坊等地栽培)(图543)

图542　山麻杆
1.雄花枝；2.雌花枝；3.雌花；4.雄花

图543　重阳木
1.果枝；2.雄花；3.雌花；4.子房横切

（三）白饭树属 *Flueggea* Willd.

约 13 种。我国 4 种；山东 2 种。

1. 一叶萩（叶底珠）*Flueggea suffruticosa* (Pall.) Baill.（广布于鲁中南及胶东山区丘陵；青岛、泰安、临沂等地栽培）(图 544)

2. 白饭树（多花一叶萩）*Flueggea virosa* (Roxb. ex Willd.) Voigt（分布于昆嵛山、仰天山；泰安栽培）

（四）算盘子属 *Glochidion* J. R. & G. Forst.

约 200 种。我国 28 种；山东 1 种。

1. 算盘子 *Glochidion puberum* (Linn.) Hutch.（分布于日照、青岛、临沂）(图 545)

图544　一叶萩
1.果枝；2.花序；3.雄花；4.雌花去花冠；5.果实

图545　算盘子
1.果枝；2.雄花；3.雌花；4.果实

（五）雀舌木属 *Leptopus* Decne

约 9 种。我国 6 种；山东 1 种。

1. 雀儿舌头（黑钩叶、雀舌木）*Leptopus chinensis* (Bunge) Pojark.（分布于全省各主要山区）(图 546)

（六）野桐属 *Mallotus* Lour.

约 150 种。我国 28 种；山东引入栽培 2 种。

图546　雀儿舌头
1.花枝；2.花；3.果实

分种检索表

1. 叶下面灰白色，密被星状毛，具棕色小腺点·······················白背叶 *Mallotus apelta*

1. 叶下面带绿色，疏生星状毛，具黄色小腺点·····················野桐 *Mallotus tenuifolius*

1. 白背叶 *Mallotus apelta* (Lour.) Müll-Arg. (青岛栽培)(图 547)

2. 野桐 *Mallotus tenuifolius* Pax. (青岛崂山太清宫栽培)(图 548)

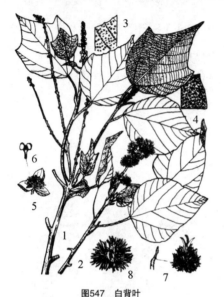

图547　白背叶

1.花枝；2.果枝；3-4.叶片上面及下面局部放大；5.雄花；
6.雄蕊；7.雌花；8.蒴果

图548　野桐

图549　白乳木

1.花枝；2.雄花；3.雌花；4.果实

（七）白木乌桕属 *Neoshirakia* Esser

2 ～ 3 种。我国 2 种；山东 1 种。

1. 白乳木 (白木乌桕) *Neoshirakia japonica* (Sieb. & Zucc.) Esser (分布于崂山)(图 549)

（八）乌桕属 *Triadica* Loureiro

3 种，我国均产；山东引入栽培 1 种。

1. 乌　柏 *Triadica sebifera* (Linn.) Small (全省各地普遍栽培)(图 550)

（九）油桐属 *Vernicia* Lour.

3 种。我国 2 种；山东引入栽培 1 种。

1. 油桐 (三年桐) *Vernicia fordii* (Hemsl.) Airy-Shaw (青岛、烟台、泰安、日照等地栽培)(图 551)

图550　乌桕
1.果枝；2.苞片及簇生雄花；3.雄花；4.雌花

图551　油桐
1.花枝；2.叶；3.雄花纵切；4.雌花；5.雌蕊横切；6.果实；7.种子

五十九、鼠李科Rhamnaceae

约 50 属 900 种以上。我国 13 属 137 种；山东 5 属 15 种 4 变种。

分属检索表

1. 浆果状核果或蒴果状核果，外果皮软或革质，无翅，内果皮薄革质、纸质或膜质，2～4分核。
　2. 花序轴在结果时不增大为肉质；叶具羽状脉。
　　3. 花无梗，穗状或穗状圆锥花序，顶生或兼腋生 ················· **雀梅藤属***Sageretia*
　　3. 花有梗，聚伞花序腋生 ················· **鼠李属***Rhamnus*
　2. 花序轴在结果时增大为肉质；叶具3出脉 ················· **枳椇属***Hovenia*
1. 核果肉质，内果皮木质，1～3室，无分核。
　4. 叶具羽状脉，无托叶刺 ················· **猫乳属***Rhamnella*
　4. 叶具基生三出脉，通常具托叶刺 ················· **枣属***Ziziphus*

（一）枳椇属 *Hovenia* Thunb.

3 种。我国均产；山东 1 种。

1. 北枳椇 (拐枣) *Hovenia dulcis* Thunb. (分布于青岛、泰安、潍坊、淄博、临沂、济南等地；济南、青岛、泰安等地栽培)(图 552)

（二）猫乳属 *Rhamnella* Miq

8 种。我国均产；山东 1 种。

1. 猫乳 *Rhamnella franguloides* (Maxim.) Weberb. (分布于青岛、烟台、临沂、枣庄等地)(图 553)

图552　北枳椇
1.果枝；2.花序；3.花；4.果实及横切

图553　猫乳
1.果枝；2.花；3.花纵切，示花盘、雄蕊和雌蕊

（三）鼠李属 *Rhamnus* Linn.

约 157 种。我国 57 种；山东 12 种 2 变种。

分种检索表

1. 枝叶均互生，稀兼有对生。
　2. 叶较大，长3cm以上，宽达1.5cm，侧脉 (3) 4～7对。
　　3. 叶片不为卵状心形，基部楔形或近圆形，叶缘有圆钝锯齿，无刺芒；果梗长不及1.2cm。
　　　4. 叶柄长1～1.5cm以上；种子具有短沟，长在种子长度的1/3以下。
　　　　5. 小枝有毛或光滑，叶下面有金黄色短柔毛，干时更明显；叶柄长5～15mm。
　　　　　6. 小枝无毛，叶片较大，长6～12cm，上面无毛，花梗无毛… 冻绿*Rhamnus utilis*
　　　　　6. 小枝有毛，叶片较小，两面有金黄色短柔毛
　　　　　　…………………………… 毛冻绿*Rhamnus utilis* var. *hypochrysa*
　　　　5. 小枝光滑无毛，叶下面干时绿色，无毛或沿中脉有白色疏毛；叶柄长1.5～3cm。
　　　　　7. 叶近狭椭圆形或宽椭圆形，或矩圆形，腋芽长达4～8mm；种沟短，绝非圆形。
　　　　　　8. 枝顶具刺或芽，叶片狭椭圆形或狭矩圆形… 乌苏里鼠李*Rhamnus ussuriensis*
　　　　　　8. 枝顶通常具芽，极稀为刺，叶片宽椭圆形或卵状矩圆形 ……………………
　　　　　　　………………………………………… 鼠李*Rhamnus davurica*
　　　　　7. 叶近圆形或卵状菱形、椭圆形，腋芽小；种子与内果皮易分离，种沟近圆形、边界清晰明显 ………… 金刚鼠李*Rhamnus diamantiaca*

4. 叶柄长不及1cm，种子背面或侧面有长种沟，长达种子长度的1/2 以上。

  9. 幼枝、一年生枝和叶柄无毛或近无毛；花和花梗无毛；叶片不为倒卵状圆形或近圆形。

    10. 叶上面光滑无毛，下面脉腋有簇生毛；叶片倒卵形或倒卵状椭圆形，宽达2～5cm，侧脉3～5对；叶柄长7～20mm ……… **薄叶鼠李** *Rhamnus leptophylla*

    10. 叶上面有稀少短柔毛，至少沿脉有；下面脉腋窝孔有簇生毛，稀无毛。

      11. 叶片菱状倒卵形或菱状椭圆形，两面均无毛或下面脉腋窝孔有稀少柔毛；侧脉 2～4对 ………………………… **小叶鼠李** *Rhamnus parvifolia*

      11. 叶片椭圆形、倒卵状椭圆形，上面有稀疏短毛，下面无毛或脉腋窝孔有疏毛，侧脉 4～5对 ………………… **甘青鼠李** *Rhamnus tangutica*

  9. 幼枝、一年生枝、叶两面或沿脉、叶柄均被短柔毛；花和花梗被稀疏短柔毛；叶片倒卵状圆形、卵圆形或近圆形 ……………… **圆叶鼠李** *Rhamnus globosa*

  3. 叶片卵状心形或卵状圆形，基部心形至圆形，叶缘密生尖锐锯齿，锯齿先端呈刺芒状；果梗长1.3～2.3cm；种沟长达种子的 4/5 ……… **锐齿鼠李** *Rhamnus arguta*

2. 叶较小，长一般不及3cm，较狭窄，宽一般不及1cm，侧脉2～3对，稀4对。

  12. 叶片纸质，卵形或卵状披针形，下面干时黄色，沿脉或脉腋有白色短柔毛；种子背面有宽沟 …………………………………… **卵叶鼠李** *Rhamnus bungeana*

  12. 叶片厚纸质，菱状倒卵形或菱状椭圆形，下面干时灰白色，沿脉有短柔毛；种子背面有窄沟 …………………………………… **小叶鼠李** *Rhamnus parvifolia*

1. 枝叶均互生，稀兼有对生。

  13. 花萼和花梗有或疏或密的短柔毛，侧脉4～6对。

    14. 花萼和花梗被稀疏微柔毛；叶卵圆形，长4～8cm，两面突起 ………………………………………………………… **朝鲜鼠李** *Rhamnus koraiensis*

    14. 花萼和花梗密生短柔毛；叶狭椭圆形，长1.5～2.5cm，稀达3.5cm，叶脉上面凹下 ……………………………… **崂山鼠李** *Rhamnus laoshanensis*

  13. 花萼和花梗无毛，叶椭圆形至椭圆状倒卵形，侧脉3～5对 …………… ………………………………… **东北鼠李** *Rhamnus schneideri* var. *manshurica*

  1. 锐齿鼠李 *Rhamnus arguta* Maxim. (分布于枣庄、泰安、淄博、烟台、济南等地)(图 554)

  2. 卵叶鼠李 *Rhamnus bungeana* J. Vass. (分布于泰安、济南、临沂等地)(图 555)

  3. 鼠李 *Rhamnus davurica* Pall. (分布于淄博、泰安、青岛、临沂、济南等地)(图 556)

  4. 金刚鼠李 *Rhamnus diamantiaca* Nakai (分布崂山、艾山)(图 557)

  5. 圆叶鼠李 (山绿柴) *Rhamnus globosa* Bunge (广布于全省各山区丘陵)(图 558)

图554　锐齿鼠李
1.花枝；2.果枝

图555 卵叶鼠李

1.果枝；2.叶片下面脉腋放大；3.小枝一段放大；4.果实；
5.果核，示种沟

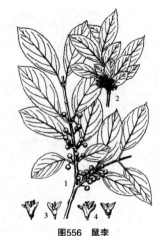

图556 鼠李

1.果枝；2.花枝；3.雄花及纵切；4.雌花及纵切

图557 金刚鼠李

1.果枝；2.果核，示种沟

图558 圆叶鼠李

图559 朝鲜鼠李

1.果枝；2.叶片下面脉腋放大；3.果核，示种沟

6. 朝 鲜 鼠 李 *Rhamnus koraiensis* Schneid. (分布于青岛、烟台、威海、日照等地)(图 559)

7. 崂山鼠李 *Rhamnus laoshanensis* D. K. Zang (分布于崂山)(图 560)

8. 薄 叶 鼠 李 *Rhamnus leptophylla* Schneid. (分布于泰安、淄博、烟台、青岛等地)(图 561)

9. 小叶鼠李 (琉璃枝) *Rhamnus parvifolia* Bunge (广布于全省各山地丘陵)(图 562)

图560 崂山鼠李
1.果枝；2.叶片放大；3.花纵切；4.果核，示种沟

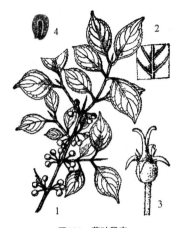

图561 薄叶鼠李
1.果枝；2.叶片下面脉腋放大；3.雌花；4.果核，示种沟

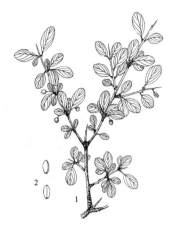

图562 小叶鼠李
1.果枝；2.果核，示种沟

10. 东北鼠李 *Rhamnus schneideri* Levl. & Vant. var. *manshurica* Nakai（分布于济南、泰安、青岛、烟台等地）

11. 甘青鼠李 *Rhamnus tangutica* J. Vass.（分布于鲁山）（图563）

12. 乌苏里鼠李 *Rhamnus ussuriensis* J. Vass.（分布于烟台、青岛、泰安）（图564）

13. 冻绿 *Rhamnus utilis* Decne（分布于泰安、淄博、烟台、青岛；泰安、济南等地栽培）（图565）

13a. 毛冻绿 *Rhamnus utilis* Decne var. *hypochrysa* (Schneid.) Rehd.（分布于鲁山）

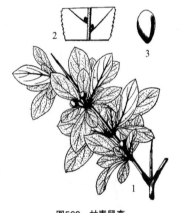

图563 甘青鼠李
1.果枝；2.叶片下面脉腋放大；3.果核，示种沟

图564 乌苏里鼠李
1.果枝；2.花

图565 冻绿
1.果枝；2.雄花；3.雌花

图566　雀梅藤
1.果枝；2.花；3.果实

（四）雀梅藤属 *Sageretia* Brongn.

约 35 种。我国 19 种；山东引入栽培 1 种。

1. 雀梅藤 *Sageretia thea* (Osbeck) Johnst. (青岛、泰安等地栽培)(图 566)

（五）枣属 *Ziziphus* Mill.

约 100 种。我国 12 种；山东 1 变种，引入栽培 1 种 1 变种。

分种检索表

1. 托叶刺明显。

 2. 乔木，叶片较大，长圆状卵形至卵状披针形，稀卵形，长3～6cm⋯ 枣树*Ziziphus jujuba*

 2. 灌木，叶片较小，长1.5～3.5cm ⋯⋯⋯⋯⋯⋯⋯⋯⋯ 酸枣*Ziziphus jujuba* var. *spinosa*

1. 无托叶刺或托叶刺不明显，乔木 ⋯⋯⋯⋯⋯⋯⋯ 无刺枣*Ziziphus jujuba* var. *inermis*

 1. 枣树 *Ziziphus jujuba* Mill. (全省各地栽培)(图 567)

【葫芦枣 'Lageniformis'，果实中部以上缢缩呈葫芦形 (鲁北、潍坊植物园栽培)；龙爪枣 (蟠龙枣) 'Tortuosa'，小枝及叶柄蜷曲，无刺 (泰安、青岛、济南、潍坊等地栽培)】

 1a. 酸枣 (棘) *Ziziphus jujuba* Mill. var. *spinosa* (Bunge) Hu ex H. F. Chow (广布于全省各地)(图 568)

 1b. 无刺枣 *Ziziphus jujuba* Mill. var. *inermis* (Bunge) Rehd. (全省各地栽培)

图567　枣树
1.花枝；2.花；3.果实；
4-5.果核

图568　酸枣
1.果枝；2.刺；3.花；
4-5.果核

六十、葡萄科Vitaceae

约 14 属 900 种。我国 8 属 146 种；山东木本植物 3 属 12 种 1 亚种 6 变种。

分属检索表

1. 花瓣离生，聚伞花序；髓心白色，茎有皮孔。
  2. 茎有卷须，无吸盘；花盘明显 ·················· 蛇葡萄属*Ampelopsis*
  2. 卷须顶端扩大成吸盘；花盘无或不明显 ············ 爬山虎属*Parthenocissus*
1. 花冠连合成帽状，圆锥花序；髓心褐色，茎无皮孔 ············ 葡萄属*Vitis*

（一）蛇葡萄属 *Ampelopsis* Michx.

约 30 种。我国 17 种；山东 4 种 5 变种。

分种检索表

1. 单叶，不分裂或3～5裂。
  2. 叶背面光滑无毛或仅脉腋有簇毛；花枝上的叶片不分裂 ··········
    ················· 光叶蛇葡萄*Ampelopsis glandulosa* var. *hancei*
  2. 叶背面沿叶脉常有疏柔毛，花梗常有短柔毛。
    3. 叶心形，不分裂或偶3～5浅裂 ··· 东北蛇葡萄*Ampelopsis glandulosa* var. *brevipedunculata*
    3. 叶常3～5中裂，偶混生有不分裂者。
      4. 花梗较短，长1～2mm；小枝、叶柄、花序梗、花梗、花萼均有疏柔毛 ··········
        ········· 异叶蛇葡萄*Ampelopsis glandulosa* var. *heterophylla*
      4. 花梗较长，长2～3mm；小枝、叶柄、叶下面沿脉、花梗无毛或被疏柔毛，叶下面
        常苍白色 ················· 葎叶蛇葡萄*Ampelopsis humilifolia*
1. 掌状复叶，小叶3～5。
  5. 叶轴无翅，植株多少被毛，至少幼时如此。
    6. 叶为5小叶，小叶羽状分裂或边缘呈粗锯齿状。
      7. 小叶3～5羽状裂或全裂，叶下面沿脉有柔毛 ··· 乌头叶蛇葡萄*Ampelopsis aconitifolia*
      7. 小叶多不分裂，锯齿深而粗，或混有浅裂者，无毛或下面微被柔毛 ·············
        ················· 掌裂草葡萄*Ampelopsis aconitifolia* var. *palmiloba*
    6. 叶为3小叶，稀混生有5小叶，小叶不分裂或侧生小叶基部分裂。
      8. 小叶3枚，小枝、叶柄、叶片下面疏被柔毛····· 三裂叶蛇葡萄*Ampelopsis delavayana*
      8. 小叶3～5枚，植株光滑无毛 ············ 掌裂蛇葡萄*Ampelopsis delavayana* var. *glabra*
  5. 叶轴和小叶柄有狭翅，全株无毛；小叶3～5，羽状分裂 ········ 白蔹*Ampelopsis japonica*

1. 乌头叶蛇葡萄 *Ampelopsis aconitifolia* Bunge (分布于泰安、烟台、威海等地)
(图 569)

　1a. 掌裂草葡萄 *Ampelopsis aconitifolia* Bunge var. *palmiloba* (Carr.) Rehd. (分

布于泰安、青岛、济南等地）

2. 三裂叶蛇葡萄 *Ampelopsis delavayana* Planch.（分布于昆嵛山、荣成）（图 570）

2a. 掌裂蛇葡萄 *Ampelopsis delavayana* Planch. var. *glabra* (Diel. & Grig) C. L. Li（分布于泰山，产中天门景区）

图569　乌头叶蛇葡萄
1.花枝；2.果枝；3.花；4.去掉花瓣和
雄蕊的花，示花盘和雌蕊；5.雄蕊

图570　三裂叶蛇葡萄
1.花枝；2.果实

图571　东北蛇葡萄
1.花枝；2.果实

3. 蛇葡萄 *Ampelopsis glandulosa* (Wallich) Momiyama（原变种山东不产）

3a. 东北蛇葡萄 *Ampelopsis glandulosa* (Wallich) Momiyama var. *brevipedunculata* (Maxim.) Momiyama（分布于昆嵛山、荣成槎山、石岛）（图 571）

3b. 光叶蛇葡萄 *Ampelopsis glandulosa* (Wallich) Momiyama var. *hancei* (Planch.) Momiyama（分布于枣庄、临沂、青岛等地）

3c. 异叶蛇葡萄 *Ampelopsis glandulosa* (Wallich) Momiyama var. *heterophylla* (Thunb.) Momiyama（分布于泰山、莲花山、徂徕山）

4. 葎叶蛇葡萄 *Ampelopsis humilifolia* Bunge（分布于全省各山地丘陵；各地常栽培）（图 572）

5. 白蔹 *Ampelopsis japonica* (Thunb.) Makino（分布于全省各山地丘陵）（图 573）

（二）爬山虎属（地锦属）*Parthenocissus* Planch.

约 13 种。我国 8 种，另引入栽培 1 种；山东 2 种，引入栽培 1 种。

图572 葎叶蛇葡萄

图573 白蔹
1.植株下部和根部；2.花枝；3.花；4.去掉花瓣的花

分种检索表

1. 单叶，宽卵形，通常3浅裂；或三出复叶。
 2. 单叶，宽卵形，长8～18cm，通常3裂，下部枝的叶片有时分裂成3小叶；花瓣5，长椭圆形，花丝长约1.5～2.4mm ·················· 爬山虎Parthenocissus tricuspidata
 2. 显著两型叶，主枝或短枝上集生有三小叶组成的复叶，侧出较小的长枝上常散生有较小的单叶；卷须嫩时顶端膨大成圆珠状；花瓣4，倒卵椭圆形；花丝长0.4～0.9mm ·········
  ·················· 异叶爬山虎Parthenocissus dalzielii
1. 掌状复叶，小叶5枚，倒卵圆形、倒卵椭圆形或外侧小叶椭圆形；花序主轴明显，圆锥状多歧聚伞花序 ·················· 五叶地锦Parthenocissus quinquefolia

 1. 异叶爬山虎 (异叶地锦) *Parthenocissus dalzielii* Gagnep. (分布于日照、青岛、济南)(图 574)

 2. 五叶地锦 *Parthenocissus quinquefolia* Planch. (全省各地普遍栽培)(图 575)

 3. 爬山虎 (地锦) *Parthenocissus tricuspidata* (Sieb. & Zucc.) Planch. (分布于全省各山地丘陵；各地常见栽培)(图 576)

图574 异叶爬山虎
1.叶枝；2.花枝

图575 五叶地锦

图576 爬山虎
1.花枝；2-3.花；4.去掉花瓣的花，示雄蕊和雌蕊

（三）葡萄属 *Vitis* Linn.

约 60 种。我国约 36 种，另引入栽培多种；山东 4 种 1 亚种 1 变种，引入栽培 1 种。

分种检索表

1. 叶片下面被绒毛，至少幼时如此，上面多少有绒毛或逐渐脱落无毛。
  2. 叶片不分裂或有时3浅裂；叶下面被白色或浅褐色绒毛。
    3. 叶片不分裂，极稀不明显3浅裂，基部截形或浅心形 ··············毛葡萄*Vitis heyneana*
    3. 叶片常3浅裂，极稀不裂或3深裂，基部宽心形 ······桑叶葡萄*Vitis heyneana* subsp. *ficifolia*
  2. 叶片3深裂，裂片往往再行分裂；绒毛常为锈色，有时逐渐脱落而变稀疏 ·············
    ··蘡薁葡萄*Vitis bryoniaefolia*
1. 叶片下面无毛或具疏柔毛，绝非绒毛，上面近无毛。
  4. 叶下面或多或少被柔毛或至少在脉上被短柔毛或蛛丝状毛。
    5. 叶基部心形，基缺凹成钝角或圆形，叶缘锯齿较浅；野生种。
      6. 叶3浅裂，稀5浅裂或不分裂；果实直径1～1.5cm ·············山葡萄*Vitis amurensis*
      6. 叶3～5深裂，果实较小，直径0.8～1cm ······裂叶山葡萄*Vitis amurensis* var. *dissecta*
    5. 叶基部深心形，基部狭窄，两侧靠近或部分重叠，叶缘有粗牙齿，较深，裂缺凹成锐角，稀钝角；栽培种 ··葡萄*Vitis vinifera*
  4. 叶上面无毛，下面初时疏被蛛丝状毛，以后脱落；幼枝和叶柄带红色，疏被蛛丝状毛，以后脱落无毛；叶片不分裂，有波状牙齿 ··············葛藟葡萄*Vitis flexuosa*

1. 山葡萄 *Vitis amurensis* Rupr. (分布于全省各大山区)(图 577)

1a. 裂叶山葡萄 *Vitis amurensis* Rupr. var. *dissecta* Skvorts. (分布于崂山、泰山、祖徕山)

2. 蘡薁葡萄 (华北葡萄) *Vitis bryoniaefolia* Bunge (广布于全省各山地丘陵)(图 578)

3. 葛藟葡萄 *Vitis flexuosa* Thunb. (分布于昆嵛山、崂山、牙山等地)(图 579)

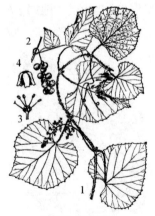

图577 山葡萄
1.果枝；2.脱落的花瓣；3.雄花去掉花瓣，示雄蕊；4.雌花去掉花瓣，示雌蕊和退化雄蕊

图578 蘡薁
1.花枝；2.花，示花瓣脱落；3.去掉花瓣的花，示雄蕊和雌蕊；4.果实

图579 葛藟葡萄
1.花枝；2.果枝；3.去掉花瓣的花；4.脱落的花瓣

4. 毛葡萄 *Vitis heyneana* Roem. (分布于鲁中南、胶东山地丘陵)(图 580)

4a. 桑叶葡萄 *Vitis heyneana* Roem. subsp. *ficifolia* (Bunge) C. L. Li (分布于鲁中南、胶东山地丘陵)

5. 葡萄 *Vitis vinifera* Linn. (全省各地普遍栽培)(图 581)

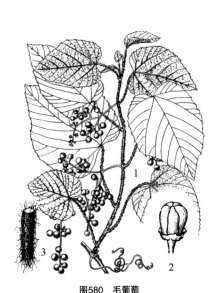

图580　毛葡萄
1.果枝；2.花，未开放；3.小枝一段，示毛被

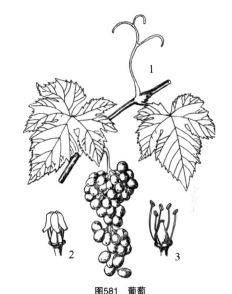

图581　葡萄
1.果枝；2.花，示花瓣脱落；3.花去掉花瓣，示雄蕊和雌蕊

六十一、省沽油科Staphyleaceae

5 属 60 种。我国 4 属 20 种；山东 3 属 3 种。

分属检索表

1. 叶对生；蒴果或蓇葖果，成熟时开裂。
　2. 果为膜质、肿胀的蒴果，果皮薄；种子无假种皮
　……………………… **省沽油属** *Staphylea*
　2. 蓇葖果革质；种子黑色，有假种皮 ……………
　……………………… **野鸦椿属** *Euscaphis*
1. 叶互生；萼管状；核果呈浆果状… **银鹊树属** *Tapiscia*

（一）野鸦椿属 *Euscaphis* Sieb. & Zucc.

仅 1 种，分布于亚洲东部；山东有栽培。

1. 野鸦椿 *Euscaphis japonica* (Thunb.) Dipp.
(临沂、枣庄等地栽培)(图 582)

（二）省沽油属 *Staphylea* Linn.

约 13 种。我国有 6 种；山东引入栽培 1 种。

图582　野鸦椿
1.花枝；2.花；3.果实

图583 省沽油
1.花枝；2.花冠展开；3.果实

1. 省沽油 *Staphylea bumalda* DC. (潍坊植物园栽培)(图 583)

（三）银鹊树属 (瘿椒树属) *Tapiscia* Oliv. 2 种，我国特产；山东引入栽培 1 种。

1. 银鹊树 (瘿椒树) *Tapiscia sinensis* Oliv. (青岛等地栽培)(图 584)

六十二、伯乐树科Bretschneideraceae

1 属 1 种，我国特产；山东有栽培。

（一）伯乐树属 *Bretschneidera* Hemsl.

仅 1 种，我国特产；山东有栽培。

1. 伯乐树 *Bretschneidera sinensis* Hemsl. (青岛崂山太清宫引种栽培)(图 585)

图584 银鹊树
1.果枝；2.叶下面放大；3.花；4.果实

图585 伯乐树
1.花枝；2.花纵切；3.子房纵切；4.果实；5.种子

六十三、无患子科Sapindaceae

约 135 属 1500 余种。我国 21 属 52 种；山东木本植物 3 属 4 种。

分属检索表
1. 蒴果，果皮膜质或木质；奇数羽状复叶。
2. 果皮膜质而膨胀；1～2回羽状复叶 ⋯⋯⋯⋯⋯⋯⋯⋯ 栾树属 *Koelreuteria*
2. 果皮木质；1回羽状复叶 ⋯⋯⋯⋯⋯⋯⋯⋯⋯⋯ 文冠果属 *Xanthoceras*
1. 核果，果皮肉质；羽状复叶常为偶数⋯⋯⋯⋯⋯⋯⋯⋯ 无患子属 *Sapindus*

（一）栾树属 *Koelreuteria* Laxm.

3 种，我国均产；山东 1 种，引入栽培 1 种。

分种检索表

1. 一回或不完全二回羽状复叶，小叶卵形、阔卵形至卵状披针形，有不规则粗齿，近基部常有深裂片；蒴果圆锥形，果瓣卵形 ……… 栾树*Koelreuteria paniculata*
1. 二回羽状复叶，小叶斜卵形，全缘或有锯齿；蒴果椭圆形或近球形，果瓣椭圆形至近圆形 ……………………………… 复羽叶栾树*Koelreuteria bipinnata*

　　1. 复羽叶栾树（黄山栾）*Koelreuteria bipinnata* Franch.（全省各地栽培）(图 586)

图586　复羽叶栾树
1.花枝；2.果序的一部分；3.花

　　2. 栾树 *Koelreuteria paniculata* Laxm.（广布于鲁中南、胶东山地丘陵；各地普遍栽培）(图 587)

（二）无患子属 *Sapindus* Linn.

约 13 种。我国 4 种；山东引入栽培 1 种。

1. 无患子 *Sapindus saponaria* Linn.（泰安、青岛等地栽培）(图 588)

（三）文冠果属 *Xanthoceras* Bunge

仅 1 种，产我国北部、东北部和朝鲜；山东有栽培。

1. 文冠果 *Xanthoceras sorbifolia* Bunge（全省各地栽培）(图 589)

图587　栾树
1.花枝；2.果序的一部分；3.花；4.雌蕊；5.雄蕊

图588　无患子
1.花枝；2.花；3.雄蕊；4.雌蕊；5.果实

图589　文冠果
1.花枝；2.花；3.果实

六十四、七叶树科Hippocastanaceae

3属15种。我国2属5种；山东1属4种。

（一）七叶树属 *Aesculus* Linn.

约12种。我国2种，引入栽培2种；山东引入栽培4种。

分种检索表

1. 花白色；乔木。
　2. 蒴果有刺或疣状凸起；掌状复叶的小叶无柄。
　　3. 叶片背面绿色，边缘有钝形的重锯齿；蒴果近于球形，有刺 ……………………………………………… 欧洲七叶树*Aesculus hippocastanum*
　　3. 叶片背面粉绿色，略有白粉，边缘有圆齿；蒴果阔倒卵圆形，有疣状凸起 ……………………………………………… 日本七叶树*Aesculus turbinata*
　2. 蒴果平滑；掌状复叶的小叶柄长5～17mm；小叶长椭圆状披针形至矩圆形，长8～16cm，具细锯齿，先端渐尖，基部楔形，仅背面脉上疏生柔毛 ……… 七叶树*Aesculus chinensis*
1. 花红色，果实光滑；灌木或小乔木……………………………… 红花七叶树*Aesculus pavia*

图590　七叶树
1.花枝；2-3.花；4.果实

1. 七叶树 *Aesculus chinensis* Bunge（青岛、潍坊、济南、泰安、临沂等地栽培）(图590)

2. 欧洲七叶树 *Aesculus hippocastanum* Linn.（青岛、潍坊栽培）(图591)

3. 红花七叶树 *Aesculus pavia* Linn.（青岛、潍坊、泰安等地栽培）(图592)

4. 日本七叶树 *Aesculus turbinata* Blume（青岛、济南、泰安栽培）(图593)

图591　欧洲七叶树
1.花枝；2.果实

图592　红花七叶树
1.花枝；2.果实

图593　日本七叶树

六十五、槭树科Aceraceae

2属约131种。我国2属约101种；山东1属20种4亚种2变种。

（一）槭树属 *Acer* Linn.

槭属约129种。我国96种，另引入栽培多种；山东2种4亚种，引入栽培18种2变种。

分种检索表

1. 花常5数，稀4数，各部分发育良好，有花瓣和花盘，花两性或杂性，稀单性，同株或异株，常生于小枝顶端，稀生于小枝旁边。单叶、羽状或掌状复叶。
   2. 单叶，不分裂或分裂，全缘或边缘有各种锯齿。
      3. 花两性或杂性，雄花与两性花同株或异株，生于有叶的小枝顶端。
         4. 冬芽通常无柄，鳞片较多，通常覆瓦状排列；花序伞房状或圆锥状。
            5. 叶纸质，通常3～5裂，稀7～11裂；小坚果扁平或凸起。
               6. 翅果扁平或压扁状；叶的裂片全缘或浅波状；叶柄有乳汁。
                  7. 叶5～7裂，裂片通常全缘，或萌生枝上偶有小齿裂；果翅开张成锐角或钝角。
                     8. 果序的总果梗较长，通常长1～2cm；叶下面无毛。
                        9. 叶5～7裂，基部截形稀近心形；小坚果长1.3～1.8cm，翅和小坚果近于等长 ·········· 元宝枫*Acer truncatum*
                        9. 叶常5裂；基部近心形或截形；小坚果长1～1.3cm，翅较小坚果长2～3倍 ·········· 色木槭*Acer pictum* subsp. *mono*
                     8. 果序的总果梗较短，通常长度在1cm以内至近于无总果梗；叶常7裂，稀5裂，下面被短柔毛；翅果长3～3.5cm，张开成锐角 ··· 锐角槭*Acer acutum*
                  7. 叶通常5裂，裂片具1～3个尖齿或浅裂状；果核长10～15mm，果翅长3～5cm，开张近水平 ·········· 挪威槭*Acer platanoides*
               6. 翅果凸起；叶的裂片边缘有锯齿；叶柄无乳汁。
                  10. 叶通常7～13裂，稀5裂；花序伞房状，每花序只有少数几朵花。
                     11. 子房有毛；叶柄和花梗通常嫩时有毛。
                        12. 叶常9裂，稀7或11裂，直径9～12cm，裂片卵形 ··· 羽扇槭*Acer japonica*
                        12. 叶7～9裂，直径6.5～10cm，裂片披针形或披针状矩圆形，有锐尖重锯齿 ·········· 中华重齿枫*Acer duplicatoserratum* var. *chinense*
                     11. 子房无毛；叶柄和花梗通常无毛。
                        13. 叶7～9裂，裂片长圆形或近于卵形，下面常有宿存的灰色短柔毛；翅果长2.6～4cm ·········· 杈叶槭*Acer robustum*
                        13. 叶常7裂，裂片长圆卵形或披针形，两面无毛；翅果长2～2.5cm ·········· 鸡爪槭 *Acer palmatum*
                  10. 叶3～7裂；花序伞房状、圆锥状等，每花序有多数的花。
                     14. 叶掌状3～5裂；小坚果凸起成卵圆形、长圆卵圆形或近于球形，基部不倾斜。
                        15. 叶常5裂，有时同一株上的叶既有5裂又有3裂的。

16. 翅果长2～2.5cm，果翅张开成钝角或近水平；子房有淡黄色柔毛。

 17. 叶下面沿叶脉和叶柄有毛；翅果张开成钝角，稀近于水平；叶长10～12cm，宽11～14cm，裂片边缘有钝尖锯齿 ·············

 ················· **毛脉槭**_Acer pubinerve_

 17. 叶下面和叶柄无毛或近无毛；翅果张开近于水平；叶长5.5～8cm，宽7～10cm，裂片边缘有紧贴的细圆齿 ·············

 ················· **秀丽槭**_Acer elegantulum_

16. 翅果长3～3.5cm，果翅张开成锐角或直角；叶长10～14cm，宽12～15cm，裂片长圆卵形或三角状卵形；子房有白色疏柔毛·············

 ················· **中华槭**_Acer sinensis_

15. 叶片常自中段以下深3裂，几达叶片长度的4/5，裂片长圆形或长圆披针形，全缘或先端有锯齿；叶片长3～5cm，宽3～6cm；翅果长2～2.5cm，张开近于直角 ·········**细裂槭**_Acer pilosum_ var. _stenolobum_

14. 叶羽状3～5裂或不分裂；小坚果的基部常1侧较宽，另1侧较窄致成倾斜状。

 18. 叶常羽状3～5裂，裂片有不整齐粗锯齿，下面近无毛·············

 ················· **茶条槭**_Acer tataricum_ subsp. _ginnala_

 18. 叶常不分裂，叶缘有不规则缺刻状锯齿，下面有白色柔毛·············

 ················**苦茶槭**_Acer tataricum_ subsp. _theiferum_

 5. 叶近革质，不分裂或3裂；小坚果凸起。

 19. 叶常3裂，裂片全缘，稀浅波状或锯齿状。

 20. 侧裂片与中裂片近等大；果翅张开成锐角或近直立 ·············

 ················· **三角枫**_Acer buergerianum_

 20. 侧裂片小于中裂片，有时也有不分裂的叶；果翅张开成钝角 ·············

 ················· **金沙槭**_Acer paxii_

 19. 叶不分裂，长椭圆形，长8～12cm，宽4～5cm，侧脉3～4对；小枝、叶柄和叶下面有淡黄色绒毛；翅果长2.8～3.2cm，张开近锐角 ·············

 ················· **樟叶槭**_Acer coriaceifolium_

 4. 冬芽有柄，鳞片通常2对，镊合状排列；花序总状。

 21. 叶通常不分裂，卵形或长圆卵形，有不整齐的细圆齿 ·········**青榨槭**_Acer davidii_

 21. 叶3～5浅裂，侧裂片较小，基部裂片微发育或不发育，有锐尖重锯齿 ·········

 ················· **葛萝槭**_Acer davidii_ subsp. _grosseri_

3. 花单性，稀杂性，常生于小枝旁边。

 22. 叶常5深裂，有尖锯齿，下面银白色 ·········**银槭**_Acer saccharinum_

 22. 叶3～5中裂·········**北美红槭**_Acer rubrum_

2. 羽状三出复叶，有3小叶。

 23. 嫩枝、花序和小叶下面通常有毛；翅果有毛。

 24. 小叶下面有稠密的毛；翅果有黄色绒毛·········**血皮槭**_Acer griseum_

24. 小叶下面有白粉，仅沿叶脉有疏柔毛；翅果有淡黄色疏柔毛 ··· 三花槭 *Acer triflorum*

23. 嫩枝、花序和小叶下面通常无毛；翅果无毛；小叶披针形，先端锐尖，边缘有钝锯齿；翅果紫褐色，长3～3.5cm ················ **东北槭** *Acer mandshuricum*

1. 花单性，雌雄异株，通常4数；羽状复叶有小叶3～5，稀7～9枚。

25. 雌花和雄花均成下垂的长总状花序或穗状花序，花梗很短至无花梗，花盘和花瓣微发育；羽状复叶有小叶3枚 ················ **建始槭** *Acer heryi*

25. 雌花成下垂的总状花序，雄花成下垂的聚伞花序，花梗长约1.5～3cm；花缺花瓣和花盘；羽状复叶有小叶3～5，稀7～9枚 ················ **梣叶槭** *Acer negundo*

1. 锐角槭 *Acer acutum* W. P. Fang (潍坊昌邑栽培)（ 图 594）

2. 三角枫（三角槭）*Acer buergerianum* Miquel （济南、泰安、潍坊、临沂、青岛等地栽培）（图 595）

3. 樟叶槭 *Acer coriaceifolium* H. Léveillé (青岛、临沂等地栽培)（ 图 596）

4. 青榨槭（青虾蟆）*Acer davidii* Franch. (分布于鲁山；济南、潍坊等地栽培)（ 图 597）

图594 锐角槭
1.果枝；2.果实

图595 三角枫
1.花枝；2.果枝；3.花；4.果实

图596 樟叶槭

图597 青榨槭
1.花枝；2.果枝；3.两性花；4.雄花

4a. 葛萝槭（山青桐）*Acer davidii* Franch. subsp. *grosseri* (Pax) P. C. de Jong (分布于蒙山、沂山、仰天山、鲁山、泰山、徂徕山等地；泰安、青岛、日照、济南等地栽培)（ 图 598）

5. 中华重齿枫 *Acer duplicatoserratum* var. *chinense* C. S. Chang (据 Flora of China，山东有分布。)

6. 秀丽槭 *Acer elegantulum* W. P. Fang & P. L. Chiu (临沂、青岛等地栽培)（ 图 599）

7. 血皮槭 *Acer griseum* (Franch.) Pax (青岛、潍坊等地栽培)（ 图 600）

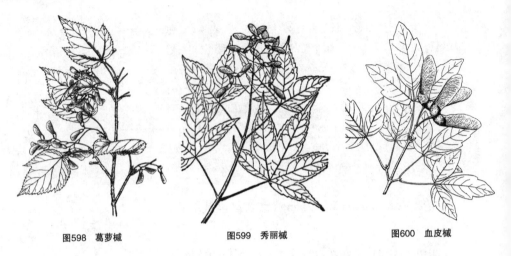

图598 葛萝槭　　　　　　　图599 秀丽槭　　　　　　　图600 血皮槭

8. 建始槭 *Acer heryi* Pax (青岛、泰安、济南、潍坊等地栽培)(图 601)

9. 羽扇槭 (团扇槭) *Acer japonica* Thunb. (青岛、泰安、潍坊等地栽培)(图 602)

【舞扇槭 'Heyhachii'，叶几乎全裂至基部，裂片再行羽状分裂 (青岛等地栽培)】

10. 东北槭 Acer *mandshuricum* Maxim. (济南、潍坊栽培)(图 603)

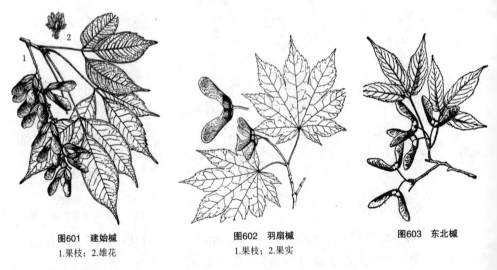

图601 建始槭　　　　　　　图602 羽扇槭　　　　　　　图603 东北槭
1.果枝；2.雄花　　　　　　1.果枝；2.果实

11. 复叶槭 (梣叶槭) *Acer negundo* Linn. (全省各地栽培)(图 604)

【金叶复叶槭 'Aurea'，叶片春季金黄色，后渐变为黄绿色 (全省各地栽培)；金边复叶槭 'Aureomarginatum'，叶缘乳黄色 (潍坊、泰安等地栽培)；红鹳复叶槭 'Flamingo'，早春小叶边缘桃红色，而后渐变为白色 (潍坊、泰安等地栽培)；花叶复叶槭 (银边复叶槭) 'Variegatum'，叶缘乳白色 (全省各地栽培)】

12. 鸡爪槭 *Acer palmatum* Thunb. (全省各地栽培)(图 605)

【红枫 'Atropurpureum'，叶深红色或鲜红色 (全省各地栽培)；羽毛枫 'Dissectum'，叶掌状深裂几达基部，裂片又羽状细裂 (全省各地栽培)；红羽毛枫 'Dissectum Ornatum'，与羽毛枫相似，但叶常年红色 (全省各地栽培)；红晕边鸡爪槭 'Kagiri-nishiki'，叶深裂，初春叶及秋叶裂缘现玫瑰红色 (青岛栽培)；条裂鸡爪槭 'Linearilobum'，叶深裂达基部，裂片条形，先端锐尖，全缘或有缺刻状锯齿 (青岛、莱芜、泰安等地栽培)】

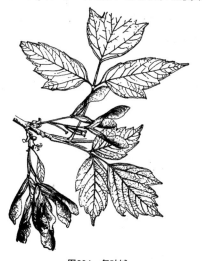

图604 复叶槭

图605 鸡爪槭
1.花枝；2.果枝；3.雄花；4.两性花

13. 金沙槭 *Acer paxii* Franch. (泰安、潍坊栽培)(图 606)

14. 色木槭 (五角枫、地锦槭) *Acer pictum* Thunb. subsp. *mono* (Maxim.) Ohashi (图 607)(分布于胶东半岛及蒙山、泰山)

图606 金沙槭
1.果枝；2.叶形变化；3.果实

图607 色木槭
1.果枝；2.雄花；3.两性花

图608 挪威槭
1.叶枝；2.花枝；3.果实

15. 细 裂 槭 *Acer pilosum* Maxim. var. *stenolobum* (Rehd.) W. P. Fang (青岛栽培)

16. 挪威槭 *Acer platanoides* Linn. (青岛、临沂、潍坊、泰安等地栽培) (图 608)

【紫叶挪威槭 'Crimson King'，新叶深红色，后变绿色并略带红色 (临沂、青岛、潍坊等地栽培)】

17. 毛脉槭 (婺源槭) *Acer pubinerve* Rehd. (*Acer wuyuanense* W. P. Fang & Wu)(青岛、潍坊昌邑栽培)

18. 权叶槭 *Acer robustum* Pax. (*Acer anhweiense* W. P. Fang & Fang. f.)(临沂临沭栽培)

19. 北美红槭 *Acer rubrum* Linn. (临沂、青岛、日照、泰安、潍坊等地栽培)(图 609)

20. 银槭 *Acer saccharinum* Linn. (济南、泰安、潍坊栽培)(图 610)

21. 中华槭 (五裂槭) *Acer sinensis* Pax. (青岛、济南、泰安栽培)(图 611)

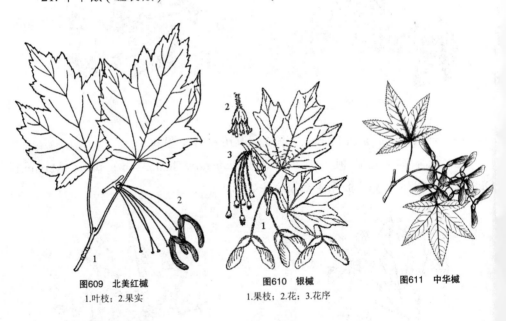

图609 北美红槭
1.叶枝；2.果实

图610 银槭
1.果枝；2.花；3.花序

图611 中华槭

22. 鞑鞑槭 *Acer tataricum* Linn. (原亚种我国及山东不产)

22a. 茶条槭 *Acer tataricum* Linn. subsp. *ginnala* (Maxim.) Wesmael. (分布于崂山、昆嵛山；泰安、潍坊栽培)(图 612)

22b. 苦茶槭 *Acer tataricum* Linn. subsp. *theiferum* (W. P. Fang) Y. S. Chen & P. C de Jong (分布于崂山)(图 613)

23. 三花槭 (拧筋槭) *Acer triflorum* Komarov (潍坊植物园栽培)(图 614)

24. 元宝枫 (华北五角枫) *Acer truncatum* Bunge (分布于鲁中南及胶东山地丘陵；全省各地普遍栽培)(图 615)

图612　茶条槭　　　　　图613　苦茶槭　　　　　图614　三花槭　　　　　图615　元宝枫
　　　　　　　　　　　1.果枝；2.叶下面基部放大；　　　　　　　　　　　1.果枝；2.雄花；3.两性花
　　　　　　　　　　　3.花；4.雌蕊

六十六、漆树科Anacardiaceae

约 77 属 600 余种。我国约 16 属 53 种，引入 2 属 4 种；山东 5 属 9 种 3 变种。

分属检索表

1. 羽状复叶。
　2. 有花瓣；奇数羽状复叶。
　　3. 心皮3，子房1室；雄蕊5；植物体有乳液。
　　　4. 圆锥花序顶生；果被腺毛和具节柔毛或单毛，成熟后红色，外果皮与中果皮连合，内果皮分离 ⋯⋯⋯⋯⋯ ⋯⋯⋯⋯⋯⋯⋯⋯⋯⋯⋯⋯⋯ **盐麸木属***Rhus*
　　　4. 圆锥花序腋生；果无毛或疏被微柔毛但无腺毛，成熟后黄绿色，外果皮薄，与中果皮分离，中果皮厚，与内果皮连合 ⋯⋯⋯⋯⋯⋯⋯ **漆属** *Toxicodendron*
　　3. 心皮5，子房5室；雄蕊10；植物体无乳液，小叶全缘 ⋯ ⋯⋯⋯⋯⋯⋯⋯⋯⋯⋯⋯⋯⋯ **南酸枣属***Choerospodias*
　2. 无花瓣；常为偶数羽状复叶；心皮3，子房1室 ⋯⋯⋯⋯⋯⋯⋯⋯⋯⋯⋯⋯⋯⋯ **黄连木属***Pistacia*
1. 单叶，全缘；果期不孕花的花梗伸长，被长柔毛 ⋯⋯⋯⋯⋯⋯⋯⋯⋯⋯⋯**黄栌属***Cotinus*

图616　南酸枣
1.果枝；2.花序；3.雄花；
4.雌花；5.雌蕊纵切

（一）南酸枣属 *Choerospondias* Burtt & Hill

仅有 1 种，产中国和印度北部、中南半岛、日本；山东有栽培。

1. 南酸枣 *Choerospondias axillaris* (Roxb.) B. L. Burtt & A. W. Hill (青岛崂山栽培)(图 616)

（二）黄栌属 *Cotinus* Mill.

5 种。我国 3 种；山东产 2 变种。

1. 黄栌 *Cotinus coggygria* Scop.（原变种我国及山东不产）

【紫叶黄栌（红栌）‘Purpureus’，叶紫色（全省各地栽培）】

1a. 红叶黄栌（红叶、灰毛黄栌）*Cotinus coggygria* Scop. var. *cinerea* Engler（分布于全省各山区）(图 617)

1b. 毛黄栌（柔毛黄栌）*Cotinus coggygria* Scop. var. *pubescens* Engler（分布于全省各山区）(图 618)

图617 红叶黄栌
1.果枝；2.花；3.果实

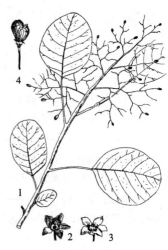

图618 毛黄栌
1.果枝；2.雄花；3.雌花；4.果实

（三）黄连木属 *Pistacia* Linn.

约 10 种。我国 2 种，引入 1 种；山东 1 种，引入栽培 1 种。

1. 黄连木 *Pistacia chinensis* Bunge (分布于鲁中南、胶东山地丘陵；各地常见栽培)(图 619)

2. 阿月浑子 *Pistacia vera* Linn. (泰安罗汉崖栽培)

（四）盐麸木属 *Rhus* Linn.

约 250 种。我国 6 种，另引入栽培 1 种；山东 2 种 1 变种，引入栽培 2 种。

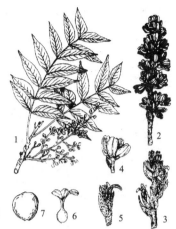

图619 黄连木
1.果枝；2.雄花序一段放大；3.雌花序一段放大；4.雄花；5.雌花；6.雌蕊；7.核果

分种检索表

1. 小叶边缘具锯齿。
　2. 叶轴有狭翅，小叶7～13，卵状椭圆形，有粗钝锯齿。
　　3. 小枝密生黄褐色绒毛。
　　　4. 叶上面中脉常无毛，花苞片长约1～2mm，早落性 ·········· 盐麸木 *Rhus chinensis*
　　　4. 叶上面中脉有褐色毛，花苞片长约1～3cm，宿存 ······ 泰山盐麸木 *Rhus taishanensis*
　　3. 小枝无毛或近无毛 ··············· 光枝盐麸木 *Rhus chinensis* var. *glabrus*
　2. 叶轴无翅，小叶19～23，长椭圆状披针形，有锐锯齿 ··············· 火炬树 *Rhus typhina*
1. 小叶全缘，3～5对，长圆形或长圆状披针形，先端渐尖，基部阔楔形至圆形，叶背绿色，沿中脉被稀疏微柔或无毛，明显具小叶柄；小枝无毛 ···············青麸杨 *Rhus potaninii*

---

1. 盐麸木 *Rhus chinensis* Mill. (分布全省各大山区；各地常栽培)(图 620)

1a. 光枝盐麸木 *Rhus chinensis* Mill. var. *glabrus* S. B. Liang (分布于崂山等地)

2. 青麸杨 *Rhus potaninii* Maxim. (潍坊植物园栽培)(图 621)

图620 盐麸木
1.花枝；2.部分果序；3.雄花；4.两性花；5.去掉花瓣的两性花，示雄蕊和雌蕊；6.核果；7.种子

图621 青麸杨
1.果枝；2.花；3.去掉花萼、花瓣的花；4.果实

3. 泰山盐麸木 *Rhus taishanensis* S. B. Liang (分布于泰山)(图 622)

4. 火炬树 *Rhus typhina* Linn. (全省各地普遍栽培)(图 623)

【花叶火炬树 (条裂叶火炬树) 'Dissecta'，小叶不规则深裂至全裂 (泰安等地栽培) 】

（五）漆属 *Toxicodendron* Miller

约 20 种。我国 16 种；山东 2 种。

分种检索表

1. 小枝、叶轴、叶柄及花序均被毛；圆锥花序长15～30cm，与叶近等长；核果肾形或椭圆形，不偏斜，长5～6mm，宽7～8mm ┈┈┈┈┈┈┈┈ 漆树*Toxicodendron vernicifluum*
1. 植物体各部无毛；圆锥花序长7～15cm，为叶长之半；核果偏斜，径7～10mm，先端偏离中心 ┈┈┈┈┈┈┈┈┈┈┈┈┈┈┈┈┈┈┈┈ 野漆树*Toxicodendron succedaneum*

1. 野漆树 *Toxicodendron succedaneum* (Linn.) Kuntze (据《中国植物志》记载，山东有分布。)

2. 漆树 *Toxicodendron vernicifluum* (Stokes) F. A. Barkley (零星分布于全省各大山区；临沂、泰安、青岛等地栽培)(图 624)

图622 泰山盐麸木

图623 火炬树
1.花枝；2.小枝一段；3.雄花；4.果序；5.果实

图624 漆树
1.花枝；2.果实；3.雄花；4.花萼；5.两性花；6.雌蕊

六十七、苦木科Simaroubaceae

约 20 属 95 种。我国 3 属 10 种；山东 2 属 3 种。

分属检索表

1. 果为翅果，扁平，长椭圆形······ 臭椿属 *Ailanthus*
1. 果为核果，卵形······ 苦木属 *Picrasma*

（一）臭椿属 *Ailanthus* Desf.

约 10 种。我国 6 种；山东 2 种。

分种检索表

1. 枝干、叶柄、叶轴无刺；小叶基部两侧各具1或2个粗锯齿······ 臭椿*Ailanthus altissima*
1. 枝干有稀疏短刺，叶柄、叶轴有时有小针刺；小叶基部两侧各具2~4粗锯齿······
······ 刺椿*Ailanthus vilmoriniana*

1. 臭椿 (樗) *Ailanthus altissima* (Mill.) Swingle (全省各地普遍栽培)(图 625)

【 红叶椿 'Hongyechun'，叶春季紫红色 (全省各地栽培)；千头椿 'Qiantouchun'，无明显主干，基部分出数个大枝，树冠伞形 (各地偶见栽培)】

2. 刺椿 (刺臭椿) *Ailanthus vilmoriniana* Dode (据山东植物精要记载，鲁南及胶东有少量栽培)(图 626)

（二）苦木属 *Picrasma* Blume

约 9 种。我国 2 种；山东 1 种。

1. 苦木 (苦皮树) *Picrasma quassioides* (D. Don) Benn. (分布于鲁中南及胶东山地丘陵；济南等地栽培)(图 627)

图625 臭椿
1.叶片；2.果序；3.小叶下部；4.雄花；
5.两性花；6.雄蕊；

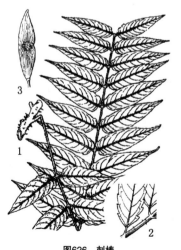

图626 刺椿
1.枝叶；2.叶轴部分放大，示刺及小叶下部；3.果实

图627 苦木
1.果枝；2.雄花；3.两性花；

六十八、楝科Meliaceae

约50属650种。我国约14属37种，另引入3属3种；山东2属2种。

（一）楝属 *Melia* Linn.

约3种。我国1种；山东引入栽培1种。

1. 苦楝（楝树）*Melia azedarach* Linn. (全省各地栽培)(图 628)

（二）香椿属 *Toona* Roem.

约5种。我国4种；山东引入栽培1种。

1. 香椿 *Toona sinensis* (A. Juss.) Roem. (全省各地栽培)(图 629)

图628 苦楝

1.花枝；2.果序；3.花；4.花纵剖，示雄蕊、雌蕊；5.子房横切

图629 香椿

1.花枝；2.部分果序；3.花；4.去掉花瓣的花，示雄蕊和雌蕊；5.种子

六十九、芸香科Rutaceae

约155属1600种。我国连引入栽培的有22属126种；山东木本植物5属9种。

3. 复叶互生，枝有皮刺；花小，单性异株或杂性，蓇葖果 ·········· 花椒属*Zanthoxylum*

2. 三出复叶，落叶性；茎有枝刺；柑果密被短柔毛 ·············· 枸橘属*Poncirus*

1. 单身复叶，常绿性；柑果，子房8～15室，每室4～12胚珠·············· 柑橘属*Citrus*

（一）柑橘 *Citrus* Linn.

约 20 种。我国连引入栽培的约 15 种；山东引入栽培 1 种。

1. 柑橘 *Citrus reticulata* Blanco (枣庄有少量栽培)

（二）黄檗属 *Phellodendron* Rupr.

约 4 种。我国 2 种；山东引入栽培 1 种。

1. 黄檗 (黄柏、黄波罗) *Phellodendron amurense* Rupr. (鲁中南及胶东山地及济南、青岛、聊城、潍坊等地栽培)(图 630)

（三）枸橘属 (枳属) *Poncirus* Raf.

1 ～ 2 种，我国特产；山东引入栽培 1 种。

1. 枸橘 (枳) *Poncirus trifoliata* (Linn.) Raf. (全省各地栽培)(图 631)

图630 黄檗
1.果枝；2.小枝一段，示柄下芽；3.小叶片先端放大，示缘毛；4.雄花；5.雌花；6.雌蕊；7.雄蕊

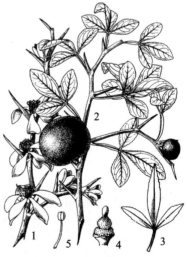

图631 枸橘
1.花枝；2.果枝；3.三出复叶；4.雌蕊；5.雄蕊

（四）四数花属 *Tetradium* Loureiro

约 9 种。我国 7 种；山东 1 种，引入栽培 1 种。

分种检索表

1. 乔木，小枝、叶柄、小叶基部和花序轴被白色细毛，稀无毛；小叶有细钝裂齿，有时且有缘毛；果疏离，每分果瓣有2种子 ·················· 臭檀 *Tetradium daniellii*
1. 大灌木或小乔木，小枝、叶柄和花序轴密被紫褐色或锈褐色长柔毛；小叶全缘或浅波浪状；果密集或疏离，每分果瓣有1种子 ············ 吴茱萸 *Tetradium rutaecarpa*

    1. 臭檀 (臭檀吴茱萸) *Tetradium daniellii* (Bennett) T. G. Hartley (分布于鲁中南及胶东山地丘陵)(图 632)

    2. 吴茱萸 *Tetradium rutaecarpa* (A. Juss.) Hartley (潍坊、泰安、青岛、临沂栽培)(图 633)

图632 臭檀
1.果枝；2.聚合蓇葖果；3.一个蓇葖；4.种子

图633 吴茱萸
1.果枝；2.小叶放大，示油点；3.雄花；4.雌花；5.聚合蓇葖果；6.种子

（五）花椒属 *Zanthoxylum* Linn.

约 200 ～ 250 种。我国 41 种；山东 3 种，引入栽培 1 种。

分种检索表

1. 花被片一轮排列，颜色相同；皮刺基部宽扁，叶轴两侧多少有翅；小叶3～11枚。
  2. 落叶性，叶轴之翅窄而不明显，小叶卵圆形或卵状椭圆形。
    3. 小叶上面平滑，叶脉及总叶柄、叶轴散生稀疏小皮刺；子房和果实无柄 ·················
    ··· 花椒 *Zanthoxylum bungeanum*
    3. 小叶上面散生刚毛，下面脉上有刚毛或小短刺，子房和果实有短柄 ·················
    ··· 野花椒 *Zanthoxylum simulans*
  2. 半常绿，叶轴之翅宽而明显，小叶3～7，披针形 ······· 竹叶椒 *Zanthoxylum armatum*
1. 花被片两轮排列，内外轮颜色不同；皮刺基部近圆形，叶轴无翅，小叶11～17枚 ·················
··· 崖椒 *Zanthoxylum schinifolium*

1. 竹叶椒 *Zanthoxylum armatum* DC. (分布于鲁中南及胶东山地丘陵)(图 634)

2. 花椒 *Zanthoxylum bungeanum* Maxim. (全省各地普遍栽培)(图 635)

3. 崖椒 (青花椒、香椒子) *Zanthoxylum schinifolium* Sieb. & Zucc. (分布于鲁中南及胶东山地丘陵)(图 636)

4. 野花椒 *Zanthoxylum simulans* Hance (分布于鲁中南及胶东沿海山区)(图 637)

图634　竹叶椒
1.果枝；2.雄花；3.雌花；4.小叶基部放大；5.果穗一段

图635　花椒
1.花枝；2.果枝；3.雄花；4-5.雌花；6.两性花；7.蓇葖果；8.小叶基部放大

图636　崖椒
1.果枝；2.花；3.果穗一段；4.小叶先端放大

图637　野花椒
1.果枝；2-3.叶片下部及先端放大；4.雄花；5.雄蕊；6.退化雌蕊；7.各种花被片；8.蓇葖果；9.种子

七十、蒺藜科Zygophyllaceae

约 27 属 350 种。我国 6 属 31 种；山东木本植物 1 属 1 种。

（一）白刺属 *Nitraria* Linn.

11 种。我国有 5 种；山东 1 种。

1. 小果白刺 (白刺) *Nitraria sibirica* Pall. (分布于潍坊寿光、东营、滨州及胶东沿海)(图 638)

七十一、五加科Araliaceae

约 50 属 1350 种。我国 23 属约 180 种；山东木本植物 6 属 9 种 3 变种。

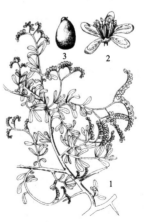

图638　小果白刺
1.花枝；2.花；3.果实

分属检索表

1. 单叶或掌状（偶三出）复叶。
  2. 单叶。
    3. 常绿性，植株无刺。
      4. 直立灌木或小乔木（熊掌木成株有时呈倾俯状），无气生根。
        5. 叶片掌状 (5) 7～9裂；茎干挺直 ················· 八角金盘属*Fatsia*
        5. 叶片一般掌状5裂，有时3裂，茎干较柔弱 ·········· 熊掌木属 ×*Fatshedera*
      4. 攀援性，气生根发达，叶片3～5裂或在花枝上的不分裂 ········· 常春藤属*Hedera*
    3. 落叶乔木，树干和枝具宽扁皮刺；叶掌状分裂 ·········· 刺楸属*Kalopanax*
  2. 掌状或三出复叶，植物体常有皮刺 ················· 五加属*Eleutherococcus*
1. 羽状复叶，植物体通常有刺 ····························· 楤木属*Aralia*

（一）楤木属 *Aralia* Linn.

约 40 种。我国 29 种；山东 1 种 1 变种，引入栽培 1 变种。

分种检索表

1. 小叶膜质或纸质，背面无毛或有稀疏柔毛，花梗长5～10mm。
  2. 小枝有较多皮刺，叶轴和叶片侧脉上均有皮刺 ····· 辽东楤木*Aralia elata* var. *glabrescens*
  2. 小枝刺较少，叶片无刺或有极少的小刺 ··············· 无刺楤木*Aralia elata* var. *inermis*
1. 小叶纸质或近革质，背面有柔毛，偶光滑无毛；花梗长1～6mm ········· 楤木*Aralia elata*

    1. 楤木 *Aralia elata* (Miquel) Seemann (分布于崂山)(图 639)

    1a. 辽东楤木 *Aralia elata* (Miquel) Seemann var. *glabrescens* (Franch. & Sav.) Poj. (分布于崂山、昆嵛山、泰山等地)(图 640)

    1b. 无刺楤木 *Aralia elata* (Miquel) Seemann var. *inermis* (Yanagita) J. Wen (泰安、青岛、潍坊等地栽培)

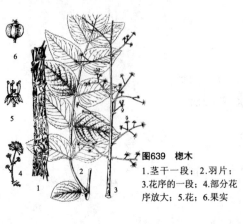

图639 楤木
1.茎干一段；2.羽片；3.花序的一段；4.部分花序放大；5.花；6.果实

图640 辽东楤木
1.叶片的一部分；2.花序的一段；3.茎干一段；2.羽片；4.花；5.去掉花冠的花

（二）五加属 *Eleutherococcus* Maxim.

约 40 种，中国 18 种；山东 1 种，引入栽培 2 种。

分种检索表

1. 花梗长6mm以上，伞形花序单生或组成稀疏圆锥花序，花瓣黄绿色至紫黄色。
   - 2. 枝常柔弱而下垂呈蔓生状，节上通常疏生反曲扁刺；花梗长6～10mm，花黄绿色；子房2室，花柱2，离生或基部合生 ······························· **细柱五加***Eleutherococcus nodiflorus*
   - 2. 直立灌木，一、二年生枝通常密生刺，稀仅节上生刺或无刺，刺直而细长针状，基部不膨大；花梗长1～2cm，花紫黄色；子房5室，花柱全部合生成柱状 ··························· ································ **刺五加***Eleutherococcus senticosus*
1. 花无梗，头状花序紧密呈球形，花瓣浓紫色；子房2室，花柱合生成柱状；小叶3～5，倒卵形或长圆状倒卵形至长圆状披针形，两面无毛 ······ **无梗五加***Eleutherococcus sessiliflorus*

　　1. 细柱五加（五加）*Eleutherococcus nodiflorus* (Dunn) S. Y. Hu（青岛、日照、济南、泰安、潍坊、临沂等地栽培）(图 641)

　　2. 无梗五加 *Eleutherococcus sessiliflorus* (Rupr. & Maxim.) S. Y. Hu（分布于鲁山、五莲山、徂徕山、昆嵛山等地；崂山、潍坊栽培）(图 642)

　　3. 刺五加 *Eleutherococcus senticosus* (Rupr. & Maxim.) Maxim. (图 643)

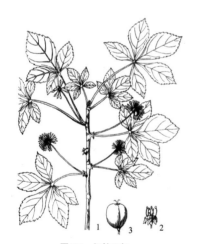

图641　细柱五加
1.花枝；2.花；3.果实

图642　无梗五加
1.花枝；2.花；3.果实

图643　刺五加
1.植株下部；2.花枝；3.花；4.一个伞形花序；5.果实和种子

（三）熊掌木属 ×*Fatshedera* Guillaumin

为一杂交属，仅记载 1 种；山东有栽培。

　　1. 熊掌木 *Fatshedera lizei* (Cochet) Guillaumin（青岛栽培）

（四）八角金盘属 *Fatsia* Decne. & Planch.

2～3 种。我国 1 种，引入栽培 1 种；山东引入栽培 1 种。

图644 八角金盘
1.果枝；2.叶；3.果实

1. 八角金盘 *Fatsia japonica* (Thunb.) Decne. & Planch. (青岛、济南、泰安等地栽培)(图 644)

（五）常春藤属 *Hedera* Linn.

约 15 种。我国 2 种，引入栽培 1 种；山东引入栽培 2 种。

分种检索表

1. 营养枝上的叶常5裂，花果枝上的叶菱形、菱状卵形或菱状披针形；叶柄几无毛⋯⋯⋯**菱叶常春藤***Hedera rhombea*
1. 营养枝上的叶常3～5裂，花果枝上叶卵状菱形；叶柄有毛，幼时更显著⋯⋯⋯⋯⋯⋯⋯⋯ **洋常春藤***Hedera helix*

1. 洋常春藤 *Hedera helix* Linn. (全省各地栽培)(图 645)

【金边常春藤 'Aureovariegata'，叶缘金黄色 (全省各地栽培)；银边常春藤 'Silver Queen'，叶片具乳白色边缘，入冬变为粉红色 (全省各地栽培)】

2. 菱叶常春藤 *Hedera rhombea* (Miquel) Bean (青岛中山公园栽培)(图 646)

图645 洋常春藤
1.叶枝；2.花枝；3.叶；4.花；5.果实

图646 菱叶常春藤
1.花枝；2.果枝；3.营养枝上的叶

（六）刺楸属 *Kalopanax* Miquel

仅 1 种数个变种，产东亚；山东 1 种 1 变种。

分种检索表

1. 叶裂深不及叶片中部，裂片三角状卵形⋯⋯⋯⋯⋯⋯⋯⋯⋯⋯⋯⋯ **刺楸***Kalopanax septemlobus*
1. 叶裂深至叶片的3/4，裂片长圆状披针形 ⋯ **深裂叶刺楸***Kalopanax septemlobus* var. *maximowiczi*

1. 刺 楸 *Kalopanax septemlobus* (Thunb.) Koidz. (分布于全省各主要山区；泰安、济南、青岛等地栽培)(图 647)

1a. 深 裂 叶 刺 楸 *Kalopanax septemlobus* (Thunb.) Koidz. var. *maximowiczi* (V. Houtt.) Hand.-Mazz. (分布于临沂、青岛、泰安、济南、日照)

图647 刺楸
1.果枝；2.小枝一段；3.花；4.果实

七十二、夹竹桃科Apocynaceae

155 属约 2000 种。 我国 44 属 145 种；山东木本植物 2 属 2 种 1 变种。

分属检索表

1. 叶对生；藤本，常有气生根⋯⋯⋯⋯⋯⋯⋯⋯⋯⋯⋯⋯ 络石属 *Trachelospermum*
1. 叶轮生，间或对生；灌木，无气生根⋯⋯⋯⋯⋯⋯⋯⋯⋯⋯ 夹竹桃属 *Nerium*

（一）夹竹桃属 *Nerium* Linn.

1 种，产分布于地中海沿岸及亚洲热带、亚热带地区；山东有栽培。

1. 夹竹桃 *Nerium oleander* Linn. (青岛、日照、临沂、泰安等地栽培)(图 648)

【白花夹竹桃 'Paihua'，花白色，单瓣 (青岛、日照、临沂、泰安等地栽培)；重瓣夹竹桃 'Plenum'，花重瓣，红色，有香气 (青岛、日照、临沂、泰安等地栽培)】

（二）络石属 *Trachelospermum* Lem.

约 15 种。我国 6 种；山东 1 种 1 变种。

图648 夹竹桃
1.花枝；2.花冠展开；3.果实

分种检索表

1. 叶椭圆形至卵状椭圆形或宽倒卵形；萼片线状披针形；花盘与子房等长⋯⋯⋯⋯⋯⋯⋯⋯⋯⋯⋯⋯⋯⋯⋯⋯⋯⋯⋯⋯⋯ 络石 *Trachelospermum jasminoides*
1. 叶通常披针形；萼片长圆形；花盘比子房短⋯⋯⋯⋯⋯⋯⋯⋯⋯⋯⋯⋯⋯⋯⋯⋯⋯⋯⋯ 石血 *Trachelospermum jasminoides* var. *heterophyllum*

1. 络石 *Trachelospermum jasminoides* (Lindl.) Lem. (分布于胶东山地；各地栽

图649 络石
1.花枝；2.花；3.花蕾；4.花萼展开；
5.花冠筒部展开，示雄蕊；6.果实；
7.种子

图650 杠柳
1.花枝；2.果实；3.除去花冠的花，示
副花冠和花药；4.花萼裂片；5.花冠裂
片，示中间加厚及被长毛；6.种子

培)(图 649)

1a. 石血 *Trachelospermum jasminoides* (Lindl.) Lem. var. *heterophyllum* Tsiang (广布于鲁中南、胶东山地丘陵)

七十三、萝藦科Asclepiadaceae

约 250 属 2000 余种。我国约有 44 属 270 种；山东木本植物 1 属 1 种。

（一）杠柳属 Periploca Linn.

约 10 种。我国 5 种；山东 1 种。

1. 杠柳 (北五加皮) *Periploca sepium* Bunge (广布于鲁中南、胶东山地丘陵)(图 650)

七十四、茄科Solanaceae

约 95 属 2300 种以上。我国 20 属 101 种；山东木本植物 2 属 3 种 1 变种。

（一）枸杞属 Lycium Linn.

约 80 种。我国 7 种；山东 1 种，引入栽培 2 种。

分种检索表

1. 果实成熟后红色或橙黄色；枝条上的棘刺常生叶和花，或兼有裸露的短刺；叶卵形、卵状披针形至椭圆状披针形；花冠筒长不及檐部裂片的2倍。
  2. 蔓性灌木；枝条弯曲或匍匐；叶卵形至卵状披针形，长1.5～5cm，宽1～2.5cm；花萼3（4～5）裂 ·················· 枸杞*Lycium chinense*
  2. 直立灌木；叶椭圆状披针形至卵状矩圆形，长1.5～5cm，宽0.2～1.2cm，基部楔形并下延成柄；花萼常2裂 ····················· 宁夏枸杞*Lycium barbarum*
1. 果实成熟后紫黑色；枝条上每节有1短的裸露棘刺；叶条形或几乎圆柱形，稀倒狭披针形，肉质；花冠筒部长约为檐部裂片长的2～3倍 ···黑果枸杞*Lycium ruthenicum*

1. 宁夏枸杞 *Lycium barbarum* Linn. (德州、济南、菏泽、滨州、东营、聊城等地栽培)(图 651)

2. 枸杞 *Lycium chinense* Mill. (广布于全省各地；普遍栽培)(图 652)

3. 黑果枸杞 *Lycium ruthenicum* Murr. (寿光潍坊科技学院有栽培)

（二）茄属 *Solanum* Linn.

约 1200 种。我国 41 种，近一半为引入栽培种；山东木本植物 1 变种。

1. 疏毛海桐叶白英 *Solanum pittosporifolium* Hemsl. var. *pilosum* C. Y. Wu & S. C. Huang (分布于昆嵛山、鲁山)(图 653)

图651　宁夏枸杞
1.花枝；2.果枝；3.花冠展开，示雄蕊

图652　枸杞
1.花枝；2.果枝；3.花冠展开，示雄蕊；4.果实

图653　疏毛海桐叶白英
1.果枝；2.叶片局部放大

七十五、紫草科Boraginaceae

约 156 属 2500 种。我国 47 属 294 种；山东木本植物 1 属 2 种。

（一）厚壳树属 *Ehretia* P. Br.

约 50 余种。我国 14 种；山东引入栽培 2 种。

分种检索表

1. 小枝无毛；叶椭圆形、狭倒卵形或长椭圆形，锯齿齿尖内弯，上面沿脉散生白色短伏毛，下面疏生黄褐色毛；花冠钟状，长3~4mm；核果直径3~4mm ······ 厚壳树*Ehretia thyrsiflora*
1. 小枝、叶、叶柄密生糙伏毛；叶宽椭圆形、卵形或倒卵形，叶缘锯齿开展；花冠筒状钟形，长8~10mm；核果直径10~15mm ······粗糠树*Ehretia dicksonii*

1. 粗糠树 *Ehretia dicksonii* Hance (泰安、青岛、济南、潍坊等地栽培)(图 654)

2. 厚壳树 *Ehretia thyrsiflora* (Sieb. & Zucc.) Nakai (济宁、临沂、泰安、济南、青岛、枣庄、潍坊等地栽培)(图 655)

图654 粗糠树
1.花枝；2.花冠展开，示雄蕊；3.雌蕊；4.果实

图655 厚壳树
1.花枝；2.果枝；3.花；4.花冠展开；5.花萼和
雌蕊；6.雄蕊

七十六、马鞭草科Verbenaceae

91属2000种。我国20属182种；山东木本植物4属10种3变种。

分属检索表

1. 花萼在结果时不增大或增大不显著，绿色。
  2. 核果。
    3. 单叶；小枝不为四方形；花萼、花冠4裂 ·················· 紫珠属Callicarpa
    3. 掌状复叶，稀单叶；小枝四方形；花冠5裂，二唇形 ·········· 牡荆属Vitex
  2. 蒴果；花萼、花冠均5裂 ································· 莸属Caryopteris
1. 花萼在结果时增大，常美丽，花5基数，雄蕊4，常多少呈2强 ········· 赪桐属Clerodendrum

（一）紫珠属 Callicarpa Linn.

约140种。我国48种；山东3种。

分种检索表

1. 叶缘上半部有锯齿，成叶通常两面无毛；侧脉5～8对；叶柄长5～6mm；聚伞花序2～3次
  分歧。
  2. 花序梗长约1cm；花冠紫色，花丝长约为花冠的2倍，花药细小，药室纵裂 ··············
    ······························白棠子树Callicarpa dichotoma
  2. 花序梗长6～10mm；花冠白色或淡紫色，花丝与花冠等长或稍长，花药药室孔裂 ········
    ····························日本紫珠Callicarpa japonica
1. 叶缘自基部以上有锯齿，叶片宽椭圆形至披针状长圆形，背面疏被星状毛，侧脉8～10对；
  叶柄长1～2cm；聚伞花序4～5次分歧；花药药室纵裂 ············ 老鸦糊Callicarpa giraldii

1. 白棠子树 (小紫珠) *Callicarpa dichotoma* (Lour.) K. Koch (广布于鲁中南、胶东山地丘陵，也有栽培)(图 656)

2. 老鸦糊 *Callicarpa giraldii* Hesse ex Rehd. (分布于崂山、蒙山等地；青岛中山公园栽培)(图 657)

3. 日本紫珠 *Callicarpa japonica* Thunb. (分布于山东半岛)(图 658)

 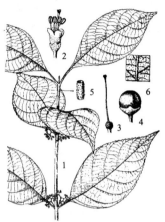 

图656 白棠子树	图657 老鸦糊	图658 日本紫珠
1.花枝；2.花；3.果实；4.小枝一段放大；5.叶边缘部分放大	1.花枝；2.花；3.雌蕊；4.果实；5.小枝一段放大；6.叶片背面局部放大	1.果枝；2.花；3.花冠展开；4.雌蕊

（二）莸属 *Caryopteris* Bunge

约 16 种。我国约 14 种；山东引入栽培 3 种。

分种检索表

1. 叶缘有锯齿，卵形至披针形，稀条形，叶脉明显；子房多少被毛。

  2. 叶黄色，尤以新叶为甚，条状披针形至狭卵状披针形 ⋯⋯⋯⋯⋯⋯⋯⋯⋯⋯⋯⋯⋯⋯⋯⋯⋯⋯⋯⋯⋯⋯⋯⋯⋯⋯⋯⋯⋯⋯⋯⋯ 金叶莸*Caryopteris* × *clandonensis* 'Worcester Gold'

  2. 叶绿色，披针形、卵形或长圆形 ⋯⋯⋯⋯⋯⋯⋯⋯⋯⋯ 兰香草*Caryopteris incana*

1. 叶全缘，条形或条状披针形，长1~4cm，宽2~7mm，背面叶脉不明显；子房无毛⋯⋯⋯⋯⋯⋯⋯⋯⋯⋯⋯⋯⋯⋯⋯⋯⋯⋯⋯⋯⋯⋯⋯ 蒙古莸*Caryopteris mongolica*

1. 金叶莸 *Caryopteris* × *clandonensis* 'Worcester Gold' (全省各地栽培)

2. 兰香草 *Caryopteris incana* (Thunb.) Miquel (青岛、潍坊栽培)(图 659)

3. 蒙古莸 *Caryopteris mongolica* Bunge (东营有栽培)(图 660)

（三）大青属 *Clerodendrum* Linn.

约 400 种。我国 34 种，引入栽培数种；山东 1 种，引入栽培 1 种。

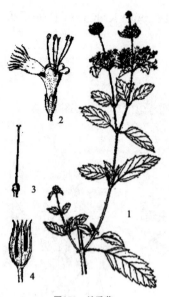

图659 兰香草
1.花枝；2.花；3.雌蕊；4.果实

图660 蒙古莸
1.花枝；2.花

分种检索表

1. 嫩枝近四棱形，枝髓有片状横隔，叶全缘或有波状锯齿，伞房状聚伞花序疏散················
·· 海州常山*Clerodendrum trichotomum*
1. 嫩枝近圆形，枝髓白色坚实，叶缘有锯齿；花序密集············· 臭牡丹*Clerodendrum bungei*

    1. 臭牡丹 *Clerodendrum bungei* Steud. (全省各地栽培)(图 661)

    2. 海州常山 (臭梧桐) *Clerodendrum trichotomum* Thunb. (广布于全省各山地丘陵；常栽培)(图 662)

图661 臭牡丹
1.花枝；2.花；3.果实

图662 海州常山
1.花枝；2.花萼；3.展开的花冠

（四）牡荆属 *Vitex* Linn.

约 250 种。我国 14 种；山东 2 种 2 变种，引入栽培 1 变种。

1. 黄荆 *Vitex negundo* Linn. (广布全省各山区)(图 663)

1a. 牡荆 *Vitex negundo* Linn. var. *cannabifolia* (Sieb. & Zucc.) Hand.-Mazz. (青岛栽培)(图 664)

1b. 荆条 *Vitex negundo* Linn. var. *heterophylla* (Franch.) Rehd. (广布于全省各山区；各地栽培)(图 665)

1c. 单叶黄荆 *Vitex negundo* Linn. var. *simplicifolia* (B. N. Lin & S. W. Wang) D. K.

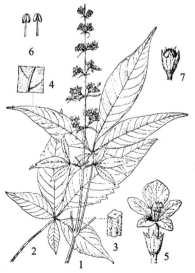

图663 黄荆
1.花枝；2.复叶；3.小枝一段放大，示四棱形；4.叶片下面放大；5.花；6.雄蕊；7.果实

图664 牡荆
1.花枝；2.花

图665 荆条
1.花枝；2.复叶；3.小枝一段放大；4.叶缘放大；5.花序一段；6.花；7.去掉花冠和雄蕊的花

Zang & J. W. Sun (分布于济南，产长清、平阴)(图 666)

　　2. 单叶蔓荆 *Vitex rotundifolia* Linn. (分布于青岛、烟台、威海、日照等地沿海沙地)(图 667)

 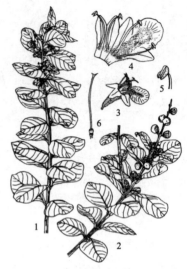

图666　单叶黄荆
1.花枝；2.叶；3.花冠；4.去掉花冠和雄蕊的花5.雄蕊；
6.果实

图667　单叶蔓荆
1.花枝；2.果枝；3.花；4.花冠展开，示雄蕊；5.星锐；
6.雌蕊

七十七、唇形科Lamiaceae

约 220 余属 3500 余种。我国有 96 属 807 种；山东木本植物 4 属 5 种。

分属检索表

1. 花盘裂片与子房裂片互生。
　　2. 花药非球形；药室平行或叉开，但当花粉散出后，药室决不扁平展开。
　　　　3. 叶全缘，边缘外卷；花近无梗，对生，少数聚集在短枝的顶端成总状花序；雄蕊药室平行，仅1室发育；花柱后裂片短……………………………**迷迭香属*Rosmarinus***
　　　　3. 叶全缘或每侧具1~3小齿；花具梗，轮伞花序紧密排成头状花序或疏松排成穗状花序；雄蕊药室平行或叉开；花柱裂片相等或近相等 ………………**百里香属*Thymus***
　　2. 花药球形，药室略叉开或极叉开，其后汇合；花萼有相等的5齿或前2齿较长 …………………………………………………………………………**香薷属*Elsholtzia***
1. 花盘相等4裂，裂片与子房裂片对生；花萼二唇形，上唇1齿，下唇4齿 **薰衣草属*Lavandula***

（一）香薷属 *Elsholtzia* Willd.

　　约 40 种，中国 33 种，分布到北方的木本植物仅 1 种；山东引入栽培 1 种。

　　1. 木香薷 (华北香薷) *Elsholtzia stauntoni* Benth. (潍坊植物园栽培)(图 668)

（二）薰衣草属 *Lavandula* Linn.

约 28 种。我国引入栽培 2 种；山东引入栽培 1 种。

1. 薰衣草 *Lavandula angustifolia* Miller（全省各地栽培）（图 669）

（三）迷迭香属 *Rosmarinus* Linn.

约 3～5 种，产地中海地区。我国引入栽培 1 种，山东有栽培。

1. 迷迭香 *Rosmarinus officinalis* Linn.（济宁兖州等地栽培）（图 670）

图668　木香薷
1.花枝；2.叶

图669　薰衣草
1.植株；2.星状毛；3.苞片；4.花侧面观；
5.花萼展开；6.花冠展开，示雄蕊；7.花冠
上的毛；8.雌蕊；9.小坚果

图670　迷迭香
1.花枝；2.叶枝；3.叶；4.小枝一段；5.花；
6.花萼；7.花冠展开；8.雌蕊和雄蕊

（四）百里香属 *Thymus* Linn.

约 300～400 种。我国约 11 种；山东 2 种。

分种检索表

1. 叶长圆状椭圆形或长圆状披针形，稀卵圆形，长7～13mm，宽1.5～3（4.5）mm，稀长达2cm、宽8mm；花梗长达4mm，花萼上唇的齿披针形，近等于全唇1/2长或稍短 ··············· 地椒 *Thymus quinquecostatus*

1. 叶卵圆形，长4～10mm，宽2～4.5mm；花具短梗；花萼上唇齿短，三角形，不超过上唇全长1/3 ··················· 百里香 *Thymus mongolicus*

1. 百里香 *Thymus mongolicus* Ronn.（分布于青岛等地）（图 671）
2. 地椒 *Thymus quinquecostatus* Cêlak.（分布于全省各地）（图 672）

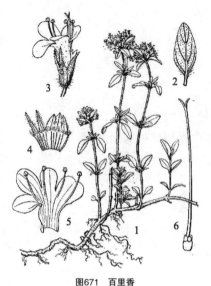

图671 百里香

1.植株；2.叶片；3.花；4.花萼展开；5.花冠展开；6.雌蕊

图672 地椒

1.花枝；2.叶片；3.花；4.花萼展开；5.花冠展开；6.雌蕊；7.小坚果

七十八、醉鱼草科Buddlejaceae

1属约100种。我国25种；山东引入栽培4种。

（一）醉鱼草属 Buddleja Linn.

约100种。我国25种；山东4种。

分种检索表

1. 叶对生。
  2. 花冠管直立。
    3. 子房被星状毛；叶卵形或卵状长圆形，在短枝上的为椭圆形或匙形，边缘具波状锯齿，有时幼叶全缘 ………………………………… 皱叶醉鱼草Buddleja crispa
    3. 子房光滑无毛；叶卵状披针形至披针形，疏生细锯齿 ……… 大叶醉鱼草Buddleja davidii
  2. 花冠管弯曲，嫩枝、叶被棕黄色星状毛；叶卵形至卵状披针形，长3～11cm，宽1～5cm，全缘或疏生波状齿；花冠长1.5～2cm ……………… 醉鱼草Buddleja lindleyana
1. 叶在长枝上互生，披针形或线状披针形，长3～10cm，宽2～10mm；在短枝上簇生，花枝上或短枝上的叶很小，椭圆形或倒卵形，长5～15mm；花紫蓝色 …………………………………
  ……………………………………… 互叶醉鱼草Buddleja alternifolia

1. 互叶醉鱼草 Buddleja alternifolia Maxim. (济南、青岛、潍坊等地栽培) (图673)

2. 皱叶醉鱼草 Buddleja crispa Benth. (青岛黄岛区栽培)

3. 大叶醉鱼草 Buddleja davidii Franch. (全省各地栽培) (图674)

4. 醉鱼草 Buddleja lindleyana Fort. (泰安、青岛、济南等地栽培) (图675)

图673 互叶醉鱼草
1.花枝；2.花；3.花冠展开；4.雌蕊；5.雄蕊

图674 大叶醉鱼草
1.花枝；2.花；3.花冠展开；4.雌蕊；5.雄蕊

图675 醉鱼草
1.花枝；2.花；3.花冠展开；4.子房横切；5.雄蕊；6.雌蕊；7.果实

七十九、木犀科Oleaceae

约 30 属 400 种。我国 12 属 160 余种；山东 8 属 38 种 6 亚种 3 变种。

分属检索表

1. 子房每室具下垂胚珠2枚或多枚，胚珠着生子房上部；果为翅果、核果、蒴果。
  2. 果为翅果或蒴果。
    3. 翅果。
      4. 翅生于果四周；单叶 ·· 雪柳属*Fontanesia*
      4. 翅生于果顶端；奇数羽状复叶 ································ 白蜡属*Fraxinus*
    3. 蒴果；种子有翅。
      5. 花黄色，花冠裂片明显长于花冠管；枝中空或具片状髓 ·······连翘属*Forsythia*
      5. 花紫色、红色或白色，花冠裂片明显短于花冠管或近等长；枝实心 ··· 丁香属*Syringa*
  2. 果为核果或浆果状核果。
    6. 核果；花序多腋生，少数顶生。
      7. 花冠裂片在花蕾时镊合状排列；圆锥花序，花冠深裂至近基部 ··············
      ··· 流苏树属 *Chionanthus*
      7. 花冠裂片在花蕾时呈覆瓦状排列；花簇生或为短小圆锥花序 ······ 木犀属*Osmanthus*
    6. 浆果状核果或核果状而开裂；花序顶生，稀腋生 ·············· 女贞属*Ligustrum*
1. 子房每室具向上胚珠1～2枚，胚珠着生子房基部或近基部；果为浆果，浆果双生或其中1枚不孕而成单生 ·· 素馨属*Jasminum*

（一）流苏树属 *Chionanthus* Linn.

2 种。我国 1 种；山东 1 种。

1. 流苏树 (牛筋子、茶叶树) *Chionanthus retusus* Lingl. & Paxt. (分布于鲁中南、胶东山地丘陵；各地普遍栽培)(图 676)

（二）雪柳属 *Fontanesia* Labill.

约 1 ～ 2 种。我国 1 种；山东 1 亚种。

1. 雪柳 (五谷树) *Fontanesia philliraeoides* Labill. subsp. *fortunei* (Carrière) Yalt. (全省各地分布或栽培)(图 677)

图676　流苏树
1.花枝；2.果枝；3.花

图677　雪柳
1.花枝；2.果枝；3.花；4.果实

（三）连翘属 *Forsythia* Vahl.

约 11 种。我国 6 种，引入栽培 1 种；山东 2 种，引入栽培 4 种。

分种检索表

1. 小枝的节间具片状髓，有时部分枝条具中空髓；花萼裂片长5mm以下；果梗长在7mm以下。

　2. 叶缘明显有锯齿，至少中部以上锯齿明显，叶片不为倒卵状椭圆形。

　　3. 叶片卵形、宽卵形至近圆形，叶缘有锯齿，仅基部可全缘。

　　　4. 叶宽卵形至近圆形 ·· 卵叶连翘*Forsythia ovata*

　　　4. 叶卵形至长卵形 ·· 朝鲜连翘*Forsythia koreana*

　　3. 叶片长椭圆形至披针形，偶倒卵状长椭圆形，常中部以上有锯齿。

　　　5. 枝条直立或斜展，不呈拱垂状 ························· 金钟花*Forsythia viridissima*

　　　5. 枝常多少呈拱垂，较细长 ······················· 金钟连翘*Forsythia* × *intermedia*

　2. 叶倒卵状椭圆形，全缘或疏生小锯齿，两面被毛或无毛 ······ 秦连翘*Forsythia giraldiana*

1. 小枝的节间中空；花萼裂片长5～7mm；果梗长0.7～2cm；单叶或3裂至3出复叶，有锯齿

　·· 连翘*Forsythia suspensa*

1. 秦 连 翘 *Forsythia giraldiana* Lingelsh (分布于鲁山)(图 678)

2. 金钟连翘 *Forsythia × intermedia* Zabel (全省各地栽培)

3. 连 翘 *Forsythia suspensa* (Thunb.) Vahl (分布于全省各山地丘陵;普遍栽培) (图 679)

4. 朝鲜连翘 *Forsythia koreana* Nakai (原种山东未见栽培)

【金边连翘 (花叶连翘) 'Variegata',叶片有黄色斑点,花深黄色 (泰安、潍坊栽培);金脉连翘 'Goldvein',叶脉金黄色 (泰安、潍坊栽培);金叶连翘 'Sun Gold',叶片黄色 (泰安、潍坊栽培)】

图678　秦连翘
1.果枝；2.叶枝；3.花枝；4.花冠展开

5. 卵叶连翘 *Forsythia ovata* Nakai (济南、青岛、潍坊栽培)(图 680)

6. 金钟花 *Forsythia viridissima* Lindl. (全省各地栽培)(图 681)

图679　连翘
1.果枝；2.花枝；3.花冠展开；4.三出复叶

图680　卵叶连翘
1.花枝；2.果枝；3.叶枝

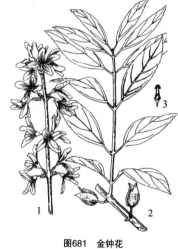

图681　金钟花
1.花枝；2.果枝；3.雌蕊

（四）白蜡属 *Fraxinus* Linn.

约 60 种。我国 22 余种,引入栽培多种;山东 2 种 1 亚种,引入栽培 8 种 2 变种。

分种检索表

1. 花序顶生枝端或出自当年生枝的叶腋，叶后开花或花与叶同时开放。
  2. 花具花冠，先叶后花。
    3. 半常绿，树皮呈薄片状剥落；裸芽被锈色糠秕状毛；翅果阔披针状匙形 ················
    ·· 光蜡树*Fraxinus griffithii*
    3. 落叶性，树皮浅裂；鳞芽；翅果匙状长圆形，上中部最宽 ···小叶白蜡*Fraxinus bungeana*
  2. 花无花冠，与叶同时开放。
    4. 顶生小叶卵形、卵状披针形、披针形至卵状矩圆形，先端渐尖，边缘锯齿明显 ······
    ·· 白蜡*Fraxinus chinensis*
    4. 顶生小叶宽卵形至椭圆形，偶近披针形，先端渐尖至尾尖，边缘有圆钝锯齿 ········
    ····························· 大叶白蜡*Fraxinus chinensis* subsp. *rhynchophylla*
1. 花序侧生于去年生枝上，花序下无叶，先花后叶或同时开放。
  5. 小叶较大，花序长或短，花稍疏离；小枝不呈棘刺状。
    6. 具花萼。
      7. 果实长1～2cm。
        8. 小枝、叶轴、叶两面均有较密的短柔毛 ··············· 绒毛白蜡*Fraxinus velutina*
        8. 小枝和叶下面疏被短柔毛或近无毛。
          9. 叶下面被细小短柔毛 ············ 疏毛绒毛白蜡*Fraxinus velutina* var. *toueyi*
          9. 叶无毛 ···················· 光叶绒毛白蜡*Fraxinus velutina* var. *glabra*
      7. 果实长3～4cm。
        10. 顶芽圆锥形，尖头，老枝上的叶痕上缘截平，小叶无柄或近无柄，果翅下延超
        过坚果的1/3，几达中部 ··············· 洋白蜡*Fraxinus pennsylvanica*
        10. 顶芽卵形，钝头，叶痕上缘凹形，小叶柄长0.5～1.5cm，果翅下延不超过坚果的
        1/3处 ···································· 美国白蜡*Fraxinus americana*
    6. 无花萼。
      11. 翅果不扭曲；羽状复叶的小叶着生处无簇生曲柔毛。
        12. 冬芽乌黑色；叶对生，小叶7～13枚，长3～12cm，宽0.8～3cm；翅果长
        2.5～4.5cm，宽5～8mm ···············欧洲白蜡*Fraxinus excelsior*
        12. 冬芽淡褐色；叶对生或轮生，小叶3～13枚，长3～8cm ，宽1～1.5cm；翅果
        长 3～4cm ，种子长1.5～2cm ··············· 狭叶白蜡*Fraxinus angustifolia*
      11. 翅果明显扭曲；羽状复叶的小叶着生处簇生黄褐色曲柔毛，小叶7～13枚，长圆形
      至卵状长圆形 ······························· 水曲柳*Fraxinus mandshurica*
  5. 小叶长1.7～5cm，宽0.6～1.8cm，具锐锯齿，叶轴具狭翅；花序短，花密集；营养枝呈
  刺状 ··· 对节白蜡*Fraxinus hupehensis*

    1. 美国白蜡 *Fraxinus americana* Linn. (泰安、青岛、东营、济南、潍坊等地栽培)
(图 682)
    2. 狭叶白蜡 *Fraxinus angustifolia* Vahl. (青岛城阳、东营栽培)(图 683)

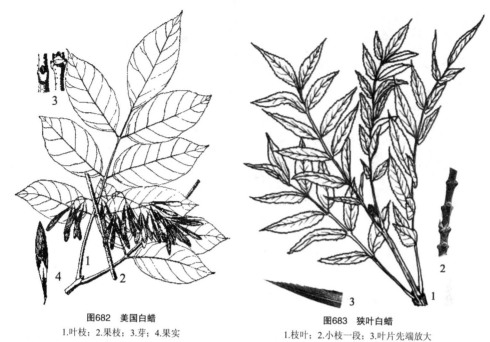

图682 美国白蜡
1.叶枝；2.果枝；3.芽；4.果实

图683 狭叶白蜡
1.枝叶；2.小枝一段；3.叶片先端放大

3. 小叶白蜡 *Fraxinus bungeana* DC. (图 684)

4. 白蜡 (梣) *Fraxinus chinensis* Roxb. (全省各地普遍栽培，也有野生)(图 685)

4a. 大叶白蜡 (花曲柳) *Fraxinus chinensis* Roxb. subsp. *rhynchophylla* (Hance) E. Murray (分布于全省各山地丘陵)(图 686)

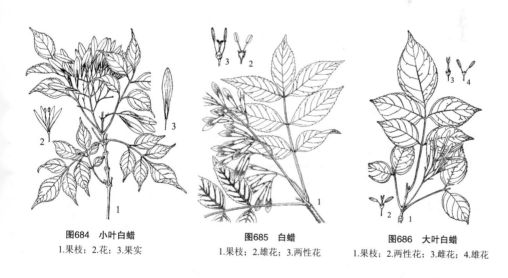

图684 小叶白蜡
1.果枝；2.花；3.果实

图685 白蜡
1.果枝；2.雄花；3.两性花

图686 大叶白蜡
1.果枝；2.两性花；3.雌花；4.雄花

5. 欧洲白蜡 *Fraxinus excelsior* Linn. (泰安栽培)(图 687)

6. 光蜡树 *Fraxinus griffithii* C. B. Clarke (青岛栽培)(图 688)

7. 对节白蜡 *Fraxinus hupehensis* Ch'u & Shang & Su (全省各地栽培)(图 689)

图687 欧洲白蜡
1.叶枝；2.花枝；3.果穗；4.果实

图688 光蜡树
1.果枝；2.花

图689 对节白蜡
1.果枝；2.叶；3.叶轴放大；4.花

8. 水曲柳 *Fraxinus mandshurica* Rupr. (全省各大山区、泰安、潍坊等地栽培)（ 图 690）

9. 洋白蜡 (美国红梣) *Fraxinus pennsylvanica* Marsh. (全省各地栽培)(图 691)

10. 绒毛白蜡 (绒毛梣) *Fraxinus velutina* Torr. (济南、青岛、泰安、东营、潍坊及鲁西北等地栽培)(图 692)

10a. 疏毛绒毛白蜡 *Fraxinus velutina* Torr. var. *toueyi* (Britt.) Rehd. (鲁北、鲁西北、东营等地栽培)

10b. 光叶绒毛白蜡 *Fraxinus velutina* Torr. var. *glabra* Rehd. (鲁北、鲁西北、东营等地栽培)

图690 水曲柳
1.果枝；2.叶

图691 洋白蜡
1.枝条冬态；2.叶片；3.雄花序；
4.雌花序；5.雄花；6.雌花；7.果实

图692 绒毛白蜡

（五）素馨属 *Jasminum* Linn.

约 200 种以上。我国 43 种；山东引入栽培 4 种。

分种检索表

1. 复叶互生，小叶3～7枚，偶有单叶。
  2. 花萼无毛，裂片锥状线形，与萼管等长或较长；小叶3～5，偶7；小枝有棱角，及叶两面无毛，近叶缘有睫毛 ·················· 探春*Jasminum floridum*
  2. 花萼无毛或被微柔毛，裂片三角形，较萼管短；小叶3～7，通常5，有时有单叶；小枝圆柱形，及叶下面沿脉和叶缘有毛 ·················· 矮探春*Jasminum humile*
1. 复叶对生，三出复叶。
  3. 落叶性；先花后叶；花径2～2.5cm，单瓣 ·················· 迎春*Jasminum nudiflorum*
  3. 常绿或半常绿；花径3.5～4cm，重瓣 ·················· 云南黄馨*Jasminum mesnyi*

    1. 迎春 *Jasminum nudiflorum* Lindl. (全省各地栽培)(图 693)

    2. 探春 (迎夏) *Jasminum floridum* Bunge (全省各地栽培)(图 694)

    3. 矮探春 *Jasminum humile* Linn. (各地公园栽培)(图 695)

    4. 云南黄馨 *Jasminum mesnyi* Hance (临沂、青岛、枣庄、日照等地栽培)

图693 迎春
1.花枝；2.叶枝；3.花冠展开

图694 探春
1.花枝；2.果枝；3.花

图695 矮探春
1.花枝；2.果枝；3.花

（六）女贞属 *Ligustrum* Linn.

约 45 种。我国约 27 种，引入栽培 2 种；山东 1 种 1 亚种，引入栽培 5 种。

分种检索表

1. 花冠管与裂片近等长或稍短。
  2. 常绿性，叶片革质或厚革质。
    3. 果长圆形或椭圆形，不弯曲；嫩枝有毛；叶厚革质，长5～8cm，宽2.5～5cm ·········
·················· 日本女贞*Ligustrum japonicum*

3. 果肾形或近肾形，弯曲；全株无毛；叶革质，长6～17cm，宽3～8cm ··················
·· 女贞 *Ligustrum lucidum*

2. 落叶或半常绿，叶片纸质或薄革质。

4. 花序紧缩，长为宽的2～5倍，分枝处常有1对叶状苞片；叶两面无毛，稀沿中脉被微柔
毛；花冠管与裂片近等长；果倒卵形、宽椭圆形或近球形 ··· 小叶女贞 *Ligustrum quihoui*

4. 花序较舒展，长不及宽的2倍；叶常两面被柔毛，稀近无毛，花冠管短于裂片；果近球
形 ··· 小蜡 *Ligustrum sinense*

1. 花冠管约为裂片长的2倍或更长，有时略长于裂片。

5. 半常绿；花序、花梗无毛或被微毛，花萼无毛；叶倒卵形、卵形或近圆形。

6. 叶绿色 ··· 卵叶女贞 *Ligustrum ovalifolium*

6. 叶黄色 ··· 金叶女贞 *Ligustrum × vicaryi*

5. 落叶性；花序轴、花梗、花萼均被微柔毛或短柔毛；叶披针状长椭圆形、长椭圆形、长
圆形或倒卵状长椭圆形 ················· 辽东水蜡树 *Ligustrum obtusifolium* subsp. *suave*

1. 女贞 *Ligustrum lucidum* Ait. (全省各地普遍栽培)(图 696)

【辉煌女贞 'Excelsum Superbum'，叶缘乳黄色，入冬略带红晕 (青岛栽培)】

2. 日本女贞 *Ligustrum japonicum* Thunb. (青岛、济南、东营、泰安、临沂、
潍坊等地栽培)(图 697)

【金森女贞 'Howardii'，新叶金黄色或绿色带金黄色斑 (青岛、临沂、泰安
等地栽培)】

图696 女贞
1.果枝；2.花；3.果实

图697 日本女贞
1.花枝；2.果穗；3.花

3. 辽东水蜡树 *Ligustrum obtusifolium* Sieb. & Zucc. subsp. *suave* (Kitag.) Kitag.
(分布于胶东山区 ; 各地栽培)(图 698)

4. 卵叶女贞 *Ligustrum ovalifolium* Hassk. (济宁邹城、潍坊栽培)(图 699)

【斑叶女贞 'Vargiegatum'，叶片有乳黄至乳白色斑块 (全省各地栽培)】

5. 小叶女贞 Ligustrum quihoui Carr. (分布于抱犊崮等地；济南、泰安、青岛、潍坊等地栽培)(图 700)

6. 小蜡 Ligustrum sinense Lour. (全省各地普遍栽培)(图 701)

【花叶山指甲 'Variegatum'，叶边缘乳黄色或叶面有乳黄色斑块 (各地偶有栽培) 】

7. 金叶女贞 Ligustrum × vicaryi Rehd. (全省各地普遍栽培)

（七）木犀属 Osmanthus Lour.

约 30 种。我国 25 种；山东引入栽培 4 种。

图698　辽东水蜡树
1.果枝；2.花序；3.花；4.花冠展开

图699　卵叶女贞
1.花枝；2.花冠展开

图700　小叶女贞
1.花枝；2.花序放大；3.花；4.果穗

图701　小蜡
1.花枝；2.果枝；3.花；4.各种叶形

分种检索表

1. 小枝、叶柄和叶片上面的中脉多少被毛，叶具刺状锯齿或全缘；花白色。

 2. 花冠裂片远较花冠管长，盛花时常反卷；叶柄明显。

  3. 叶缘具8～9对大而锐尖的锯齿，齿长2～4 mm，雄蕊着生于花冠管的上部 ………… …………………………………………………… 齿叶木犀 Osmanthus × fortunei

  3. 叶缘具3～4对刺状牙齿或全缘，齿长5～9 mm，雄蕊着生于花冠管基部 ………… ………………………………………………………… 柊树 Osmanthus heterophyllus

 2. 花冠裂片与花冠管近等长或短于花冠管；叶长圆状披针形至椭圆形，叶缘常具6～10 (17) 对刺状牙齿；叶柄仅长2～5mm ………… 红柄木犀 Osmanthus armatus

1. 小枝、叶柄和叶片上面的中脉常无毛；叶具细锯或全缘；花白色、黄色至橘红色 ………… ………………………………………………………… 桂花 Osmanthus fragrans

图702　红柄木犀
1.花枝；2.花冠展开

1. 红柄木犀 *Osmanthus armatus* Diels（潍坊昌邑有栽培）(图702)

2. 齿叶木犀 *Osmanthus × fortunei* Carr.（泰安、青岛等地栽培）(图703)

3. 桂花（木犀）*Osmanthus fragrans* (Thunb.) Lour.（临沂、青岛、日照、泰安、枣庄、济南、潍坊等地栽培）（图704）

4. 柊树 *Osmanthus heterophyllus* (G. Don) P. S. Green（济南、青岛、泰安等地栽培）(图705)

【五彩柊树'Goshiki'，新叶粉紫至古铜色，成叶具灰绿、黄绿、金黄和乳白等颜色的斑块（青岛栽培）】

图703　齿叶木犀

图704　桂花
1.花枝；2.果枝；3.花序；4.花冠展开；
5.退化雌蕊

图705　柊树
1.花枝；2.花

（八）丁香属 *Syringa* Linn.

约20种。我国16种，另有数个杂交种，并引入栽培1种；山东1种1亚种，引入栽培6种2亚种1变种。

分种检索表

1. 花冠管远比花萼长，花冠紫色、红色、粉红色或白色；花药全部或部分藏于花冠管内。

　2. 圆锥花序由侧芽抽生，基部常无叶，稀由顶芽抽生。

　　3. 叶片全缘，稀具1～2小裂片。

　　　4. 叶背无毛；花较大，直径1～1.5cm；果较宽，倒卵状椭圆形、卵形至椭圆形。

　　　　5. 叶基心形、截形、近圆形至宽楔形，叶片为长卵形至卵圆形或肾形。

　　　　　6. 叶片卵圆形至肾形，通常宽大于长。

　　　　　　7. 花冠紫色……………………………………紫丁香 *Syringa oblata*

7. 花冠白色；叶片较小，下面常有毛···············白丁香*Syringa oblata* var. *alba*

　6. 叶片卵形、宽卵形或长卵形，通常长大于宽···········欧洲丁香*Syringa vulgaris*

　5. 叶基楔形，叶片为披针形、卵状披针形，稀具1～2裂片···············

·················花叶丁香*Syringa* × *persica*

4. 叶背至少沿中脉被毛；花较小，直径不及1cm；果较狭，长椭圆形，长0.7～2cm，宽3～5mm。

　8. 花序轴、花梗、花萼无毛；花序轴近四棱形；花紫色或淡紫色···············

·····················巧玲花*Syringa pubescens*

　8. 花序轴、花梗、花萼具微柔毛；花序轴近圆柱形；花紫红或淡紫红色···········

·········小叶巧玲花*Syringa pubescens* subsp. *microphylla*

3. 叶片为3～9羽状深裂至全裂；果略呈四棱形···········华丁香*Syringa protolaciniata*

2. 圆锥花序由顶芽抽生，基部常有叶，花冠管近圆柱形；叶卵形、椭圆状卵形、宽椭圆形至倒卵状长椭圆形，上面无毛，下面贴生疏柔毛或仅沿叶脉被毛·····红丁香*Syringa villosa*

1. 花冠管几与花萼等长或略长，花冠白色或淡黄色；花丝伸出花冠管外。

　9. 叶下面被短柔毛，沿中脉尤密，叶卵形、宽卵形或卵圆形，基部圆形至浅心形···········

·················日本丁香*Syringa reticulata*

　9. 叶下面无毛或近无毛，基部楔形至圆形。

　10. 果先端常钝；叶常为宽卵形至椭圆状卵形或矩圆状披针形，叶柄粗壮，长1～2cm；花萼长1.5～2mm，花冠长4～5mm···········暴马丁香*Syringa reticulata* subsp. *amurensis*

　10. 果先端锐尖至渐尖；叶常为卵形至卵状披针形，叶柄较纤细，长1.5～3cm；花萼长1～1.5mm.，花冠长3～4mm···········北京丁香*Syringa reticulata* subsp. *pekinensis*

1. 紫丁香 (华北紫丁香) *Syringa oblata* Lindl. (全省各地普遍栽培)(图 706)

1a. 白丁香 *Syringa oblata* Lindl. var. *alba* Hort. ex Rehd. (全省各地栽培)

2. 花叶丁香 (波斯丁香) *Syringa* × *persica* Linn. (青岛、济南、潍坊、聊城栽培) (图 707)

图706　紫丁香

1.花枝；2.果实；3.小枝冬态；4.花冠展开；5.雌蕊纵切

图707　花叶丁香

1.果枝；2-3.各种形状的叶；4.花冠展开；5.花；6.果实；7.种子

3. 华丁香 *Syringa protolaciniata* P. S. Green & M. C. Chang (济南、青岛、潍坊等地栽培)(图 708)

4. 巧玲花 (毛叶丁香) *Syringa pubescens* Turcz. (分布于泰山、蒙山、崂山、济南南部山区)(图 709)

4a. 小叶巧玲花 (四季丁香) *Syringa pubescens* Turcz. subsp. *microphylla* (Diels.) M. C. Chang & X. L. Chen (济南、青岛、潍坊等地栽培)(图 710)

图708 华丁香
1.叶枝；2.花枝；3.花冠展开；4.果实

图709 巧玲花
1.花枝；2.花冠展开；3.去掉花冠和雄蕊的花；4.果实

图710 小叶巧玲花
1.花枝；2.果穗；3.花；4.花冠展开

5. 日本丁香 *Syringa reticulata* (Blume) H. Hara (青岛中山公园引种栽培，仅剩 1 株)

5a. 暴马丁香 *Syringa reticulata* (Blume) H. Hara subsp. *amurensis* (Rupr.) P. S. Green & M. C. Chang (全省各地栽培)(图 711)

5b. 北京丁香 *Syringa reticulata* (Blume) H. Hara subsp. *pekinensis* (Rupr.) P. S. Green & M. C. Chang (济南、青岛、泰安、潍坊等地栽培)(图 712)

图711 暴马丁香
1.花枝；2.花；3.果实

图712 北京丁香
1.花枝；2.花；3.果实

6. 红丁香 Syringa villosa Vahl (济南、东营、青岛、泰安、潍坊等地栽培)
(图 713)

7. 欧洲丁香 Syringa vulgaris Linn. (青岛、济南、泰安等地栽培)(图 714)

图713　红丁香
1.花枝；2.果穗；3.花冠展开

图714　欧洲丁香
1.花枝；2.花冠展开；3.去掉花冠和雄蕊的花；4.果实

八十、玄参科Scrophulariaceae

约 220 属 4500 种。我国约 61 属 681 种；山东木本植物 1 属 4 种 1 变种。

（一）泡桐属 Paulownia Sieb. & Zucc.

7 种，我国均产；山东 2 种，引入栽培 2 种 1 变种。

分种检索表

1. 果卵圆形或椭圆形，长3～5.5cm；果厚不到3mm；花序金字塔形或狭圆锥形，花冠漏斗状钟形或管状漏斗形，紫色或浅紫色，长5～9.5cm，基部强烈向前弓曲，曲处以上突然膨大，腹部有两条明显纵褶；花萼长2cm以下，开花后脱毛或不脱毛；叶片卵状心形至长卵状心形。

2. 果实卵圆形，幼时被黏质腺毛；萼深裂过一半，萼齿较萼管长或等长，毛不脱落；花冠漏斗状钟形；叶长宽近相等，下面常具树枝状毛或黏质腺毛。

3. 叶片下面密被毛，毛有较长的柄和丝状分枝，成熟时不脱落 ················
················ **毛泡桐**Paulownia tomentosa

3. 叶片下面幼时被稀疏毛，成熟时无毛或仅残留极稀疏的毛 ················
················ **光泡桐**Paulownia tomentosa var. *tsinlingensis*

2. 果实卵形或椭圆形，稀卵状椭圆形，幼时有绒毛；萼浅裂至1/3或2/5，萼齿较萼管短，部分脱毛；叶片下面被星状毛或树枝状毛。

4. 果实卵形，稀卵状椭圆形；花冠紫色至粉白，较宽，漏斗状钟形，顶端直径4～5cm；叶片卵状心脏形，长宽几相等或长稍过于宽 ················ **兰考泡桐**Paulownia elongata

4. 果实椭圆形；花冠淡紫色，较细，管状漏斗形，顶端直径不超过3.5cm；叶片长卵状心脏形，长约为宽的2倍 ·························· 楸叶泡桐*Paulownia catalpifolia*

1. 果长圆形或长圆状椭圆形，长6～10cm；果皮厚而木质化，厚3～6mm；花序圆柱形，花冠管状漏斗形，白色或浅紫色，长8～12cm，基部稍向前弓曲，曲处以上逐渐扩大，腹部无明显纵褶；花萼长2～2.5cm，开花后迅速脱毛；叶片长卵状心脏形，长大于宽很多 ···········
··· 白花泡桐*Paulownia fortunei*

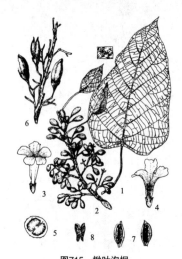

图715 楸叶泡桐
1.叶；2.花序和花蕾；3.花；4.花纵切；5.子房横切；6.果序和果实；7.果瓣；8.种子

1. 楸叶泡桐 *Paulownia catalpifolia* Gong Tong (分布于胶东山地丘陵；全省各地栽培)(图715)

2. 兰考泡桐 *Paulownia elongata* S. Y. Hu. (全省各地栽培)(图716)

3. 白花泡桐 *Paulownia fortunei* (Seem.) Hemsl. (泰安、菏泽、济宁等地栽培)(图717)

4. 毛泡桐 *Paulownia tomentosa* (Thunb.) Steud. (分布于全省各山地丘陵；普遍栽培)(图718)

4a. 光泡桐 *Paulownia tomentosa* (Thunb.) Steud. var. *tsinlingensis* (Pai) Gong Tong (鲁西南栽培)

图716 兰考泡桐
1.花序和花蕾；2.叶；3.星状毛；4.花；5.果实

图717 白花泡桐
1.果序和果实；2.叶；3.星状毛；4.花正面观；5.花侧面观；6.果实；7.果瓣；8.种子

图718 毛泡桐
1.果序和果实；2.叶；3.树枝状毛；4.花；5.果实；6.种子

八十一、紫葳科Bignoniaceae

约 116 ～ 120 属 650 ～ 750 余种。我国 12 属 35 种，另引入栽培多个属种；山东木本植物 2 属 7 种。

分属检索表

1. 乔木；单叶对生，稀3叶轮生；可育雄蕊2 ·· **梓树属Catalpa**
1. 藤本，羽状复叶对生；雄蕊4，2强 ·· **凌霄属Campsis**

（一）凌霄属 Campsis Lour.

2 种，另有 1 杂交种。我国 1 种，引入栽培 2 种；山东引入栽培 3 种。

分种检索表

1. 小叶7～11，卵形至卵状披针形；花萼上有纵棱5条，裂片披针形或卵状披针形，与萼筒等长或深为萼筒的1/2。
  2. 花萼绿色，裂片与萼筒近等长；花冠为鲜艳的橙红色；叶两面无毛 ·············
  ··· **凌霄Campsis grandiflora**
  2. 花萼黄色或黄绿色，裂片深约为萼筒的1/2；花冠暗橙红色；叶背面沿脉疏生白色柔毛
  ··· **红黄萼凌霄Campsis tagliabuana**
1. 小叶9～13，椭圆形至卵状椭圆形，叶轴及小叶背面均有柔毛；花萼无纵棱，质地厚，裂片卵状三角形，长约为萼筒的1/3 ···································· **美国凌霄Campsis radicans**

1. 凌霄 Campsis grandiflora (Thunb.) Loisel. (全省各地栽培)(图 719)

2. 美国凌霄 (厚萼凌霄) Campsis radicans (Linn.) Seem (全省各地栽培)(图 720)

3. 红黄萼凌霄 Campsis tagliabuana (Vis.) Rehd. (青岛、泰安、济南、德州等地栽培)

图719 凌霄
1.花枝；2.去掉花冠和雄蕊的花；3.花冠展开

图720 美国凌霄
1.花枝；2.果实；3.雌蕊；4.雄蕊

（二）梓树属 Catalpa Scop.

约13种。我国4种，引入栽培1种；山东2种，引入栽培2种。

分种检索表

1. 伞房花序或总状花序；花淡红色至淡紫色。
  2. 叶三角状卵心形；花序少花，第二次分枝简单；叶片及花序无毛 ··· 楸树Catalpa bungei
  2. 叶卵形；花序有较多的花，第二次分枝复杂；叶片及花序有毛 ····· 灰楸Catalpa fargesii
1. 聚伞圆锥花序或圆锥花序；花淡黄色或洁白色。
  3. 花淡黄色，花冠喉部内面具2黄色条纹及紫色细斑点；蒴果线形，长20～30cm，粗
    5～7mm；叶下面脉腋有紫色腺斑 ····················梓树Catalpa ovata
  3. 花纯白色；蒴果圆柱形，长30～55cm，宽10～20mm；叶下面脉腋有绿色腺斑··········
    ··黄金树Catalpa speciosa

图721 楸树
1.花枝；2.果实；3.花冠展开，示雄蕊；4.种子

1. 楸树 Catalpa bungei C. A. Mey.（全省各地普遍栽培）（图721）

2. 灰楸 Catalpa fargesii Bur.（全省各地普遍栽培，也有野生）（图722）

3. 梓树（河楸）Catalpa ovata D. Don.（分布于鲁中南、胶东半岛山地丘陵；各地普遍栽培）（图723）

4. 黄金树 Catalpa speciosa Warder（济南、青岛、泰安、烟台、临沂、潍坊等地栽培）（图724）

图722 灰楸
1.花枝；2.果实；3.种子

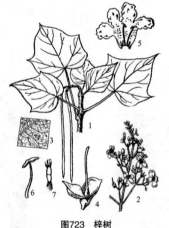

图723 梓树
1.果枝；2.花序；3.叶下面放大；4.去掉花冠和雄蕊的花；5.花冠展开，示雄蕊；6.雄蕊；7.种子

图724 黄金树
1.花枝；2.果实；3.去掉花冠和雄蕊的花；4.花冠展开，示雄蕊；5.种子

八十二、茜草科Rubiaceae

约 660 属 11150 种。我国约 97 属 701 种；山东木本植物 4 属 4 种 1 变种。

图725　细叶水团花
1.花枝；2.花；3.花冠展开

分属检索表

1. 子房每室有胚株多数。
　2. 落叶灌木；头状花序，花小，花冠5裂；蒴果 ………………
　　……………………………………… 水团花属*Adina*
　2. 常绿灌木，花大，常单生、簇生；花冠裂片5~12；浆果
　　……………………………… 栀子属*Gardenia*
1. 子房每室有1胚珠。
　3. 藤本；叶具柄，托叶在叶柄内，脱落；圆锥花序式的聚伞
　　花序 ……………………………… 鸡矢藤属 *Paederia*
　3. 多分枝灌木，托叶与叶柄合生成短鞘，不脱落；花单朵或
　　多朵簇生 ……………………………… 六月雪属*Serissa*

（一）水团花属 *Adina* Salisb.

4 种。我国 3 种；山东引入栽培 1 种。

1. 细叶水团花 *Adina rubella* Hance (青岛栽培)(图 725)

（二）栀子属 *Gardenia* Ellis.

约 250 种。我国 5 种；山东引入栽培 1 种 1 变种。

分种检索表

1. 花单瓣，花冠5~8裂，通常6裂，果黄色或橙红色，有
　翅状纵棱 ……………… 栀子*Gardenia jasminoides*
1. 花重瓣，通常不结果…………………………………
　………………白蟾*Gardenia jasminoides* var. *fortuniana*

1. 栀 子 *Gardenia jasminoides* Ellis. (威 海、青岛、临沂栽培)(图 726)

1a. 白蟾 *Gardenia jasminoides* Ellis. var. *fortuniana* (Lindl.) Hara (各地栽培)

（三）鸡屎藤属 *Paederia* Linn.

约 30 种。我国 9 种；山东 1 种。

1. 鸡屎藤 *Paederia foetida* Linn. (分布于全省各地)(图 727)

图726　栀子
1.花枝；2.雌蕊纵切；3.雄蕊；4.花
冠部分展开，示雄蕊着生；5.果实

（四）白马骨属（六月雪属）*Serissa* Commerson ex A. L. Jussieu

2 种，我国均产；山东引入栽培 1 种。

1. 六月雪 *Serissa japonica* (Thunb.) Thunb.（青岛、威海、日照等地栽培）(图 728)

【金边六月雪 'Aureo-marginata'，叶缘金黄色（青岛栽培）】

图727 鸡屎藤
1.植株的一部分；2.花；3.花冠展开；4.雌蕊；5.果实

图728 六月雪
1.花枝；2.托叶；3.去掉花冠和雄蕊的话；4.花冠展开；
5.子房纵切

八十三、忍冬科Caprifoliaceae

13 属约 500 余种。我国 12 属约 200 余种；山东木本植物 7 属 31 种 7 变种 2 变型。

分属检索表

1. 花序非如次项所述，若为圆锥花序则花柱细长，柱头多为头状；花冠整齐或否，有蜜腺；花药内向；茎干不具皮孔，但常纵裂。
  2. 子房由能育和败育的心皮所构成，能育心皮各内含 1 胚珠；核果具 1～3 颗种子。
    3. 花单生或聚伞花序；萼檐深裂，裂片狭长；果实革质，有 1～2 颗种子；子房 3 室仅 1 室发育。
      4. 相邻两个果实合生，外被长刺刚毛；萼裂片 5，花开后不增大⋯⋯ 猬实属*Kolkwitzia*
      4. 果实分离，外面无长刺刚毛；萼裂片 5～2，花开后增大 ⋯⋯⋯⋯⋯ 六道木属*Abelia*
    3. 花序为顶生的穗状；萼檐浅裂；核果有 2 颗种子；子房 4 室 ⋯ 毛核木属*Symphoricarpos*
  2. 子房的心皮全部能育，各心皮内含多数胚珠；果实开裂或不开裂，具若干至多数种子。
    5. 蒴果 2 瓣裂，圆柱形；花冠稍不整齐或近整齐 ⋯⋯⋯⋯⋯⋯⋯⋯⋯ 锦带花属*Weigela*
    5. 浆果，红色、蓝黑色或黑色；花冠整齐至两唇形 ⋯⋯⋯⋯⋯⋯⋯⋯ 忍冬属*Lonicera*
1. 花序由聚伞合成伞形式、伞房式或圆锥式；花柱短或近无，柱头常 2～3 裂；花冠整齐，不具蜜腺；花药外向或内向；茎干有皮孔。
  6. 奇数羽状复叶；子房 3～5 室，每室含能育和不育胚珠各 1 颗；花药外向；核果具 3～5 核
    ⋯⋯⋯⋯⋯⋯⋯⋯⋯⋯⋯⋯⋯⋯⋯⋯⋯⋯⋯⋯⋯⋯⋯⋯⋯⋯⋯⋯⋯⋯⋯⋯ 接骨木属*Sambucus*
  6. 单叶；子房 3 室仅 1 室发育，含胚珠 1 颗；花药内向；核果具 1 核 ⋯⋯⋯⋯ 荚蒾属*Viburnum*

（一）糯米条属 *Abelia* R. Brown

约 5 种。我国均产；山东引入栽培 2 种。

1. 糯米条 *Abelia chinensis* R. Br（泰安、青岛、济南、临沂、潍坊等地栽培）（图 729）

2. 金叶大花六道木 *Abelia × grandiflora* (Ravelli ex André) Rehd. 'Variegata'（日照、潍坊、青岛等地栽培）

（二）猬实属 *Kolkwitzia* Graebn.

仅 1 种，我国特产；山东有栽培。

1. 猬实 *Kolkwitzia amabilis* Graebn.（全省各地栽培）（图 730）

图729 糯米条
1-2.花枝；3.叶片局部放大；4.花；5.果实

图730 猬实
1.花枝；2.花；3.花冠展开，示雄蕊；4.果实；5.果实横切

（三）忍冬属 *Lonicera* Linn.

约 180 种。我国约 57 种，另引入栽培数种；山东 6 种 1 变种，引入栽培 6 种 2 变种。

3. 叶下面被或疏或密的糙毛、短柔毛，但不密集成毡毛。

  4. 花序苞片大，叶状，卵形至椭圆形，远长于萼筒，长达2～3cm；叶两面有毛或有时近无毛，无蘑菇状腺体。

    5. 幼枝暗红褐色；花冠白色（有时向阳面基部微红色），后变黄白色 ………………………… 金银花 *Lonicera japonica*

    5. 幼枝深紫红色至紫黑色；花冠外面紫红色，内面白色 ………………………… 红金银花 *Lonicera japonica* var. *chinensis*

  4. 花序苞片条状披针形，与萼筒几等长；叶下面具明显的无柄或具极短柄的、橘红色或橘红色蘑菇状腺 ………………………… 菰腺忍冬 *Lonicera hypoglauca*

3. 叶下面具有由稠密的短糙毛所组成的、灰白色或灰黄色的毡毛，网脉隆起呈明显蜂窝状；花序苞片披针形或条状披针形，长2～4mm ………… 大花忍冬 *Lonicera macrantha*

2. 直立灌木，很少枝匍匐，但决非缠绕。

  6. 小枝具白色、密实的髓；相邻两萼筒合生。

    7. 冬芽有数对至多对外芽鳞。

      8. 叶下面初时被由微柔毛组成的灰白色细毡毛，后毛变稀或秃净，叶缘无睫毛；萼齿狭长，三角状披针形 ………………… 华北忍冬 *Lonicera tatarinowii*

      8. 叶下面散生小刚伏毛或近无毛，叶缘有睫毛；萼齿短，宽三角形 ………………………… 紫花忍冬 *Lonicera maximowiczii*

    7. 冬芽仅具1对外芽鳞 ………………… 郁香忍冬 *Lonicera fragrantissima*

  6. 小枝具黑褐色的髓，后因髓消失而变中空；相邻两萼筒分离。

    9. 总花梗长远超过叶柄；小苞片分离，一般长为萼筒的1/4～1/2，稀较长。

      10. 花白色后变黄色，或为粉红色，叶片不为蓝色；小苞片较短，一般长为萼筒的1/4～1/2。

        11. 冬芽大，卵状披针形，鳞片边缘密生白色长睫毛；萼筒具腺，有时被疏柔毛。

          12. 幼枝、叶柄和总花梗被开展的直糙毛；叶下面疏生直或稍弯的糙伏毛 ………………………… 金花忍冬 *Lonicera chrysantha*

          12. 幼枝、叶柄和总花梗被多少弯曲的短柔毛；叶下面被绒状短柔毛至近无毛 ………………… 须蕊忍冬 *Lonicera chrysantha* var. *koehneana*

        11. 冬芽小，卵圆形，鳞片边缘无毛或具短睫毛；萼筒秃净。

          13. 全体近无毛或仅叶缘有睫毛；冬芽约4对鳞片；花冠粉红或白色 ………………………… 新疆忍冬 *Lonicera tatarica*

          13. 幼枝和叶柄被绒状短柔毛，枝、叶、总花梗和苞片疏生黄褐色微腺毛；冬芽约6对鳞片；花冠白色，后变黄色 ………… 长白忍冬 *Lonicera ruprechtiana*

      10. 花紫红色，叶片常多少带蓝色；小苞片长于萼筒的一半 ………………………… 蓝叶忍冬 *Lonicera korolkowii*

    9. 总花梗长不到1cm，很少超过叶柄；小苞片基部多少连合，顶端多少截状。

      14. 花冠先白色后转黄色；小苞片和幼叶绿色 ………………… 金银木 *Lonicera maackii*

      14. 花冠、小苞片和幼叶均带淡紫红色 … 红花金银木 *Lonicera maackii* var. *erubescens*

1. 花每3～6朵成1轮，数轮生于小枝顶；花序下的1～2对叶基部相连成盘状 …………………… 贯叶忍冬 *Lonicera sempervirens*

1. 金花忍冬 *Lonicera chrysantha* Turcz. (分布于泰山、崂山、蒙山等地)(图 731)

1a. 须蕊忍冬 *Lonicera chrysantha* Turcz. var. *koehneana* (Rehd.) Q. E. Yang (分布于崂山)

2. 郁香忍冬 *Lonicera fragrantissima* Lindl. & Paxon (分布于鲁中南和胶东山地丘陵；泰安、济南栽培)(图 732)

3. 菰腺忍冬 *Lonicera hypoglauca* Miquel (临沂平邑栽培)(图 733)

4. 金银花 (忍冬、双花) *Lonicera japonica* Thunb. (分布于全省各地；普遍栽培)(图 734)

【黄脉金银花 'Aureo-reticulata'，叶较小，有黄色网脉 (青岛中山公园栽培) 】

图731 金花忍冬
1.花枝；2.叶片下面中脉附近放大；3.小聚伞花序放大，示苞片、小苞片、萼筒；4.花冠展开；5.雄蕊；6.果实

图732 郁香忍冬
1.花枝；2.果枝；3.各种叶形；4.小枝一段放大，示刚毛；5.花

图733 菰腺忍冬
1.花枝；2.叶片下面放大；3.花；4.果实

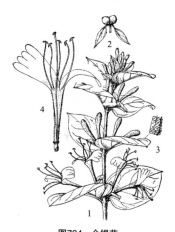

图734 金银花
1.花枝；2.果实；3.叶片局部放大；4.花冠展开

4a. 红金银花 (红白忍冬) *Lonicera japonica* Thunb. var. *chinensis* (Watson) Baker (泰安、济南、青岛等地栽培)

5. 蓝叶忍冬 *Lonicera korolkowii* Stapf. (泰安、潍坊、青岛等地栽培)

6. 金银木 *Lonicera maackii* (Rupr.) Maxim. (分布于泰山、崂山、昆嵛山、牙山；全省各地栽培)(图 735)

6a. 红花金银木 *Lonicera maackii* (Rupr.) Maxim. var. *erubescens* (Rehd.) Q. E. Yang (泰安、青岛等地栽培)

7. 大花忍冬 (灰毡毛忍冬) *Lonicera macrantha* (D. Don) Sprengel (临沂平邑栽培)(图 736)

图735 金银木
1.花枝；2.叶片下面中脉放大；3.幼果；4.花；5.果实

图736 大花忍冬
1.花枝；2.花；3.果实

8. 紫花忍冬 *Lonicera maximowiczii* (Rup.) Regel (分布于崂山、昆嵛山)(图 737)

9. 长白忍冬 *Lonicera ruprechtiana* Regel (济南、德州、潍坊、青岛等地栽培) (图 738)

图737 紫花忍冬
1.花枝；2.叶片局部放大，示刚毛和缘毛；3.花；4.叶形变化

图738 长白忍冬
1.果枝；2.叶；3.花；4.花冠展开；5.果实

10. 贯叶忍冬 *Lonicera sempervirens* Linn. (烟台、青岛等地栽培)(图 739)

11. 新疆忍冬 *Lonicera tatarica* Linn. (青岛、潍坊等地栽培)(图 740)

12. 华北忍冬 *Lonicera tatarinowii* Maxim. (分布于崂山、昆嵛山)(图 741)

（四）接骨木属 *Sambucus* Linn.

约 10 种。我国约 4 种，另引入栽培 2 种；山东 1 种，引入栽培 1 种。

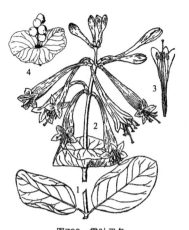

图739 贯叶忍冬
1.对生的叶；2.植株顶部，示花序及苞片；3.花纵切；4.果实

图740 新疆忍冬
1.花枝；2-3.叶片；4.花

图741 华北忍冬
1.花枝；2.花；3.果实；4.冬芽

分种检索表

1. 小枝髓心白色；小叶椭圆形至椭圆状卵形，上面中脉和下面散生短糙毛；聚伞花序呈扁平球状，5分枝；果实黑色 ······ 西洋接骨木 *Sambucus nigra*

1. 枝髓心淡黄棕色；枝叶无毛；小叶椭圆状披针形；聚伞花序呈圆锥状，长7～12cm；核果红色 ······ 接骨木 *Sambucus williamsii*

1. 西洋接骨木 *Sambucus nigra* Linn. (全省各地栽培)(图 742)

2. 接骨木 *Sambucus williamsii* Hance (分布于昆嵛山、崂山、蒙山、泰山；各地栽培)(图 743)

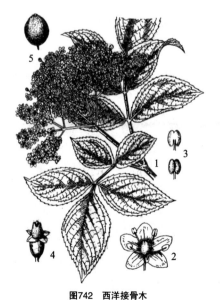

图742 西洋接骨木
1.花枝；2.花；3.雄蕊；4.花萼与雌蕊；5.果实

图743 接骨木
1.果枝；2.复叶；3.叶缘放大；4-5.小枝一段，示芽；6.花

（五）毛核木属 *Symphoricarpos* Duhamel

16 种。我国 1 种；山东引入栽培 2 种。

分种检索表

1. 浆果白色，花粉红色·······························白雪果*Symphoricarpos albus*

1. 浆果紫红至红色，花黄白色或略带粉色·····················红雪果 *Symphoricarpos orbiculatus*

　　1. 白雪果（雪果）*Symphoricarpos albus* (Linn.) S. F. Blake（青岛、潍坊等地栽培）(图 744)

　　2. 红雪果 *Symphoricarpos orbiculatus* Moench.（济南、青岛、潍坊、泰安等地栽培）(图 745)

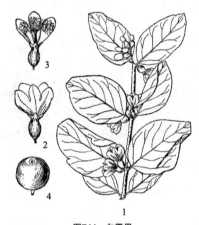

图744　白雪果
1.花枝；2.花；3.花冠展开；4.果实

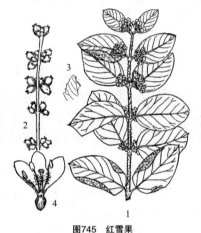

图745　红雪果
1.花枝；2.果枝3.叶缘放大；4.花冠展开

（六）荚蒾属 *Viburnum* Linn.

约 200 种。我国约 73 种，另引入栽培 1 种；山东 4 种 2 变种，引入栽培 5 种 1 变种 2 变型。

分种检索表

1. 鳞芽，冬芽有1～2对（稀3或多对）鳞片。

　2. 冬芽有1～2对分离的鳞片；叶柄或叶片基部无腺体；叶不分裂或不明显2～3浅裂。

　　3. 花序复伞形或伞形式，有大型的不孕花。

　　　4. 花序全部由大型的不孕花组成 ···············雪球荚蒾*Viburnum plicatum*

　　　4. 花序仅周围有4～6朵大型的不孕花 ·····蝴蝶戏珠花*Viburnum plicatum* f. *tomentosum*

　　3. 圆锥花序或复伞形花序，不具大型不孕花。

　　　5. 落叶灌木；花序复伞形式；果核通常扁。

　　　　6. 托叶钻性、宿存；花冠外面无毛。

7. 叶卵状披针形、狭卵形、椭圆形或倒卵形，边缘有尖齿，不分裂 ⋯⋯⋯⋯⋯

⋯⋯⋯⋯⋯⋯⋯⋯⋯⋯⋯⋯⋯⋯⋯⋯⋯⋯ 宜昌荚蒾 *Viburnum erosum*

7. 叶矩圆状披针形，边缘具粗牙齿或缺刻状牙齿，基部常浅2裂 ⋯⋯⋯⋯⋯

⋯⋯⋯⋯⋯⋯⋯⋯⋯⋯ 裂叶宜昌荚蒾 *Viburnum erosum* var. *taquetiib*

6. 无托叶；花冠和花萼外面有簇毛；小枝、叶柄和花序密被土黄色或黄绿色状粗毛

及簇状短毛；叶宽倒卵形、倒卵形或宽卵形 ⋯⋯⋯⋯⋯ 荚蒾 *Viburnum dilatatum*

5. 常绿性，圆锥花序；果核通常浑圆；叶倒卵状矩圆形至矩圆形 ⋯⋯⋯⋯⋯⋯

⋯⋯⋯⋯⋯⋯⋯⋯⋯⋯⋯⋯⋯ 法国冬青 *Viburnum odoratissimum* var. *awabuki*

2. 冬芽为2对合生的鳞片所包围；叶3裂，叶柄顶端或叶片基部有2~4个腺体。

8. 树皮质薄而非木栓质；花药黄白色 ⋯⋯⋯⋯⋯⋯⋯⋯ 欧洲荚蒾 *Viburnum opulus*

8. 树皮厚，木栓质；花药紫红色 ⋯⋯⋯⋯⋯ 天目琼花 *Viburnum opulus* var. *calvescens*

1. 冬芽裸露；植物体被簇状毛而无鳞片；果实成熟时由红色转为黑色。

9. 落叶性，通常边缘有齿。

10. 花序全由两性花组成，无大型不孕花。

11. 花冠辐状，筒比裂片短；叶顶端钝圆，稀稍尖；花大部生于花序的第三至第四级

辐射枝上；果核背部凸起而无沟，长6~8mm ⋯⋯⋯⋯陕西荚蒾 *Viburnum shensianum*

11. 花冠筒状钟形，筒远比裂片长。

12. 花冠淡黄白色，筒长5~7mm，裂片长约1.5mm ⋯ 蒙古荚蒾 *Viburnum mongolicum*

12. 花冠白色或淡红色，筒长1~1.3cm，裂片长约为筒部的一半 ⋯⋯⋯⋯⋯⋯

⋯⋯⋯⋯⋯⋯⋯⋯⋯⋯⋯⋯⋯⋯⋯蒂娜荚蒾 *Viburnum carlesii* 'Diana'

10. 花序有大型不孕花。

13. 花序全部由大型的不孕花组成 ⋯⋯⋯⋯⋯⋯ 木绣球 *Viburnum macrocephalum*

13. 花序仅周围有大型的不孕花 ⋯⋯⋯⋯⋯⋯ 琼花 *Viburnum macrocephalum* f. *keteleeri*

9. 常绿性，全缘或具不明显疏齿；叶卵状披针形至卵状矩圆形，长8~25cm，宽2.5~8cm，

叶脉深凹陷呈现极度皱纹状 ⋯⋯⋯⋯⋯⋯ 皱叶荚蒾 *Viburnum rhytidophyllum*

1. 蒂娜荚蒾 *Viburnum carlesii* Hemsl. 'Diana'（泰安、青岛等地栽培）

2. 荚蒾 *Viburnum dilatatum* Thunb（分布于崂山、蒙山、抱犊崮、日照）(图 746)

3. 宜昌荚蒾 *Viburnum erosum* Thunb.（分布于胶东山地丘陵及蒙山）(图 747)

3a. 裂叶宜昌荚蒾 *Viburnum erosum* Thunb. var. *taquetiib* (Thunb.) Rehd.（分布于崂山，产棋盘石）

4. 木绣球 *Viburnum macrocephalum* Fort.（全省各地栽培）(图 748)

4a. 琼花（八仙花）*Viburnum macrocephalum* Fort. f. *keteleeri* (Carr.) Rehd.（全省各地栽培）(图 749)

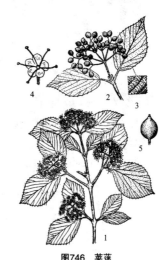

图746 荚蒾
1.花枝；2.果枝；3.叶下面，示星状毛；4.花；5.果实

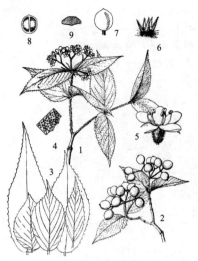

图747 宜昌荚蒾
1.花枝；2.果枝；3.各种叶形；4.叶下面，
示星状毛；5.花；6.花萼；7.果实；8.果实
纵切；9.果核横切

图748 木绣球

图749 琼花
1.花枝；2.果枝；3.花；4.果实；5.果核横切

5. 蒙古荚蒾 *Viburnum mongolicum* (Pall.) Rehd. (分布于鲁山)(图 750)

6. 法国冬青 (日本珊瑚树) *Viburnum odoratissimum* Ker-Gawl. var. *awabuki* (K. Koch) Zabel ex Rumpl. (临沂、青岛、泰安、济南、日照等地栽培)(图 751)

图750 蒙古荚蒾
1.果枝；2.叶下面，示星状毛；3.花；4.花萼和
雌蕊

图751 法国冬青
1.果枝；2.叶局部放大；3.花；4.花冠展开；
5.花萼和雌蕊；5.果实

7. 欧洲荚蒾 *Viburnum opulus* Linn. (青岛等地栽培)(图 752)

【欧洲雪球 'Roseum'，花序全为大型不育花 (青岛、潍坊等地栽培) 】

7a. 天目琼花 (鸡树条子) *Viburnum opulus* Linn. var. *calvescens* (Rehd.) Hara (分布于全省各主要山区；普遍栽培)(图 753)

图752　欧洲荚蒾
1.花枝；2.果枝；3.花；4.花纵切

图753　天目琼花
1.花枝；2.可孕花；3.果实

8. 雪球荚蒾 (粉团、蝴蝶荚蒾) *Viburnum plicatum* Thunb. (青岛、泰安等地栽培)(图 754)

8a. 蝴蝶戏珠花 *Viburnum plicatum* Thunb. f. *tomentosum* (Thunb.) Rehd. (泰安、潍坊、淄博等地栽培)(图 755)

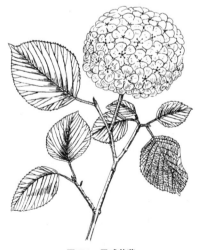

图754　雪球荚蒾

图755　蝴蝶戏珠花
1.花枝；2.果枝；3.未开放花；4.果实

9. 皱叶荚蒾 *Viburnum rhytidophyllum* Hemsl. (济南、泰安、青岛、潍坊等地栽培) (图 756)

10. 陕西荚蒾 *Viburnum shensianum* Maxim. (分布于枣庄、临沂、淄博、泰安、济南等地)(图 757)

图756　皱叶荚蒾
1.花枝；2.花；3.果实；4.果核横切

图757　陕西荚蒾
1.果枝；2.花序；3.花；4.果实

（七）锦带花属 *Weigela* Thunb.

约 10 种。我国 3 种；山东 1 种 1 变种，引入栽培 2 种。

分种检索表

1. 花萼裂至中部，种子无翅。
　2. 花粉红至深红色 ·· 锦带花 *Weigela florida*
　2. 花白色 ··· 白花锦带花 *Weigela florida* f. alba
1. 花萼裂至基部，种子有狭翅。
　3. 花冠外面光滑无毛；叶片较大而厚，长 8～15cm，宽 4～10cm，无毛或近无毛，叶柄长 1～1.5cm ······························· 海仙花 *Weigela coraeensis*
　3. 花冠外面有柔毛，叶片长 6～10cm，宽 3～5cm，上面幼时有毛，下面尤其是沿脉显著被毛，叶柄长 5～8mm ······························· 日本锦带花 *Weigela japonica*

1. 海仙花 *Weigela coraeensis* Thunb. (青岛、泰安、济南等地栽培)(图 758)

2. 锦带花 *Weigela florida* (Bunge) A. DC. (分布于胶东山地及蒙山、泰山；各地普遍栽培)(图 759)

【红王子锦带花 'Red Prince'，花鲜红色，繁密而下垂 (全省各地栽培)；花叶锦带花 'Variegata'，叶边淡黄白色，花粉红色 (青岛、泰安等地栽培)；紫叶锦带花 'Purpurea'，叶带褐紫色，花紫粉色 (潍坊等地栽培)】

2a. 白花锦带花 *Weigela florida* (Bunge) A. DC. f. *alba* (Nakai) C. F. Fang (分布于崂山)

3. 日本锦带花 (杨栌) *Weigela japonica* Thunb. (青岛等地有栽培)(图 760)

图758 海仙花
1.花枝；2.花萼展开；3.花冠展开

图759 锦带花
1.花枝；2.果枝；3.花萼展开；
4.花冠展开；5.雌蕊

图760 日本锦带花
1.花枝；2.花萼展开

八十四、菊科Asteraceae

约 1600 ～ 1700 属 24000 种，广布于全世界，热带较少。我国约有 248 属，2336 种，产于全国各地。山东木本植物 1 属 1 种。

（一）蒿属 *Artemisia* Linn.

约 380 种。我国 186 种；山东木本植物 1 种。

1. 白莲蒿 *Artemisia gmelinii* Web ex Stechm. (分布于全省各山地丘陵)(图 761)

八十五、棕榈科Arecaceae

约 183 属 2450 种。我国约 16 属 73 种，此外引入栽培的亦有多个属种；山东 1 属 1 种。

图761 白莲蒿
1.植株上部，带花序；2.基生叶；
3.头状花序；4.筒状花

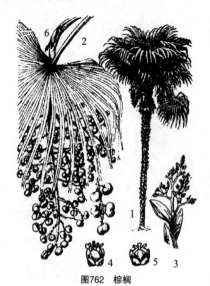

图762 棕榈

1.植株；2.叶；3.花序的一部分；4.雄花；5.雌花；6.果序

（一）棕榈属 *Trachycarpus* H. Wendl.

约8种。我国3种；山东引入栽培1种。

1. 棕榈 *Trachycarpus fortunei* (Hook.) H. Wendl. (临沂、枣庄、泰安、菏泽、日照、济宁、青岛等地栽培)(图762)

八十六、禾本科Poaceae

约700属11000种；我国有226属约1795种。木本的竹类共约88属1400种；我国34属534种；山东8属26种1变种。

分属检索表

1. 地下茎为单轴或复轴型，比秆细；地面秆散生或成为多丛。

  2. 小穗无柄，花序分枝有或无苞片

    3. 秆在分枝以上各节节间多少扁平或具明显沟槽。

      4. 秆中部每节分枝2枚，不等粗，有二次分枝 ·············· 刚竹属*Phyllostachys*

      4. 秆中部每节分枝4～5枚，近等粗，无二次分枝 ·········· 鹅毛竹属*Shibataea*

    3. 秆近圆筒形或略呈四棱形，分枝以上各节节间无沟槽 ········· 方竹属*Chimonobambusa*

  2. 小穗具柄。

    5. 秆中部每节分枝3至多枚（偶1），分枝比秆细得多。

      6. 秆每节具3至多分枝；当为3分枝时，基部均不在秆面紧贴，而且主枝与两侧枝之间的夹角各为35°以上。

        7. 秆的箨环常有箨鞘基部残留物成为木栓质圆环；花序侧生 ··· 苦竹属*Pleioblastus*

        7. 秆的箨环净秃，无箨鞘基部残留物；花序顶生 ·············· 青篱竹属*Arundinaria*

      6. 秆每节具1～3分枝（秆上部各节稀可分枝较多）；当为3分枝时，他们几乎同自秆节分出而且3枝的基部紧贴 ·················· 矢竹属*Pseudosasa*

    5. 秆中部每节分枝1（偶2）枚，秆较细，分枝和叶相对于秆较大 ··· 箬竹属*Indocalamus*

1. 地下茎合轴型，比秆粗，地面秆为单丛，秆的节间呈圆筒形，每节多分枝··· 簕竹属*Bambusa*

（一）青篱竹属 *Arundinaria* Michaux

约8种。我国5种；山东引入栽培1种。

1. 巴山木竹 *Arundinaria fargesii* E. G. Camus (济南植物园、潍坊植物园栽培)（ 图 763)

（二）簕竹属 *Bambusa* Retz. corr. Schreber

约 100 种。我国 80 种；山东引入栽培 1 种。

1. 凤尾竹 *Bambusa multiplex* (Lour.) Raeauschel ex J. A. & J. H. Schult. 'Fernleaf' (泰安、青岛等地栽培)(图 764)

（三）方竹属 *Chimonobambusa* Makino

约 37 种。我国 34 种；山东引入栽培 1 种。

1. 方竹 *Chimonobambusa quadrangulari* (Fenzi) Makino (泰安等地栽培)(图 765)

（四）箬竹属 *Indocalamus* Nakai

约 23 种。我国 22 种；山东引入栽培 2 种。

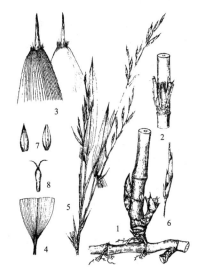

图763 巴山木竹
1.地下茎及秆基；2.秆之一段，示分枝；3.秆箨先端背面(左)和腹面(右)；4.叶片基部；5.花枝；6.一枚小穗；7.外稃(左)和内稃(右)；8.雌蕊

图764 凤尾竹
1.叶枝；2.秆箨背面；3.秆箨腹面；4.秆箨先端放大，示箨舌；5.叶鞘先端侧面，示叶舌和须毛

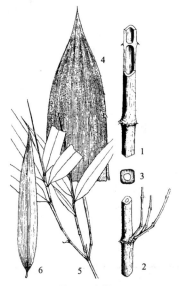

图765 方竹
1.秆一部分，示节部和节间；2.秆一部分，示分枝；3.秆横切；4.秆箨；5.叶枝；6.叶片

分种检索表

1. 箨耳和叶耳均不明显；箨叶窄披针形·················· 阔叶箬竹*Indocalamus latifolius*
1. 箨耳和叶耳显著；箨叶长三角形至卵状披针形·············· 长耳箬竹*Indocalamus longiauritus*

1. 阔叶箬竹 *Indocalamus latifolius* (Keng) McClure (全省各地栽培)(图 766)

2. 长耳箬竹 (箬叶竹) *Indocalamus longiauritus* (枣庄、济南、泰安栽培)(图 767)

图766 阔叶箬竹

1.秆的一部分,示分枝;2.叶枝;3.花枝;4.笋的中上部;
5.秆箨

图767 长耳箬竹

1.秆及秆箨;2.秆箨的先端腹面;
3.秆箨先端背面;4-5.叶枝

（五）刚竹属 *Phyllostachys* Sieb. & Zucc.

约 51 种，均产于我国；山东栽培 14 种 1 变种。

分种检索表

1. 箨鞘无斑点；箨叶直立，在笋尖作自下而上的覆瓦状排列呈笔头状，秆的节内长约5mm；
地下茎（竹鞭）在横切面上有一圈通气道；花枝头状。

  2.箨耳大，三角形或镰形。

    3.箨鞘背部无淡黄色纵条纹。

      4.箨鞘背面红褐色，箨舌突起呈拱形至尖拱形 ················ 紫竹 *Phyllostachys nigra*

      4.箨鞘背面绿色或黄色，有紫色条纹，箨舌极短，常截平 ····················

           ················ 红边竹 *Phyllostachys rubromarginata*

    3.箨鞘背部有淡黄色纵条纹 ········ 黄槽竹 *Phyllostachys aureosulcata*

  2.箨耳小，卵形，或无箨耳 ················ 水竹 *Phyllostachys heteroclada*

1. 箨鞘通常有斑点或只在小笋中可无斑点；箨叶平直或皱曲，稀直立；秆的节内一般长约
3mm；地下茎（竹鞭）无通气道；花枝穗状，稀可较短。

  5.无继毛和箨耳，箨鞘光滑，偶在上部或边缘粗糙或疏被硬毛。

    6. 秆节间无小凹穴或晶体状小点，若有，则新秆有毛。

      7.箨环幼时和箨鞘底部光滑。

8. 箨舌较狭长，宽小于长的5倍，箨叶通常扁平。

  9. 新秆无晕斑；箨鞘光滑，稀先端微粗糙，偶有稀疏刺毛。

    10. 箨舌有白色短纤毛，有时混生部分长毛。

      11. 箨舌先端截形或稍作拱形。

        12. 箨舌暗紫褐色，箨鞘鲜时紫褐色，新秆被密的雾状白粉 ·············
················· 淡竹 *Phyllostachys glauca*

        12. 箨舌颜色较淡，紫褐色至淡褐色，箨鞘鲜时绿褐色，新秆节间上部微
被白粉 ················· 曲秆竹 *Phyllostachys flexuosa*

      11. 箨舌淡褐色，先端拱形，边缘生短纤毛 ·······早园竹 *Phyllostachys propinqua*

    10. 箨舌有暗紫色长纤毛，若为白色纤毛则箨鞘乳白色。

      13. 箨鞘乳白或淡黄色，箨舌有白色细纤毛 ··· 黄古竹 *Phyllostachys angusta*

      13. 箨鞘绿褐色，箨舌有暗褐色粗纤毛 ········· 曲秆竹 *Phyllostachys flexuosa*

  9. 新秆节处常为暗紫色，节下方有暗紫色晕斑；箨鞘因脉间有微疣基刺毛而微粗
糙；秆劲直或常于基部呈"之"字形曲折·············灰竹 *Phyllostachys nuda*

8. 箨舌通常较宽短；箨叶通常皱曲。

  14. 箨舌拱形或较隆起，两则不下延，箨鞘带紫色或紫红色，箨叶略皱曲 ·····
················· 红哺鸡竹 *Phyllostachys iridescens*

  14. 箨舌弧形隆起，两则明显下延，箨鞘淡黄绿色带紫至淡褐黄色，箨叶强烈皱
曲·················乌哺鸡竹 *Phyllostachys vivax*

  7. 箨环幼时生一圈白色短毛，箨鞘沿底部也有白色短毛 ··· 罗汉竹 *Phyllostachys aurea*

  6. 秆节间有小凹穴或白色晶体状小点（在10倍放大镜下可见）；新秆无毛·············
················· 刚竹 *Phyllostachys sulphurea* var. *viridis*

5. 有緣毛，或箨耳和緣毛均有，箨鞘多少被硬毛，稀光滑。

  15. 箨耳大，镰状。

    16. 新秆有毛。

      17. 箨鞘红褐色或紫褐色，无乳白色或灰白色条纹 ········· 紫竹 *Phyllostachys nigra*

      17. 箨鞘绿色，有乳白色或灰白色条纹 ········· 黄槽竹 *Phyllostachys aureosulcata*

    16. 新秆光滑无毛 ················· 桂竹 *Phyllostachys reticulata*

  15. 无箨耳或箨耳微小而緣毛发达。

    18. 新秆密被细柔毛及厚白粉；秆环不明显，低于箨环·············毛竹 *Phyllostachys edulis*

    18. 新秆光滑无毛或近无毛，秆环和箨环均隆起·············桂竹 *Phyllostachys reticulata*

  1. 黄古竹 *Phyllostachys angusta* McClure（聊城、泰安、济南、潍坊栽培）（图768）

  2. 罗汉竹（人面竹）*Phyllostachys aurea* Carr. ex A. & C. Riviere（青岛、临沂、济南、泰安、潍坊栽培）（图769）

  3. 黄槽竹 *Phyllostachys aureosulcata* McClure（鲁中及鲁南地区常有栽培）（图770）

【黄皮京竹（黄秆京竹）'Aureocaulis' 秆全部金黄色或基部节间偶有绿色条纹（各地栽培）；京竹 'Pekinensis'，全秆绿色，无黄色纵条纹（青岛黄岛区、

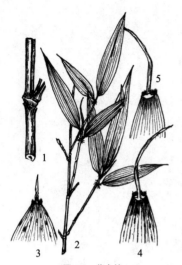

图768 黄古竹

1.秆的一部分；2.叶枝；3-4.秆箨先端
背面；5.秆箨先端腹面

图769 罗汉竹

1.秆；2.叶枝；3.笋的上部；4.上部的
秆箨；5.中部的秆箨

图770 黄槽竹

1.秆；2.叶枝；3.笋的上部；4.秆箨的
先端腹面；5.秆箨的先端背面

崂山区栽培)；金镶玉竹 'Spectabilis'，秆金黄色但沟槽绿色，分枝一侧有绿色条纹，
叶有时有黄色条纹 (青岛、临沂、枣庄、泰安、日照、潍坊等地栽培)】

　　4. 毛竹 *Phyllostachys edulis* (Carr.) J. Houzeau (临沂、青岛、泰安、日照、枣
庄等地栽培)(图 771)

　　5. 曲秆竹 (甜竹) *Phyllostachys flexuosa* (Carr.) A. & C. Riviere (青岛、临沂平
邑明光寺栽培)(图 772)

图771 毛竹

1.秆；2.秆箨对先端腹面；3.秆箨背面；4.叶枝；5.花枝；
6.小穗；7.小花及小穗轴延伸部分；8.雄蕊；9.雌蕊

图772 曲秆竹

1.秆，示基部曲折；2.叶枝；3.笋的上部；4-5.秆箨先端背
面；6.秆箨先端腹面

6. 淡竹 *Phyllostachys glauca* McClure (全省各地普遍栽培)(图 773)

【筼竹 (花斑竹) 'Yunzhu'，竹秆上有紫褐色斑点或斑块 (鲁西等地栽培) 】

7. 水竹 *Phyllostachys heteroclada* Oliv. (青岛等地栽培，济南曾有引种)(图 774)

8. 红哺鸡竹 *Phyllostachys iridescens* C. Y. Yao (济南、青岛栽培)(图 775)

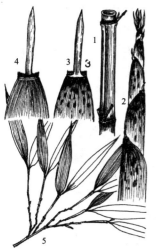

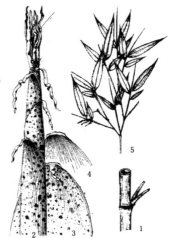

图773　淡竹

1.秆；2.笋的上部；3.秆箨先端背面；4.秆箨先端腹面；5.叶枝

图774　水竹

1.秆；2.笋的上部；3.秆箨先端背面；4.秆箨先端腹面；5.叶枝

图775　红哺鸡竹

1.秆；2.笋；3.秆箨上部，背面；4.秆箨上部，腹面；5.叶枝

9. 紫竹 *Phyllostachys nigra* (Lodd. & Lindl.) Munro. (济南、青岛、泰安、临沂等地栽培)(图 776)

10. 灰竹 (石竹) *Phyllostachys nuda* McClure (青岛黄岛区、烟台海阳等地栽培)(图 777)

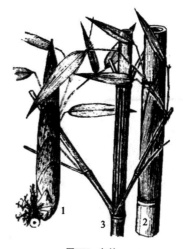

图776　紫竹

1.秆；2.叶枝；3.笋的上部；4.秆箨先端腹面；4.秆箨先端背面

图777　灰竹

1.竹笋；2.秆及秆箨；3.秆的一部分，示分枝

11. 早园竹 *Phyllostachys propinqua* McClure (济宁、菏泽、潍坊等地栽培)
(图 778)

12. 桂竹 *Phyllostachys reticulata* (Rupr.) K. Koch. (青岛、枣庄、泰安等地栽培)
(图 779)

【斑竹 (湘妃竹) 'Lacrina-deae'，绿色竹秆上布满大小不等的紫褐色斑块与斑点，分枝亦有紫褐色斑点，边缘不清晰呈水渍状 (各地常见栽培)；寿竹 'Shouzhu'，新秆微被白粉，秆环较平坦，箨鞘无毛，常无箨耳和鞘口繸毛 (青岛黄岛区栽培)】

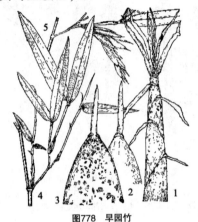

图778 早园竹
1.笋的上部；2.秆箨先端腹面；3.秆箨先端背面；
4.叶枝；5.花枝

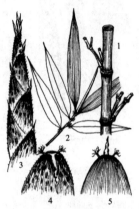

图779 桂竹
1.秆；2.叶枝；3.笋的上部；4.秆箨先端背面；
5.秆箨先端腹面

13. 红边竹 *Phyllostachys rubromarginata* McClure (青岛黄岛区栽培)(图 780)

14. 刚 竹 *Phyllostachys sulphurea* (Carr.) Rivière & C. Rivière var. *viridis* R. A. Young (青岛、日照、烟台、济宁、泰安、枣庄等地栽培)(图 781)

【绿皮黄筋竹 (碧玉间黄金竹、黄槽刚竹) 'Houzeau'，秆绿色，有宽窄不等的黄色纵条纹，沟槽黄色 (青岛、泰安等地栽培)；黄皮刚竹 (黄皮绿筋竹) 'Robert Young'，幼秆绿黄色，后变为黄色，下部节间有少数绿色条纹 (泰安、青岛等地栽培)】

15. 乌哺鸡竹 *Phyllostachys vivax* McClure (青岛、枣庄、临沂郯城及兰陵、济宁、泰安栽培)(图 782)

图780 红边竹
1.嫩秆及叶枝；2.花枝；3.笋；4.秆箨先端背面；
5.秆箨先端腹面

图781　刚竹

1.秆；2.叶枝；3.笋的上部；4.秆箨先端背面；5.秆箨先端腹面

图782　乌哺鸡竹

1.秆；2.叶枝；3.秆箨先端腹面；4.秆箨先端背面

【黄秆乌哺鸡竹 'Aureocanlis'，秆全部为硫黄色，或在秆的中下部偶有几个节间具 1 或数条绿色条纹 (潍坊、青岛栽培)】

（六）苦竹属 (大明竹属) *Pleioblastus* Nakai

约40种。我国约15种，引入栽培2种；山东引入栽培4种。

分种检索表

1. 秆高3～8 m，每节5～7分枝或多分枝。
　2. 秆成密集的竹丛，每节具多枝，丛生，枝条上举，与主秆成较小的夹角，分枝习性较低；秆箨无箨耳和鞘口繸毛；叶片狭长披针形或线状披针形，长10～30cm，宽5～20mm，两面无毛 ‥‥‥‥‥‥‥‥‥‥‥ 大明竹*Pleioblastus gramineus*
　2. 秆较疏离或呈小丛生长，每节具5～7枝，分枝稍开展；秆箨繸耳不明显或无，具数条直立的短繸毛，易脱落而变无繸毛；叶片椭圆状披针形，长4～20cm，宽1.2～2.9cm，下表面有白色绒毛，尤以基部为甚 ‥‥‥‥‥‥‥‥ 苦竹*Pleioblastus amarus*
1. 秆高通常不及1m，每节1～3分枝。
　3. 叶有白色或淡黄色条纹 ‥‥‥‥‥‥‥‥‥‥ 菲白竹*Pleioblastus fortunei*
　3. 叶绿色，线状披针形，排成紧密的两列 ‥‥‥‥‥ 翠竹*Pleioblastus pygmaea*

　　1. 苦竹 *Pleioblastus amarus* (Keng) Keng f. (威海、青岛、临沂、济南、日照、潍坊栽培)(图 783)

　　2. 菲白竹 *Pleioblastus fortunei* (Van Houtte) Nakai (泰安、济南、青岛、临沂等地栽培)

　　3. 大明竹 *Pleioblastus gramineus* (Bean) Nakai (济南历下区有栽培)(图 784)

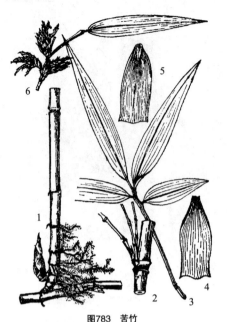

图783 苦竹
1.地下茎及秆基部；2.秆的一部分，示分枝；3.叶枝；4-5.秆箨；6.花枝

图784 大明竹
1.地下茎及笋；2.花枝；3.叶枝；4.秆箨；5.叶片基部

4. 翠竹 *Pleioblastus pygmaea* (Miquel) Nakai (济南泉城公园、青岛栽培)

（七）矢竹属 (茶秆竹属) *Pseudosasa* Makino ex Nakai

约 19 种。我国 17 种，引入栽培 1 种；山东引入栽培 2 种。

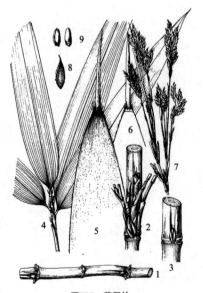

图785 茶秆竹
1.地下茎一段；2-3.秆一段，示分枝及芽；4.叶枝；5-6.秆箨背腹面；7.花枝；8.小花；9.果实

分种检索表

1. 秆高5～13 m，粗2～6cm；节间长30～40cm，幼时疏被棕色刺毛；小枝具2～3叶 ······················ 茶秆竹*Pseudosasa amabilis*

1. 秆高2～5 m，粗0.5～1.5cm；节间长15～30cm，无毛；小枝具5～9叶·················· 矢竹*Pseudosasa japonica*

    1. 茶秆竹 *Pseudosasa amabilis* (McClure) Keng f. (临沂、济南章丘、青岛等地栽培)(图 785)

    2. 矢 竹 *Pseudosasa japonica* Makino (青岛、济南、泰安、潍坊等地栽培)(图 786)

（八）鹅毛竹属 *Shibataea* Makino ex Nakai

约 7 种，我国全产；山东引入栽培 1 种。

1. 鹅毛竹 *Shibataea chinensis* Nakai (泰安、临沂、济南等地栽培)(图 787)

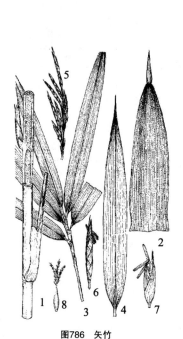

图786 矢竹

1.秆一段，示分枝；2.秆箨背面；3.叶枝；4.叶片；5.部分花枝；6.小穗；7.小花；8.雌蕊

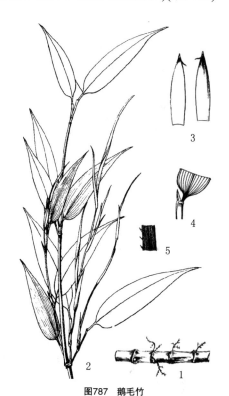

图787 鹅毛竹

1.地下茎；2.植株的一部分，示分枝及叶；3.秆箨；4.叶鞘顶端及叶基部；5.叶片近边缘部分放大

八十七、龙舌兰科Agavaceae

约 20 属 670 种。我国 6 属 17 种；山东木本植物 1 属 2 种。

（一）丝兰属 *Yucca* Linn.

约 35 ~ 40 种。我国引入栽培 4 种；山东引入栽培 2 种。

分种检索表

1. 茎很短或不明显，叶近莲座状簇生，边缘有许多稍弯曲的丝状纤维⋯⋯⋯⋯**丝兰** *Yucca flaccida*
1. 有明显的茎，叶缘几乎没有丝状纤维，全缘⋯⋯⋯⋯⋯⋯⋯⋯**凤尾兰** *Yucca gloriosa*

1. 丝兰 *Yucca flaccida* Haw. (济南、青岛、泰安、临沂栽培)(图 788)

2. 凤尾兰 *Yucca gloriosa* Linn. (全省各地普遍栽培)(图 789)

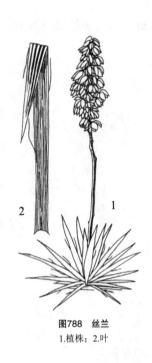

图788　丝兰
1.植株；2.叶

图789　凤尾兰
1.植株；2.花序；3.叶

八十八、菝葜科Smilacaceae

3 属约 375 种。我国 2 属 88 种；山东木本植物 1 属 4 种。

（一）菝葜属 *Smilax* Linn.

约 300 种。我国约 80 种；山东 4 种。

分种检索表

1. 攀援灌木，茎蔓细长、攀援，有刺；叶柄有卷须。
　　2. 果实成熟时红色；茎上的刺较为粗短；叶多为近圆形或卵形。
　　　　3. 果实直径约10～12mm，叶片革质，较大 ················· 菝葜*Smilax china*
　　　　3. 果实直径约5～7mm，叶片纸质，较小 ················· 枣庄菝葜*Smilax zaozhuangensis*
　　2. 果实成熟时蓝黑色；茎上的刺细长、针状；叶卵形 ················· 华东菝葜*Smilax sieboldii*
1. 直立或略呈披散状，无刺；叶卵形、卵状披针形或近圆形；叶柄向基部渐宽成鞘状，无卷须，浆果熟时黑色 ················· 鞘柄菝葜*Smilax stans*

　　1. 菝葜 *Smilax china* Linn.（广泛分布于胶东山地丘陵，蒙山有少量生长）（图 790）

　　2. 华东菝葜 *Smilax sieboldii* Miquel（分布于鲁中南、胶东丘陵）（图 791）

3. 鞘柄菝葜 *Smilax stans* Maxim. (分布于济南南部山区、泰山、蒙山及胶东丘陵)(图 792)

4. 枣庄菝葜 *Smilax zaozhuangensis* D. K. Zang (分布于枣庄，泰安有栽培)

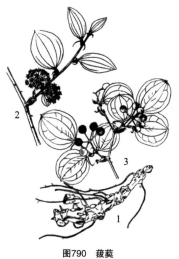
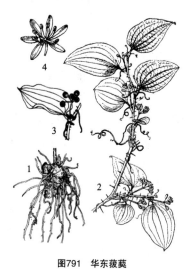

图790　菝葜
1.根状茎；2.花枝；3.果枝

图791　华东菝葜
1.根状茎；2.花枝；3.果枝；4.花

图792　鞘柄菝葜
1.果枝；2.花

附　录

一、植物分类检索表的使用

植物分类检索表是鉴别植物种类的重要工具之一。当需要鉴定一种不知名的植物时，可以利用相关工具书内的分科、分属和分种检索表，查出植物所属的科、属以及种的名称，从而鉴定植物。检索表是根据二歧分类的原理、以对比的方式编制的。就是把各种植物的关键特征进行综合比较，找出区别点和相同点，然后一分为二，相同的归在一项下，不同的归在另一项下。在相同的一项下，又以另外的不同点分开，依此类推，最终将所有不同的种类分开。

在使用检索表时，必须对所要鉴定树种的形态特征进行全面而细致的观察，这是鉴定工作能否成功的关键所在。然后，根据检索表的编排顺序逐条由上向下查找，直到检索到需要的结果为止。

1）为了确保鉴定结果的正确，一定要防止先入为主、主观臆测和倒查的倾向。

2）检索表的结构都是以两个相对的特征编写的，而两个对应项号码是相同的，排列的位置也是相对称的。鉴定时，要根据观察到的特征，应用检索表从头按次序逐项往下查，绝不允许随意跳过一项或多项而去查另一项，因为这样特别容易导致错误。

3）要全面核对两项相对性状，也即在看相对的二项特征时，每查一项，必须对另一项也要查看，然后再根据植物的特征确定到底哪一项符合你要鉴定的植物特征，要顺着符合的一项查下去，直到查出为止。假若只看一项就加以肯定，极易发生错误。在整个检索过程中，只要查错一项，将会导致整个鉴定工作的错误。因此，在检索过程中，一定要克服急躁情绪，按照检索步骤小心细致地进行。

4）在核对了两项性状后仍不能做出选择时，或植物缺少检索表中的要求特征时，可分别从两个对立项下同时检索，然后从所获得的二个结果中，通过核对两个种的描述和插图作出判断。如果全部符合，证明鉴定的结论是正确的，否则还需进一步加以研究，直至完全正确为止。

二、树木识别的形态学知识

（一）整体特征

1. 生活型

（1）乔木：具有明显直立的主干而上部有分枝的树木，通常高在 5 m 以上。依习性还可分为常绿乔木和落叶乔木，依叶片类型则可分为针叶树和阔叶树。

（2）灌木：主干低矮或无明显的主干、分枝点低的树木，通常高 5 m 以下。

灌木也有常绿和落叶、针叶和阔叶之分。灌木还可分为丛生灌木、匍匐灌木和半灌木等类别。

（3）木质藤本：自身不能直立生长，必须依附它物而向上攀援的树种。按攀援习性的不同，可分为缠绕类、卷须类、吸附类等。

2. 树形

（1）圆柱形：中央领导干较长，分枝角度小，枝条贴近主干生长。如杜松、新疆杨、箭杆杨。

（2）尖塔形：顶端优势明显，主枝近于平展，整个树体从底部向上逐渐收缩，呈金字塔形。如雪松。

（3）圆锥形：树冠较丰满，呈或狭或阔的圆锥体状。如华山松、水杉、落羽杉、鹅掌楸。

（4）卵球形和圆球形：主干不明显或至有限的高度即分枝，整体树形呈现卵球形、圆球形等。如元宝枫、黄栌、榆树、海桐、千头柏。此外，相近的树形还有长卵形、倒卵形、钟形、扁球形等。

（5）垂枝形：具有明显悬垂或下垂的柔长枝条的树种。如垂柳、龙爪槐。

（6）偃卧形：主干和主枝匍匐地面生长。如砂地柏。

3. 树皮

树皮是树木识别和鉴定的重要特征之一，但应注意的是，树皮形态常受到树龄、树木生长速度、生境等的影响。树皮特征包括质地、开裂和剥落方式、颜色、开裂深度、附属物等，其中开裂和剥落的方式是常用的特征，而对于部分树种而言，树皮的颜色和附属物则是识别的重要依据。

常见的树皮开裂方式有：平滑，如梧桐；细纹状开裂：如水曲柳；方块状开裂：如柿树；鳞块状开裂：如赤松；纵裂：如细纵裂的臭椿，浅纵裂的麻栎，深纵裂的刺槐，不规则纵裂的栓皮栎、黄檗；横裂：如山桃。树皮的剥落方式常见有为片状剥落，如悬铃木、木瓜、白皮松、榔榆；长条状剥落，如水杉、侧柏；纸状剥落，如白桦。

树皮的颜色，除了普通的黑色、褐色外，有些比较特殊，如红桦为红色，梧桐为绿，白桦为白色。此外，树皮内部特征可用利刀削平观察，如柿树具有火焰状花纹，苦木具有篮花状花纹，黄檗、小檗为黄色等。

（二）营养器官

1. 枝条

枝条是位于顶端，着生芽、叶、花或果实的木质茎。着生叶的部位称为节，两节之间的部分称为节间。

（1）长枝和短枝：根据节间发育与否，枝条可分为长枝和短枝两种类型。长枝是生长旺盛、节间较长的枝条，具有延伸生长和分枝的习性；短枝是生长极度缓慢、节间极短的枝条，由长枝的腋芽发育而成。大多数树种仅具有长枝，一些树种则同时具有长枝和短枝，如银杏、落叶松、枣树。有些树种如苹果属、梨属、毛白杨等的生殖枝（花枝）具有短枝的特点。根据短枝顶芽发育与否，短枝分为无限短枝和有限短枝。前者每年形成顶芽具有伸长生长的功能，如银杏；后者不形成顶芽，顶端常着生几枚叶片，并和叶片形成一个整体，如白皮松、赤松。

（2）叶痕、托叶痕和芽鳞痕：叶片脱落后在枝条上留有叶痕，叶痕的形状有新月形、半圆形、马蹄形等。托叶痕为托叶脱落后在枝条上留下的痕迹，常位于叶痕的两侧，有点状、眉状、线状、环形等，如环状的托叶痕是木兰科植物的重要识别特征之一。枝条的基部则具有芽鳞痕，有些树种的芽开放后芽鳞并不立即脱落，也宿存于枝条基部，其形态也成为树种识别的依据，如红皮云杉。

（3）髓：髓是枝条中部的组织，质地和颜色可用于识别树种。大多数树种为实心髓，包括海绵质髓（由松软的薄壁组织组成，如臭椿、苦楝、接骨木）、均质髓（由厚壁细胞或石细胞组成，如麻栎、栓皮栎），有些树种为空心髓（如溲疏、连翘）、片状髓（如枫杨、杜仲、胡桃）。髓的断面形状也有不同，如圆形（如白榆、白蜡）、多边形（如槲树）、五角形（如杨树）、三角形（如赤杨）、方形（如荆条）等。

（4）枝的变态性状和附属物

枝刺：为枝条的变态，生于叶腋内，或枝条的先端硬化成刺，基部可有叶痕，其上常可着生叶、芽等，分枝或否，如圆叶鼠李、皂荚、甘肃山楂、枸橘。

茎卷须：为枝条的变态，如葡萄。

皮刺：为表皮和树皮的突起，位置不固定，除了枝条外，其他器官如叶、花、果实、树皮等处均可出现皮刺。如五加、刺楸、玫瑰、花椒。

木栓翅：木栓质突起呈翅状，见于大果榆、卫矛等。

皮孔：是枝条上的通气结构，也可在树皮上留存，其形状、大小、分布密度、颜色因植物而异，如樱花的皮孔横裂，白桦、红桦的皮孔线形横生，毛白杨的皮孔菱形等。

此外，枝条的颜色、蜡被以及毛被（星状毛、丁字毛、分枝毛、单毛）、腺鳞均为树种识别的重要特征。如枝条绿色的棣棠、迎春、青榨槭，红色的红瑞木、云实，黄色的金枝垂柳，白色的银白杨等。

2. 芽

芽是未伸展的枝、叶、花或花序的幼态。芽的类型、形状和芽鳞特征是树木识别的依据。

（1）顶芽和侧芽（腋芽）：生长于枝顶的芽称顶芽，生长于叶腋的芽称侧芽（腋芽）。有些树种的顶芽败育，而位于枝顶的芽由最近的侧芽发育形成（假顶芽），因此并无真正的顶芽，应根据假顶芽基部的叶痕进行判断，如榆、椴、板栗等。

（2）单芽、叠生芽、并生芽：一般树种的叶腋内只有一个芽，即单芽。有些树种则具有两个或两个以上的芽，直接位于叶痕上方的侧芽称为主芽，其他的芽称为副芽。当副芽位于主芽两侧时，这些芽称为并生芽，如桃、山桃、牛鼻栓；当副芽位于主芽上方时，这些芽称为叠生芽，如桂花、皂荚、胡桃。

（3）鳞芽和裸芽：芽根据有无芽鳞可分为鳞芽和裸芽。芽鳞是叶或托叶的变态，保护幼态的枝、叶、花或花序。北方树木大多数是鳞芽，裸芽较少，如枫杨、木绣球、苦木。芽鳞可少至 1 枚，如柳属，而当芽鳞多数时，其排列方式有覆瓦状排列（如杨属、蔷薇科、壳斗科）、镊合状排列（如漆树、苦楝、赤杨）。此外，木兰科、无花果、油桐等的芽为芽鳞状托叶所包被。

（4）叶柄下芽：简称柄下芽，指有些树种的芽包被于叶柄内，有些部分包被可称为半柄下芽。如悬铃木、国槐、刺槐、黄檗。

（5）叶芽、花芽和混合芽：叶芽开放后形成枝和叶，花芽开放后形成花或花序，混合芽开放后形成枝叶和花或花序。

3. 叶

叶是鉴定、比较和识别树种常用的形态，在鉴定和识别树种时，叶具有明显和独特的容易观察和比较的形态特征。叶在树种形态特征中是变异比较明显的一部分，但是每个树种叶的变异仅发生在一定的范围内。植物的叶，一般由叶片、叶柄和托叶三部分组成，不同植物的叶片、叶柄和托叶的形状是多种多样的。具叶片、叶柄和托叶三部分的叶，称为完全叶，如梨、桃、月季；有些叶只具其中一或两个部分，称为不完全叶，其中无托叶的最为普遍，如丁香。有些植物的叶具托叶，但早落，应加注意。

叶片是叶的主要组成部分，在树种鉴定和识别中，常用的形态主要有叶序、叶形、叶脉、叶先端、叶基、叶缘及叶表毛被和毛的类型。

（1）叶序：即叶的排列方式，包括互生、对生和轮生。

互生：每节着生一叶，节间明显，如桃、垂柳。又可分为二列状互生如榆科植物、板栗，和螺旋状互生如冷杉、麻栎、石楠。当节间很短时，多数叶片成簇着生于短枝上或枝顶可形成簇生状，如银杏、金钱松、结香。

对生：每节相对着生两叶，如小蜡、腊梅、元宝枫。

轮生：每节有规则地着生 3 个或 3 个以上的叶片，如楸树、梓树、夹竹桃。

（2）叶的类型：叶的类型包括单叶和复叶。叶柄上着生 1 枚叶片，叶片与叶柄之间不具关节，称为单叶；叶柄上具有 2 片以上的叶片称为复叶。

单身复叶：外形似单叶，但小叶片和叶柄间具有关节，如柑橘。

三出复叶：叶柄上具有 3 枚小叶。可分为掌状三出复叶如枸橘和羽状三出复叶如胡枝子。

羽状复叶：复叶的小叶排列成羽状，生于叶轴的两侧，形成一回羽状复叶，分为奇数羽状复叶如化香、蔷薇、国槐、盐肤木，偶数羽状复叶如黄连木、锦鸡儿。若一回羽状复叶再排成羽状，则可形成二回以至三回羽状复叶，如合欢、苦楝。复叶中的小叶大多数对生，少数为互生如黄檀、北美肥皂荚。

掌状复叶：几枚小叶着生于总叶柄的顶端，如七叶树、木通、五叶地锦。

复叶和单叶有时易混淆，这是由于对叶轴和小枝未加仔细区分。叶轴和小枝实际上有着显著的差异，即：1）叶轴上没有顶芽，而小枝具芽；2）复叶脱落时，先是小叶脱落，最后叶轴脱落，小枝上只有叶脱落；3）叶轴上的小叶与叶轴成一平面，小枝上的叶与小枝成一定角度。

（3）叶形：叶形即叶片或复叶的小叶片的轮廓。被子植物常见的叶形有：鳞形，如柽柳；披针形，如山桃；卵形，如女贞、日本女贞；椭圆形，如柿树、白鹃梅、君迁子；圆形，如中华猕猴桃；菱形，如小叶杨、乌桕；三角形，如加拿大杨、白桦；倒卵形，如白玉兰、蒙古栎；倒披针形，如雀舌黄杨、照山白等。很多树种的叶形可能介于两种形状之间，如三角状卵形、椭圆状披针形、卵状椭圆形、广卵形或阔卵形、长椭圆形等。裸子植物的叶形主要包括：针形，如白皮松、雪松；条形，如日本冷杉、水杉；四棱形，如红皮云杉；刺形，如杜松、铺地柏；钻形或锥形，如柳杉；鳞形，如侧柏、日本扁柏、龙柏。

（4）叶脉：叶脉是贯穿于叶肉内的维管组织及外围的机械组织。树木常见的叶脉类型有：羽状脉，主脉明显，侧脉自主脉两侧发出、排成羽状，如白榆、麻栎；三出脉，三条近等粗的主脉由叶柄顶端或稍离开叶柄顶端同时发出，如天目琼花、三桠乌药、枣树；掌状脉，三条以上的近等粗的主脉由叶柄顶端同时发出，在主脉上在发出二级侧脉，如鸡爪槭、元宝枫；平行脉，叶脉平行排列，如竹类植物。

（5）叶端、叶基和叶缘

叶端指叶片先端的形状，主要有：渐尖，如麻栎、鹅耳枥；突尖，如大果榆、红丁香；锐尖，如金钱槭、鸡麻；尾尖，如郁李、乌桕、省沽油；钝，如广玉兰、菝葜；平截，如鹅掌楸；凹缺以至二裂，如凹叶厚朴、中华猕猴桃。

叶基指叶片基部的形状，主要有：下延，如圆柏、宁夏枸杞；楔形（包括狭楔形至宽楔形），如木槿、李、蚊母树、连翘；圆形，如胡枝子、紫叶李；截形或平截如元宝枫；心形，如紫荆；耳形，如辽东栎；偏斜，如欧洲白榆等。

叶缘即叶片边缘的变化，包括全缘、波状、有锯齿和分裂等。全缘叶的叶缘不具任何锯齿和缺裂，如女贞、白玉兰。波状的叶缘呈波浪状起伏，如樟树、胡枝子。锯齿的类型众多，有单锯齿如光叶榉、重锯齿如大果榆、钝锯齿如豆梨和尖锯齿如青檀，有的锯齿先端有刺芒如麻栎、栓皮栎、樱花，有点锯齿先端有腺点如臭椿。分裂的情况有三裂、羽状分裂（裂片排列成羽状，并具有羽状脉）和掌状分裂（裂片排列成掌状，并具有掌状脉），并有浅裂（裂至中脉约 1/3）、深裂（裂至中脉约 1/2）和全裂（裂至中脉）之分。

（6）叶的变态和附属物

叶刺和托叶刺：是叶和托叶的变态，发生于叶和托叶生长的部位。叶刺可分为由单叶形成的叶刺（如小檗属）和由复叶的叶轴变成的叶轴刺（如锦鸡儿属）。托叶刺常成对出现，位于叶片或叶痕的两侧，如枣树、酸枣和刺槐。

（7）毛被

毛被是指一切由表皮细胞形成的毛茸，叶片的毛被是树木识别的重要特征之一。叶片被有的毛被主要有如下的术语，这些术语同样可以用于描述枝条、花、果实等的毛被。

柔毛：毛被柔软，不贴附表面，如柿树、小蜡；

绢毛：毛被较长，柔软而贴附，有丝绸光泽，如三桠乌药、芫花；

绒毛：毛被柔软绵状，常缠结或呈垫状，如银白杨；

硬毛：毛被短粗而硬直，如腊梅、葛藤；

睫毛：毛被成行生于叶缘，如黄檗、探春；

星状毛：毛从中央向四周分枝，形如星状，如溲疏、糠椴；

腺毛：毛被顶端具有膨大的腺体，如胡桃楸、大字杜鹃；

丁字毛：毛从中央向两侧各分一枝，外观形如一根毛，如花木蓝、毛梾；

分枝毛：毛被呈树枝状分枝，如毛泡桐；

盾状毛（腺鳞）：毛被呈圆片状，具短柄或无，如牛奶子、迎红杜鹃。

（三）生殖器官

1. 花

花从外向里是由萼片、花瓣、雄蕊群和雌蕊群组成的，下面还有花托和花梗（花柄）。在花的组成中，会出现部分缺失的现象，这样的花称为不完全花，反之为完全花。

（1）花梗与花托：花梗是着生花的小枝，也是花朵和茎相连的短柄。不同植物花梗长度变异很大，也有的不具花梗。花托是花梗的顶端部分，花部按一定方式排列其上，形态各异，一般略呈膨大状，还有圆柱状（白玉兰）、凹陷呈碗状（如桃）、壶状（如多花蔷薇）等，有时花托在雌蕊基部形成膨大的盘状，称为花盘（如葡萄）。

（2）花被：花被是花萼和花瓣的总称。当花萼和花瓣的形状、颜色相似时，称为同被花，每一片称为花被片，如白玉兰；当花萼、花瓣不相同时，为异被花，如山桃；当花萼、花瓣同时存在时，为双被花，如槐树、日本樱花；当花萼存在、花瓣缺失时，为单被花，如白榆；当花萼、花瓣同时缺失时，为无被花（裸花），如杨柳科。

花萼由萼片组成，花冠由花瓣组成，花萼和花瓣的数目、形状、颜色等特征，是分类的重要依据。花萼通常绿色，有些树种的大而颜色类似花瓣。萼片彼此完全分离的，称为离生萼；萼片多少连合的，称为合生萼。在花萼的下面，有的植物还有一轮花萼状物，称为副萼，如木槿、木芙蓉。花萼不脱落，与果实一起发育的，称为宿萼，如枸杞。

当花瓣离生时，为离瓣花，如紫薇；当花瓣合生时，为合瓣花，如柿树，连合部分称为花冠筒，分离部分称为花冠裂片。花冠的对称性有辐射对称(如海棠花、连翘)和两侧对称（如刺槐、毛泡桐），花冠的形状一般有蝶形、漏斗形、唇形、钟形、高脚碟状、坛状、辐状、舌状等。

（3）雄蕊群：雄蕊群是一朵花内全部雄蕊的总称，在完全花中，位于花被和雌蕊群之间。雄蕊由花丝和花药组成，有的树种无花丝，花药的开裂方式有纵裂、横裂、孔裂、瓣裂等。雄蕊的数目和合生程度不同，是树木识别的基础，是科、属分类的重要特征。除了离生雄蕊外，常见的有二强雄蕊（如荆条）、四强雄蕊、单体雄蕊（如木槿、苦楝）、二体雄蕊（如刺槐）、多体雄蕊（如金丝桃）、聚药雄蕊等。

（4）雌蕊群：雌蕊群是一朵花内全部雌蕊的总称。一朵花中可以有1至多枚雌蕊，在完全花中，雌蕊位于花的中央，由子房、花柱、柱头组成。心皮是构成雌蕊的基本单位，是具有生殖作用的变态叶。心皮的数目、合生情况和位置也是树木识别的基础，是科、属分类的重要特征。一朵花中的雌蕊由一个心皮组成的为单雌蕊，如豆科；由多数心皮组成，但心皮之间相互分离的为离生雌蕊，如木兰科；由多数心皮合生组成的为合生雌蕊，如多数树木的雌蕊。子房是雌蕊基部的膨大部分，有或无柄，着生在花托上，其位置有以下几种类型。1）上位子房：花托多少凸起，子房只在基底与花托中央最高处相接，或花托多少凹陷，与在它中部着生的子房不相愈合。前者由于其他花部位于子房下侧，称为下位花，如杏；后者由于其他花部着生在花托上端边缘，围绕子房，故称周位花，如蔷薇。2）半下位子房：花托或萼片一部分与子房下部愈合，其他花部着生在花托上端内侧边缘，与子房分离，这种花也为周位花，如圆锥绣球。3）下位子房：子房位于凹陷的花托之中，与花托全部愈合，或者与外围花部的下部也愈合，其他花部位于子房之上，这种花则为上位花，如白梨。

2. 花序

当枝顶或叶腋内只生长一朵花时，称为单生花，如白玉兰。当许多花按一定规律排列在分支或不分支的总花柄上时，形成了各式花序，总花柄称为花序轴。花序着生的位置有顶生和腋生。花序的类型复杂多样，表现为主轴的长短、分枝与否、花柄有无以及各花的开放顺序等的差异。根据各花的开放顺序，可分为两大类：

（1）无限花序：花序的主轴在开花时，可以继续生长，不断产生花芽，各花的开放顺序是由花序轴的基部向顶部依次开放、或由花序周边向中央依次开放。

它又可分为以下几种常见的类型。

总状花序：花序轴单一，较长，上面着生花柄长短近于相等的花，开花顺序自下而上，如刺槐、稠李、文冠果。总状花序再排成总状则为圆锥花序（复总状花序），如国槐、栾树、珍珠梅。

伞房花序：同总状花序，但上面着生花柄长短不等的花，越下方的花其花梗越长，使花几乎排列于一个平面上，如苹果。花序轴上的分枝成伞房状排列，每一分枝又自成一伞房花序即为复伞房花序，如花楸、粉花绣线菊。

伞形花序：花自花序轴顶端生出，各花的花柄近于等长，如笑靥花、珍珠绣线菊。若花序轴顶端丛生若干长短相等的分枝，每分枝各自成一伞形花序则为复伞形花序，如刺楸。

穗状花序：花序轴直立、较长，上面着生许多无柄的花，如胡桃楸、山麻杆的雌花序。

柔荑花序：花轴上着生许多无柄或短柄的单性花，常下垂，一般整个花序一起脱落，如杨、柳等。

头状花序：花轴短缩而膨大，花无梗，各花密集于花轴膨大的顶端，呈头状或扁平状，如构树、柘树、四照花。

隐头花序：花轴特别膨大，中央部分向下凹陷，其内花着生许多无柄的花，如无花果。

（2）有限花序：也称聚伞类花序，开花顺序为花序轴顶部或中间的花先开放，再向下或向外侧依次开花，有单歧聚伞花序、二歧聚伞花序（如大叶黄杨）、多歧聚伞花序（如西洋接骨木）。聚伞花序可再排成伞房状、圆锥状等。

3. 果实

果实的类型较多，是识别树木的重要特征。在一些树木中果实仅由子房发育形成，称为真果，如桃，另一些树木中，花的其他部分（花托、花被等）也参与果实的形成，这种果实称为假果，如梨。果实的类型可以从不同方面来划分。

一朵花中如果只有一枚雌蕊、只形成一个果实的，称为单果。一朵花中有许多离生雌蕊，每一雌蕊形成一个小果，相聚在同一花托之上，称为聚合果，如望春玉兰为聚合蓇葖果、领春木为聚合翅果。如果果实是由整个花序发育而来，则称为聚花果（复果），如桑、无花果。

如果按果皮的性质来划分，有肥厚肉质的肉果，也有果实成熟后果皮干燥无汁的干果，肉果和干果又各区分若干类型，在树木识别中，常见的果实类型有以下几种。

（1）浆果：肉果中最为习见的一类，由一个或几个心皮形成，一般柔嫩、肉质而多汁，内含多数种子，如葡萄、柿。枸橘的果实也是一种浆果，特称为柑果，由多心皮具中轴胎座的子房发育而成，外果皮坚韧革质，有很多油囊分布。

（2）核果：通常由单雌蕊发展而成，内含一枚种子，如桃、李、杏。

（3）梨果：多为下位子房的花发育而来，果实由花托和心皮愈合后共同形成，属于假果，如梨、苹果。

（4）荚果：单心皮发育而成的果实，成熟后沿背缝和腹缝两面开裂，如刺槐。有的虽具荚果形式但并不开裂，如合欢、皂荚等。

（5）蓇葖果：由单心皮发育而成，成熟后只沿一面开裂，如沿心皮腹缝开裂的牡丹、梧桐，沿背缝开裂的望春玉兰。

（6）蒴果：由合生心皮的复雌蕊发育而成的果实，子房一室至多室，每室种子多粒，成熟时开裂，如金丝桃、紫薇。

（7）瘦果：由1至几个心皮发育而成，果皮硬，不开裂，果内含1枚种子，成熟时果皮与种皮易于分离。如腊梅为聚合瘦果。

（8）颖果：果皮薄，革质，只含一粒种子，果皮与种皮愈合不易分离，如竹类的果实。

（9）翅果：果皮延展成翅状，如榆、槭。

（10）坚果：外果皮坚硬木质，含一粒种子的果实，如板栗、麻栎、榛子。

4. 裸子植物的球花

裸子植物没有真正的花，在开花期间形成的繁殖器官称之为球花，即孢子叶球。典型的球花仅在南洋杉科、松科、杉科和柏科中出现，其他科不明显。根据性别，球花分为雄球花和雌球花，雌球花发育为球果。

雄球花结构十分简单，由小孢子叶和中轴组成。小孢子叶相当于被子植物的雄蕊，具有1至多数花粉囊（也称为花药）。花粉囊数目在裸子植物的不同类群中存在差异，如松科为2，杉科常为3～5，柏科为2～6，三尖杉科常为3，红豆杉科3～9。

雌球花由珠鳞、苞鳞和胚珠着生在中轴上形成，胚珠在授粉期间完全裸露。南洋杉科、松科、杉科和柏科的珠鳞呈鳞片状，着生在由叶变态形成的苞鳞腋内，胚珠着生在珠鳞的腹面。

不具典型球花的苏铁科的珠鳞为变态的叶片，胚珠着生在中下部两侧，银杏科的胚珠着生在顶生珠座上，珠座具长柄，罗汉松科的胚珠生于套被中，红豆杉科的胚珠则生于珠托上，套被和珠托均具柄。

中文名索引

拉丁名索引

参考文献

[1] 陈汉斌，郑亦津，李法曾. 山东植物志[M]. 青岛: 青岛出版社，1992-1997.

[2] 李法曾. 山东植物精要[M]. 北京: 科学出版社，2004.

[3] 魏士贤. 山东树木志[M]. 济南: 山东科学技术出版社，1984.

[4] 郑万钧. 中国树木志（1～4卷）[M]. 北京: 中国林业出版社，1983-2004.

[5] 中国科学院植物研究所. 中国高等植物图鉴（第1～5册）[M]. 北京:科学出版社，1976-1985.

[6] 中国科学院中国植物志编委会. 中国植物志（第7～72卷）[M]. 北京: 科学出版社，1961-2002.

[7] Crongquist A. An Integrateed System of Calssification of Flowering Plants. New York: Columbia University Press, 1981.

[8] Flora of China. http://hua. huh. harvard.